高等学校教材

航天推进热防护基础

李江　刘洋　石磊　景婷婷　王德　孙冰　陈军　编著

西北工业大学出版社
西　安

【**内容简介**】 本书主要介绍固体火箭发动机、液体火箭发动机和冲压发动机的热防护技术,其中重点阐述固体火箭发动机的烧蚀与热结构问题。本书共分 10 章,包括绪论、固体火箭发动机的传热、常用热防护材料、绝热材料烧蚀机理、绝热材料烧蚀模型、C/C复合材料喉衬烧蚀机理与模型、固体火箭发动机喷管热结构、固体火箭发动机热防护设计、液体火箭发动机热防护以及冲压发动机热防护。

本书可作为高等学校飞行器动力工程专业本科生、航空宇航推进理论与工程专业研究生的教材,也可供从事火箭发动机和冲压发动机设计与研究的科研人员参考。

图书在版编目(CIP)数据

航天推进热防护基础 / 李江等编著. — 西安 : 西北工业大学出版社,2024. 8. — ISBN 978 - 7 - 5612 - 9453 - 6

Ⅰ. V43

中国国家版本馆 CIP 数据核字第 20240YW371 号

HANGTIAN TUIJIN REFANGHU JICHU

航 天 推 进 热 防 护 基 础

李江　刘洋　石磊　景婷婷　王德　孙冰　陈军　编著

责任编辑:曹　江		策划编辑:杨　军	
责任校对:朱晓娟		装帧设计:高永斌　李　飞	

出版发行:西北工业大学出版社

通信地址:西安市友谊西路 127 号　　　　　邮编:710072

电　　话:(029)88491757,88493844

网　　址:www.nwpup.com

印 刷 者:西安浩轩印务有限公司

开　　本:787 mm×1 092 mm　　　　　1/16

印　　张:15.75

字　　数:383 千字

版　　次:2024 年 8 月第 1 版　　　2024 年 8 月第 1 次印刷

书　　号:ISBN 978 - 7 - 5612 - 9453 - 6

定　　价:66.00 元

前　言

　　航天推进系统有多种类型,比较常见的包括固体火箭发动机、液体火箭发动机、冲压发动机等。火箭发动机和冲压发动机工作时内部是高温、高压和高速的燃气,必须采取有效的冷却或者热防护措施,才能保证发动机正常工作。如果采取的热防护措施不当或者失效,将会造成发动机壁面过热、严重烧蚀甚至导致发动机失效等严重后果。因此,热防护技术是火箭发动机和冲压发动机研制中的关键技术,发动机的研制人员需要掌握热防护的理论知识与设计方法。

　　本书是笔者在总结发动机热防护方面的科研成果和长期教学实践的基础上,并参考国内外相关优秀教材和专著编写而成的。本书的内容包括固体火箭发动机、液体火箭发动机和冲压发动机热防护,其中固体火箭发动机热防护的内容更为丰富、翔实。编写本书的主要目的是为相关领域的学生和读者介绍发动机热防护的概念、基本理论与方法,同时介绍发动机热防护领域的新技术与新进展。

　　本书共分10章。第1章是绪论,主要介绍火箭发动机的热环境特点、热防护的基本概念及常用方法,以及固体火箭发动机烧蚀与热结构的概念等。第2章为固体火箭发动机的传热,主要介绍固体火箭发动机传热的特点,固体火箭发动机中的热传导、对流换热、辐射换热,发动机总换热系数。第3章是常用热防护材料,首先介绍火箭发动机对热防护材料的要求,其次介绍复合材料基本知识,最后介绍常用的喉衬材料、橡胶基绝热材料和树脂基绝热材料。第4章为绝热材料烧蚀机理,主要介绍绝热材料热分解及炭化层特性、热化学烧蚀机理、气流剥蚀和粒子侵蚀。第5章为绝热材料烧蚀模型,分别介绍基于分层结构的热化学烧蚀模型和基于多孔介质的体烧蚀模型。第6章是C/C复合材料喉衬烧蚀机理与模型,主要介绍喉衬烧蚀环境、C/C复合材料的微结构、C/C复合材料喉衬烧蚀机理和多尺度烧蚀模型。第7章为固体火箭发动机喷管热结构,主要介绍喷管热结构的基本概念、喷管温度场和应力场的计算,并给出算例。第8章是固体火箭发动机热防护设计,主要介绍燃烧室绝热层的设计、喷管喉衬及绝热层的设计,然后给出3个实例。第9章为液体火箭发动机热防护,主要介绍再生冷却、膜冷却和发汗冷却。第10章是冲压发动机热防护,对冲压发动机的热环境特点、冲压发动机常用的热防护方法等进行概述。

　　参与本书编写的有李江(第1、4、5、6、7、8章)、刘洋(第2、3章)、石磊(第1、9章)、景婷婷(第10章)、王德(第4章)、孙冰(第1、9章)、陈军(第2章),全书由李江统编定稿。魏坤龙、王雪坤、王丽、王逸微等也参与了部分内容的编写和修改，对他们表示衷心的感谢。本书编写使用了何国强、李强、魏祥庚、彭丽娜、杨飒、张翔宇、王娟、关轶文、惠昆等人的科研成果或学位论文，朱根、李康、胡博智、程拾慧、马晨阳、郑以豪、何志澎、万丽青和徐钦睿等参与了资料收集、绘图和校对等工作。对上述所有人员的辛勤付出表示感谢。在编写本书的过程中，笔者还参考了相关文献资料，在此对其作者一并表示感谢。感谢西北工业大学教务部对本书出版的资助，感谢西北工业大学出版社，感谢国家自然科学基金等相关科研项目的资助。

限于笔者水平，书中必然存在一些不足之处，欢迎读者批评指正。

编著者

2024 年 4 月

目　　录

第1章 绪 论

航天推进系统有多种类型,比较常见的包括固体火箭发动机、液体火箭发动机、冲压发动机等。火箭发动机和冲压发动机工作时内部是高温、高压和高速的燃气,普通的结构材料无法承受如此的高温,需要通过热防护来保证发动机正常工作。所谓热防护技术,是指针对发动机的受热部件采取一些必要的措施进行防护,使各部件免受高温的破坏,并能安全可靠地工作的技术。由于固体火箭发动机与液体火箭发动机的工作方式与结构不同,因此在热防护方面有一定差异。

热防护一般分为主动热防护和被动热防护:主动热防护是指通过主动的方式进行冷却或者防护,例如液体火箭发动机的再生冷却和液膜冷却等;被动热防护是指采用耐高温的热防护材料进行防护,固体火箭发动机往往采用被动热防护。热防护不仅关系发动机的正常工作,而且影响发动机的性能,是发动机设计中的关键技术之一。随着火箭发动机性能的不断提升以及各种高能推进剂的应用,火箭发动机内部的热环境变得更加严酷,对热防护技术也提出了更大的挑战。

1.1 液体火箭发动机热环境及特点

图 1-1 是液体火箭发动机结构示意图。一般液体火箭发动机推力室内的燃气温度达 3 500 K 以上。发动机的喷管部分,特别是喉部燃气热流密度最大,因此由燃气传向壁面的热量最多,壁温也最高。喷管的扩张段部分,随着燃气流量强度的降低,壁温也逐渐下降。

液体火箭发动机推力室内的燃气具有高温、高压和高速等特点,现代高性能液体火箭发动机喷管出口马赫数可达 6 以上,推力室内的燃气压力可达 20 MPa 以上,燃气温度可达 3 500 K 以上,在喉部附近热流密度最大可达 160 MW/m^2。这样的燃气流将与壁面发生剧烈的对流和辐射换热。在这种情况下,若不采取有效的冷却措施,壁温将高到现有工程材料无法承受的程度,而使得推力室壁过热、氧化、腐蚀甚至

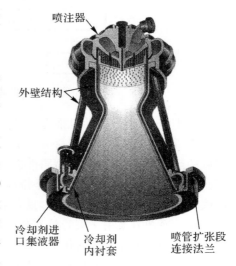

喷注器

外壁结构

冷却剂进口集液器

冷却剂内衬套

喷管扩张段连接法兰

图 1-1 液体火箭发动机结构示意图

烧毁。因此,热分析在液体火箭发动机设计中尤为重要。为了延长发动机寿命,需要高效的冷却系统。如果发动机冷却不充分,将导致灾难性的后果;如果发动机过度冷却,将导致发动机性能降低。

液体火箭发动机推力室传热具有如下特点:

(1)热流密度大。

(2)沿燃气流动方向热流密度变化大,最大值与最小值之比可达几十至上百。

(3)沿圆周方向热流密度分布不均匀。越靠近喷注面热流密度越不均匀,最大值可达最小值的 5 倍。随着燃烧过程的进行,远离喷注面处热流密度将逐渐均匀。但是,由近壁层推进剂混合比不均匀所引起的热流密度不均匀,将沿整个推力室轴向持续存在。有时可在内壁面上清晰地看到周向分布并平行于母线的高温变色条纹。

(4)温度场变化较快。某些情况下,对非稳态传热的研究具有重要意义。

(5)再现性较差。由于燃烧过程的复杂性和不稳定性,同种推力室在同样参数、不同推力室的试验中,甚至同一台推力室在不同次试验中,传热情况也有不小的差别。

1.2 液体火箭发动机热防护方法

液体火箭发动机常用的热防护方法是冷却法,用作冷却剂的有液体或气体,有些热防护方法不采用冷却剂。图 1-2 是火箭发动机的主要热防护方法分类。

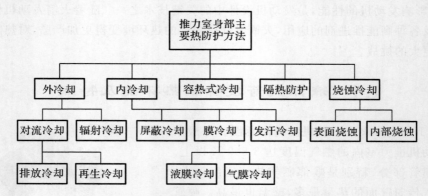

图 1-2 火箭发动机的主要热防护方法分类

图 1-3 是氢氧发动机推力室对流外冷却示意图。在对流外冷却中,再生冷却是最常用的方式,这种方式是齐奥尔科夫斯基首先提出的。其从能量上看是合理的,这是因为从壁面吸收的热量并未损失掉,而是同推进剂组元一起又回到燃烧室。

对流外冷却的另一种方案是排放冷却,即推进剂组元吸热后不回到燃烧室,而是从专门的喷管排出以产生推力。显然,只有采用摩尔质量小的组元(例如氢)作冷却剂时才较为合理。这种冷却方案用于喷管的部分冷却。

膜冷却和发汗冷却所用的冷却剂,通常采用推进剂中的一种组元(一般用燃料,这是因为燃料可形成还原性介质环境)或燃气发生器的低温燃气。

容热式冷却和烧蚀冷却多用于固体火箭发动机,也可用于一些液体火箭发动机。

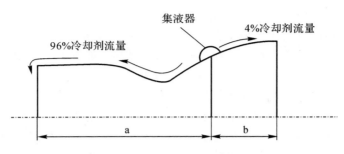

a—氢再生冷却段； b—氢排放冷却段（通过喷管排出）

图 1-3 氢氧发动机推力室对流外冷却示意图

任何一种热防护方法或其组合（复合热防护方法）都应在给定的时间内保证室壁满足耐热性和强度的要求。表 1-1 对各种主要热防护方法作了简要介绍。

从热防护的观点看，液体火箭发动机可以将液体推进剂组元之一（燃料或氧化剂）作为冷却剂，来冷却燃烧室和喷管，因此可以采用再生冷却、排放冷却、液膜冷却和发汗冷却等方法。在某些情况下，烧蚀冷却、辐射冷却和容热式冷却等不采用液体推进剂的冷却方法也得到了应用。

表 1-1 液体火箭发动机主要热防护方法

名称		定义
外冷却		热量由室壁传给冷却剂或周围空间
	对流冷却	靠流经槽壁的冷却剂进行冷却
	排放冷却	一种对流冷却，但导出的热量不传给推进剂组元
	再生冷却	一种对流冷却，导出的热量传给推进剂组元
	辐射冷却	热量向周围空间辐射，以实现外冷却
内冷却		在室壁表面建立液体或气体保护层，以减少传给室壁的热量
	头部组织的内冷却	靠头部建立低温近壁层以减少热量
	膜冷却	建立顺壁流动的液体保护层（液膜）或气体保护层（气膜），以实现内冷却
	发汗冷却	通过多孔壁向边界层吹入气体或蒸气，以实现内冷却
容热式冷却		靠室壁的材料吸热但无烧蚀，以防止室壁过热
隔热防护		利用高热阻和高表面容许温度的隔热涂层来减少传给壁面的热量
烧蚀冷却		靠室壁的材料烧蚀吸热，以防止室壁过热

1.2.1 再生冷却

再生冷却的冷却剂经由集液器进入冷却套（冷却套一般是由内、外两层壁组成的环形通道),对推力室的室壁从外侧实施强迫对流冷却,然后再流到头部喷注器喷入燃烧室内。由于冷却剂在冷却室壁的过程中吸收的热量经喷注器可以重新进入燃烧室内,能量得以"再生",因此这种冷却技术被称为再生冷却。通常选用冷却性能好的一种组元作为冷却剂,将这种组元的部分或全部流量用于冷却。图1-4为再生冷却流路示意图。

燃料和氧化剂都可作为对流外冷却的冷却剂,通常采用燃料作为冷却剂,这是因为大部分燃料不是腐蚀性介质。但是多数情况下燃料的流量比氧化剂的流量小,另外有些燃料(例如肼类燃料)容易受热分解,可能在某些情况下不能满足再生冷却的可靠性条件,而需要采用氧化剂作为冷却剂。多数情况下单独采用氧化剂或燃料作为冷却剂,也有的发动机同时采用两种组元作为冷却剂,例如苏联/俄罗斯的氢氧发动机 D-57(11D57)就同时采用两种组元作为冷却剂,其主要目的是更稳定地对发动机进行推力调节。

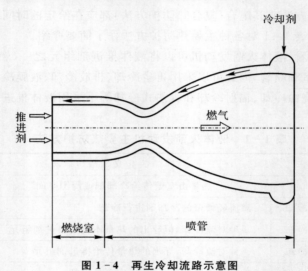

图1-4 再生冷却流路示意图

再生冷却受多种因素的影响,在不同的条件下,再生冷却效果不同。

1. 室内壁材料与厚度的影响

在保证强度的条件下结构材料选用导热性好的材料,可以降低室壁温度,减小室壁的热应力,从而延长发动机的寿命。通过减小壁面厚度,可以降低壁面温度,提高再生冷却的能力,但这样也会使室壁内部的温度梯度增大,从而增大内部的热应力,缩短发动机的寿命。故在选择室壁厚度时,应综合考虑材料的最高许用温度和机械性能。

2. 内壁涂层的影响

为减小热流密度、降低壁面温度,可在发动机内壁面喷涂适当厚度的耐高温绝热涂层,如 Al_2O_3、ZrO_2 等。影响涂层绝热效果的因素有燃气温度、涂层材料的最高许用温度、涂层内外面的最大容许温差、气壁和液壁的对流换热系数以及金属的热阻等。

3. 人为粗糙度的影响

人为粗糙度可以增大换热面积、降低室壁温度。人为粗糙度结构示意图如图1-5所示。

4.通道高宽比的影响

保持通道数目不变,通过改变通道高度来增大通道高宽比,可对推力室壁面起到强化传热的作用,但这同时也增大了冷却通道的进出口压差。这是由于冷却工质流速的增大,提高了推力室传热系数。随着高宽比的不断增大,推力室再生冷却效果趋于饱和,而冷却工质进出口压降则不断上升。

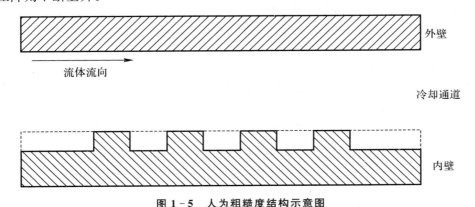

图 1-5　人为粗糙度结构示意图

5.边区的影响

为保证发动机稳定工作,需要的冷却剂流量较大,可以通过改变推进剂的混合比、组织边区冷却来降低室壁附近的燃气温度,从而将燃料充分利用起来,这样可以降低冷却剂的需求量。

1.2.2　膜冷却

膜冷却包括液膜冷却和气膜冷却,液体火箭发动机多采用液膜冷却。推进剂的组元之一从头部边区或从燃烧室室壁的某个部位喷入燃烧室内,并在燃气气动剪切力的作用下形成贴壁的液膜,如图 1-6 所示。在液膜的保护下,室壁温度将不高于燃烧室压力下的液膜沸点。而在紧接液膜的气膜段,室壁受到温度较低的气膜的保护,因此室壁温度低于最高许用温度。

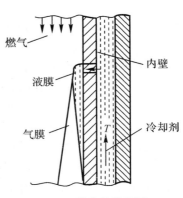

图 1-6　膜冷却示意图

对大多数液体火箭发动机来说,单靠燃烧室冷却通道的再生冷却是不够的,还必须有内冷却的配合。因此,有的发动机的内冷却便采用液膜冷却,同时,液膜冷却也是空间小推力发动机(用于执行飞行姿态控制、轨道修正以及对接、分离和制动)最常采用的一种有效的主动式热防护方法。如德法的通信卫星"交响乐"远地点发动机,其推力为 400 N,推进剂为 N_2O_4/混肼 50,其燃烧室的前段单独使用液膜冷却,喉部区域使用再生冷却,喷管的延伸段采用辐射冷却。

冷却膜可采用以下几种方法产生:

（1）推进剂组元沿燃烧室由喷注器单独喷入。

（2）液体燃料或氧化剂由喉部上游燃烧室壁上的缝或孔喷入。

（3）合理设计喷注器以形成沿室壁的富燃区。

液膜冷却对室壁提供以下几种有效保护：

（1）减小边界层温差，从而降低对流热流密度。

（2）降低辐射热流密度（液膜是热辐射的良好隔热体）。

（3）在室壁附近形成还原性介质或中性介质环境。

（4）保护室壁不受燃气流的腐蚀。

（5）形成液膜隔热带，控制喉部至头部的热流返浸，从而控制头部温度。

液膜冷却的设计是个复杂问题，关键是如何保证在室壁表面存在连续的稳定薄膜。液膜冷却的优点是可以用少量的冷却剂大幅度地降低燃气对室壁的传热，如在氢氧发动机中，使用氢流量百分之几膜冷却剂，就可以减少 50% 左右的热流。而液膜冷却是以降低推进剂部分比冲为代价的，如氢氧发动机若用氢流量的 3% 作为膜冷却剂，则比冲要损失 1%。因此，液膜冷却主要关心以下两个问题：

（1）当推力室尺寸一定时，液膜的冷却效果与流量的关系。

（2）液膜冷却带来的性能损失与流量的关系。

组织液膜冷却时，要综合考虑各种因素，如结构安排、设计、系统调整等，在保证冷却效果的情况下使性能损失最少。

1.2.3　发汗冷却

发汗冷却方式实际上是膜冷却的一种极限形式，发汗介质以微小的量均匀地在受热壁面流出而形成隔热屏障，如图 1-7 所示。

发汗冷却技术作为一种仿生技术，是仿照生物为了适应所处环境进行自身调节而发展出来的一种热防护技术。发汗冷却是在高温工作环境下，将某种多孔烧结材料作为室壁或喉部的内衬，冷却剂通过这种材料的多孔结构渗向室壁表面，并在高温燃气的加热下蒸发，形成一层均匀的低温气体保护膜，就像通过自身"出汗"一样降低材料本身的温度，进而达到热防护的目的。按发汗冷却的自发性分类，有自发汗冷却和强迫发汗冷却两种。

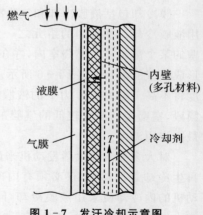

图 1-7　发汗冷却示意图

与膜冷却相比，发汗冷却所需冷却剂很少，冷却剂注入壁面的速度很小，所以对主流的扰动较小，由此产生的性能损失不大，具有较大的优势。与再生冷却相比：一方面，发汗冷却可以产生比再生冷却更好的冷却效果；另一方面，由于发汗冷却的冷却剂流速小，产生的压降也相对较小，因此可以大大提高燃烧室的室压，提高燃烧效率和整个发动机的性能。

发汗冷却也有其自身的缺点。以层板发汗冷却为例，其加工工艺复杂、造价较高，且由于层板一般垂直于推力室轴线安置，因此推力室质量较大。另外，发汗冷却虽是膜冷却的极限形式,耗费的冷却剂远少于膜冷却,但和膜冷却一样,由于近壁层燃气温度低于主流温度,造成发动机排气速度降低,推力损失增大,所以使用发汗冷却的发动机比冲略小于传统再生冷却。

1.2.4　烧蚀冷却

烧蚀冷却是靠室壁的表面材料自身受热升温、熔化、蒸发(升华)、热解等过程吸收热量,同时产生热解气体密布壁面,阻隔燃气对室壁的加热。

烧蚀冷却一般应用于固体火箭发动机,通常在燃烧室或喷管的内壁上衬以某种复合材料。也有一些液体火箭发动机采用烧蚀冷却。

当内衬受热时,热解温度低的树脂吸热后先行分解并形成温度较低的热解气体保护膜。内衬受热越强,树脂分解就越快,热解气体生成量就越多,气膜的保护作用也就越有效,这也是一种自动调节机制。通常认为,树脂材料全部热解后,内衬的热防护性能基本丧失。由于推力室喉部的温度最高,燃气的冲刷力也最大,而设计上又要求喉部尺寸在整个发动机工作期间变化很小,所以常在喉部嵌以耐高温、耐冲刷的石墨喉衬。

1.2.5　辐射冷却

辐射冷却是指利用辐射原理,使热量从物体外壁面辐射出去的一种冷却方法。

大扩张比的喷管延伸段的热流密度较小,为减小结构的质量,省去冷却套,常采用单层薄壁的耐高温金属喷管,在高温下工作的喷管壁通过向空间辐射散热以达到热平衡。对于空间小推力发动机,由于推力室多为脉冲工作,工作时间短,温度、压力较低,故整个推力室都可采用辐射冷却。

近二三十年来,空间小推力姿/轨控发动机常选用耐高温的铌合金材料制成单壁结构的发动机推力室。这种合金在涂以高温抗氧化层后可具有 1 800 K 甚至更高的工作温度。对于这种单壁推力室,由外壁面辐射到太空的热量足以平衡由高温燃气传向内壁的热量,因此可使推力室的壁面温度长时间保持在最高许用温度以下。另一种用碳/碳/(C/C)复合材料制成的推力室,即以编织成型的碳纤维为骨架,并渗或沉积以碳作为充填剂的单壁推力室,也属于这种冷却机制。碳的许用工作温度达 2 300 K 以上,编织成型的碳纤维在采用渗碳工艺后,将具有很高的强度和很好的抗热震性。

辐射冷却的优点:辐射冷却工作可靠;在冷却过程中航天器外形不变;需要的设备材料质量轻;不需要额外工质的消耗;辐射不需要介质,所以适用于空间发动机。

辐射冷却的缺点:由于材料的原因,辐射冷却应用的场合对温度有限制;如果作为战斗部的载体,火箭采用辐射冷却容易产生比较明显的红外信号。

1.2.6　容热式冷却

容热式冷却(也称热沉冷却)是靠室壁材料本身具有的热容量,使发动机推力室的室壁温度在短时间内被控制在许用温度内的一种冷却方式。容热式冷却常应用于工作时间极短或以脉冲方式工作的发动机中,也可用于工作时间不长、对发动机结构质量没有限制的实验发动机中。

热沉冷却燃烧室的工作状态为非稳态,其室壁温度及径向温度梯度随时间是瞬态变化的。在设计容热式冷却时应考虑以下因素:

(1)工作时间应较短,以便尽量减少室壁吸收的热量。

(2)室壁材料比热容和导数系数应尽量高,以增强热吸收能力,减小温度梯度。

(3)在室壁和燃气之间采用内衬(陶瓷、难熔金属、隔热涂层或烧蚀材料),以减小热流。

在高热流下,薄的陶瓷涂层可为室壁提供实质性的保护;在低热流下,厚的涂层会显著减小室壁的热流。涂层厚度有下面3种限制因素:

(1)过厚的涂层会导致温度过高和涂层表面熔化。

(2)过厚的涂层会导致较大的热梯度和热应力,威胁涂层的完整性。

(3)涂层和室壁之间不合适的黏结或者涂层界面处不同的热膨胀系数都会引起涂层剥落。采用分层涂层、协调膨胀系数等措施可缓解此问题。

1.2.7　排放冷却

排放冷却是对流冷却的一种,过程机理与再生冷却相同,只是冷却剂吸热后不再回流至燃烧室,而是转化成气体后直接排放到发动机外。

冷却剂从喷管末端排放出去,可产生一定的推力,但其未经燃烧就被排放,会带走部分化学能,从而降低发动机的性能。因此,排放冷却的使用范围受到很大的限制,只适用于以氢为冷却剂的大扩张比的喷管后段。该段喷管内压力很低,允许壁温较高,且热流密度较小,易于冷却。氢的比热容和导热系数很高,吸热能力和散热能力很强,只用少量的氢作为排放冷却剂(一般约为氢流量的6%)即可,发动机比冲损失较小。另外,壁面许用温度较高,氢的出口温度可达 1 000 K 以上。当小摩尔质量的氢以高温排放时,可达到较大的流速,从而比冲损失不大。氢的排放口常做成许多小拉瓦尔喷管(沿喷管出口壁排成一圈),以增大排放速度。

选择排放冷却推力室的冷却通道结构形式时,应保证发动机系统的总性能最好。图 1-8 为典型排放冷却结构形式,主要包括:

(1)轴向流动,采用双层壁或管束式设计的单路纵向通道。

(2)周向流动,采用螺旋形双层壁冷却通道结构。

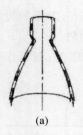   

　　　　(a)　　　　　　　　(b)　　　　　　　　(c)　　　　　　　　(d)

图 1-8　典型的排放冷却结构

(a)纵向通道的双层壁室;(b)纵向管束室;(c)螺旋通道的双层壁室;(d)螺旋管束室

各种结构在复杂性和制造成本上差别很大,选取结构时,应在可靠性、性能、成本和质量之间作出最佳权衡。纵向冷却通道的设计常用于冷却剂流量较大的情况;螺旋冷却通道的设计则用于冷却剂流量较小的情况。应设计合适的冷却通道间隙,以使冷却剂保持适当的流动速度。

1.3 固体火箭发动机内热环境及传热

固体火箭发动机结构如图 1-9 所示,主要由点火器、推进剂、绝热层、衬层、壳体和喷管等组成。固体火箭发动机的工作过程是一个由固体推进剂的化学能转变为喷管中燃气动能的过程,固体推进剂燃烧后不断产生大量的高温和高压燃气,并连续排出。发动机的各主要部件,或与高温燃气直接接触,或受到燃气高温的影响,因此发动机中的传热现象是多种形式的。燃气除了将热量传给推进剂装药以维持继续燃烧外,还同时把热量传给燃烧室壁面、喷管。这些部件在高温燃气的作用下,温度急剧上升,材料强度将有明显下降的趋势。当发动机工作时间较长时,这种强度下降的趋势就更为显著。尤其是在喷管喉部,通道面积最小,燃气热流密度最大,工作条件恶劣。此外,燃气向周围传热,将造成燃气的热损失;这种热损失又反过来影响发动机内的能量转化规律及压强变化规律。可见,传热是热防护的前提,只有了解固体火箭发动机中传热的特点和掌握其基本规律,才能为材料的选择和热防护结构的设计提供依据。

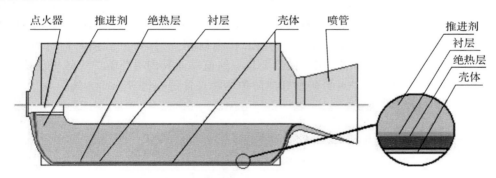

图 1-9 固体火箭发动机结构示意图

固体火箭发动机工作时,一般同时存在着热传导、对流和辐射这 3 种基本热传递方式。固体推进剂燃烧时:燃气通过对流、辐射和凝相颗粒的直接接触导热,将热量传递给发动机室壁内表面;被加热的室壁以热传导的方式,将热量由内表面经过室壁向外表面传递;通过对流和辐射,热量自外表面向周围空间散失。

固体火箭发动机内燃气与室壁之间存在着十分强烈的热量传递,热流密度可达 5～20 MW/m^2,比航空燃气涡轮发动机燃烧室的热流密度大 10～30 倍,比蒸汽锅炉燃烧室的热流密度大 100 倍以上。

固体火箭发动机内燃气参数变化比较剧烈。通常,燃气在燃烧室前端的速度很小,接近于零;沿燃烧室通道向后逐渐增大,到燃烧室后端达到数百米每秒;在喷管内进入快速加速阶段,在喉部达到声速;喷管出口流速可达到数千米每秒。压强和温度与速度的变化相反,沿燃烧室略微减小,在喷管内压强和温度的下降十分明显。

1.4 固体火箭发动机的热防护

固体火箭发动机工作时,内部温度很高(目前很多发动机都在 3 000 K 以上),发动机壳体无法承受如此高温,因此要采取必要的热防护措施。燃烧室一般通过在内壁敷设软质绝热层的方式来进行热防护。喷管喉部的气流速度很大,热流密度很大,为了保证喉部的型面,一般采用石墨、C/C 复合材料等非炭化材料。喷管收敛段和扩张段通常采用高硅氧/酚醛等硬质绝热材料。

固体火箭发动机能够在如此高温下正常工作,都是绝热层和喉衬等各种热防护结构的功劳。以绝热层为例,几毫米厚的绝热层就能够将 3 000 K 以上的高温燃气隔绝,使壳体保持在许用温度范围内。由于热防护结构属于发动机的消极质量,因此发动机热防护技术不仅影响发动机的可靠性,而且直接影响发动机的性能。从固体火箭发动机诞生到现在,经历了大量的故障和失败,在这些故障和失败中,与热防护失效有关的占了相当大的比例。图 1-10 是美国航空航天局(NASA)专家 Butler 统计的导致固体火箭发动机工作失败的各种因素的比例,可以看到绝热结构和喷管占比高达 54%。

未来随着技术的发展,人们对固体火箭发动机的要求也越来越高,发动机的热环境也越来越严苛。目前要提高固体火箭发动机的比冲性能越来越困难,为了增大火箭或者导弹的射程,就需要进一步提高质量比,不断减少消极质量。在这种情况下,要求热防护结构既要具有高的可靠性,又要尽可能轻质化。一方面,需要研制更轻、更好的热防护材料;另一方面,需要提高热防护的设计水平,减少设计余量。这就需要我们对热防护失效机理认识得更加深入,建立能够支撑热防护材料研制和热防护结构设计的先进理论和方法。

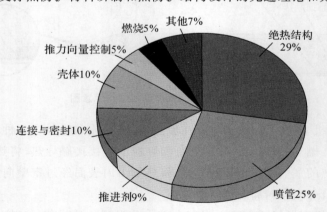

图 1-10 导致固体火箭发动机失效的因素比例

攻防对抗对导弹机动性的要求越来越高,固体火箭发动机要承受的过载也越来越大,新的问题就凸显出来了。在导弹飞行试验中就曾经多次出现高过载导致的绝热层异常烧蚀造成发动机爆炸的严重事故,这就是工作条件严苛导致热防护失效的典型案例,这也说明我们对热防护结构失效的认识不够深入和全面,相应的考核方法也不能满足需要。在固体火箭冲压发动机研究的早期,由于对补燃室烧蚀环境的特殊性认识不足,所以仍然借鉴传统固体火箭发动机的经验对补燃室进行选材和热防护设计,在地面试验中出现过绝热层失效导致补燃室被烧穿的故障。

既然热防护是固体火箭发动机设计与研究中的重要内容,那么对热防护有什么要求呢?本质上是追求轻质、抗烧蚀和热结构性能好,同时要保证具有高的可靠性。对于燃烧室的绝热层来说,要求抗烧蚀和隔热性能好,还包括与装药的相容性、黏结性、工艺性和抗老化性等要好。对于喷管喉衬来说,主要要求抗烧蚀和热强度高,此外,热防护设计还涉及多层复合结构的热结构设计和工艺性等。

通常固体火箭发动机热防护的要求包括两个方面。一方面,要求在一定时间内保证发动机结构不失强,这主要指通过热防护材料隔热来保护发动机壳体,避免其温度过高而失强,这就要求热防护材料具有良好的隔热性能;另一方面,要求在一定时间内保证发动机部件气动型面(这主要指发动机的喷管)不过度变形,喷管是将高温燃气加速的装置,因此需要在发动机工作过程中保持气动型面尽可能少变化,这需要材料耐烧蚀性能好。

固体火箭发动机燃烧室与喷管的热环境和工作要求有比较大的差异,其热防护的侧重点不同,对热防护材料的要求也不同。燃烧室的热防护特点是燃气温度高、流速相对较小,隔热是其主要的要求。而喷管的热环境特点是气流速度大、喉部热流密度大,对喷管热防护材料的要求是要能够保持气动型面。

固体火箭发动机不同部位往往采用不同类型的热防护材料。燃烧室采用绝热材料,贴壁浇注发动机一般采用软质的橡胶基绝热材料(丁腈、三元乙丙、硅橡胶绝热材料等)。喷管需要采用硬质材料,喉部可以采用难熔金属、石墨、陶瓷基复合材料、C/C 复合材料等非炭化材料。喷管收敛段和扩张段则采用硬质绝热材料(高硅氧/酚醛、碳/酚醛等树脂基复合材料)。

1.5　固体火箭发动机的烧蚀问题

大部分液体火箭发动机可以通过自身携带的燃料来进行主动冷却,而固体火箭发动机只能依靠材料的烧蚀来进行被动的热防护,因此烧蚀是固体火箭发动机热防护技术的关键问题。

1.5.1　烧蚀的概念

所谓烧蚀,简单地说是指材料在高温条件下自身质量的消耗过程,通常可能包括热分解、热化学反应、机械剥蚀、升华和汽化等物理化学过程。与燃烧过程不同,烧蚀一般是吸热过程,而且吸热越多越好。例如绝热层在受热时,会发生热分解,产生气体并逸出,造成质量的消耗,同时会吸收大量的热量。在高温条件下,绝热层表面炭化层中的碳会与燃气中的氧化性组分(CO_2、H_2O 等)发生反应,这种反应会消耗炭化层的质量,同时也会吸收热量。可见,在烧蚀过程中,绝热层通过牺牲自身的质量来吸收大量的热量,达到热防护的目的。

1.5.2　烧蚀的类型

对于烧蚀问题目前还没有非常严格的分类方法。为了便于研究,根据发动机工作环境、热防护材料性质以及烧蚀机理的不同,可以将烧蚀分为以下几种类型。

(1)非炭化材料的烧蚀。非炭化材料是指烧蚀过程不发生热解、形成炭化层的材料,这类材料包括石墨、C/C复合材料等,通常用于喷管喉衬。

(2)炭化材料的烧蚀。炭化材料是指那些受热后会发生热分解,进而发生炭化、生成炭化层的材料,包括丁腈、三元乙丙等软质绝热材料,以及碳/酚醛等硬质复合材料。软质绝热材料通常用于燃烧室内壁,碳/酚醛复合材料等一般用于喷管收敛段和扩张段等部位。

(3)表面液体层材料的烧蚀。表面液体层材料指在烧蚀过程中表面会形成一层液体物质的材料,例如高硅氧/酚醛复合材料,这类材料通常用于喷管收敛段和扩张段。早期研究人员将高硅氧/酚醛复合材料按照炭化材料来对待,但在实践中发现在烧蚀过程中其表面会形成二氧化硅的液体层,其烧蚀规律具有一定的特殊性,采用炭化材料的烧蚀模型很难合理描述和预示,因此提出了液体层的烧蚀模型。

1.5.3　烧蚀问题的复杂性

固体火箭发动机的烧蚀是一个非常复杂的过程,其复杂性主要体现在以下几个方面:

(1)烧蚀涉及的物理化学现象多而复杂。以绝热层烧蚀为例(见图1-11),其包括复杂的传热传质过程、高聚物的热分解和炭化、炭化层多孔介质中的流动和传热、热化学烧蚀、气流剥蚀和粒子侵蚀等,其中有些过程人们目前认识得还不够清楚。

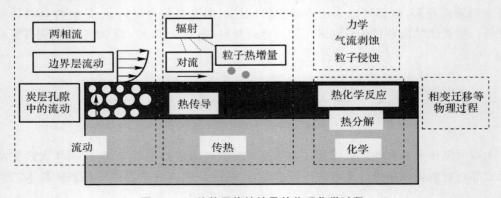

图1-11　绝热层烧蚀涉及的物理化学过程

(2)烧蚀具有不规则和不确定性。例如,绝热层烧蚀过程往往伴随着膨胀、起翘、变形、分层等现象,这些现象给测试和预示带来了很大的不确定性,也给建模带来了很大的难度。

(3)烧蚀涉及多尺度问题。以C/C复合材料喉衬为例,C/C复合材料是由碳纤维和碳基体按照一定空间结构组成的,纤维的尺度一般是微米级。在高温燃气中由于纤维、基体和界面的热化学反应速率不同,纤维和基体的推移速率也是不同的,这样就在微观层面形成了特殊的形貌。但最终影响发动机性能的是宏观烧蚀速率,而宏观烧蚀过程是由微观烧蚀形成的,因此,在建立烧蚀模型时,如果不考虑微观层面的烧蚀特征,很难真实反映C/C复合材料烧蚀的内在特征。如果完全从微观层面建立模型进行计算,计算量惊人,很难应用到实际问题中。目前国内外学者已经建立了多尺度的理论模型,能较好地解决这个问题。

1.5.4　烧蚀研究的重要性

1. 对绝热材料研制的重要性

烧蚀问题非常复杂,但在热防护中又非常重要。首先只有深入掌握热防护材料的烧蚀机理,才能提高热防护材料的研制水平,从依靠经验型的方法转变为理论和经验相结合。以往绝热材料的研制中,由于对烧蚀机理的认识有限,所以主要依靠经验和半经验的方法。这种方式在继承型和改进型研制中是很有效的,但对于包含新机理和新问题的情况,这种方式往往效率很低,有时候会付出一定的代价,前面介绍的固体火箭冲压发动机补燃室绝热层失效就是很好的例子。因此,只有不断提高对热防护材料烧蚀规律和机理的认识,建立更加合理的理论模型和方法,才能科学、有效地指导热防护材料的研制,提高研制效率和水平。例如,在绝热材料烧蚀机理研究中,发现炭化层是抵御烧蚀的重要屏障,提高炭化层的强度对于提高绝热材料抗冲刷能力非常有效,如果搞清楚绝热材料的成炭机理,掌握了配方组成对炭化层强度的影响规律,那么就可以有针对性地调整配方,提高绝热材料的抗冲刷性能。

2. 对发动机设计的重要性

只有建立科学、准确的烧蚀预示方法,才能设计出既轻质又可靠的热防护结构。而要建立科学、准确的烧蚀预示方法,必须对烧蚀规律和机理有深刻的认识。传统的热防护设计主要依赖经验,在遇到过载等新问题时,往往显得力不从心。实际上,由于烧蚀问题的复杂性,其很难在短期内得到彻底解决,建立出普适性强、精度高的"完美"预示方法。因此,设计者应该加强对烧蚀机理和模型的认识,这样才能选择适合的理论和模型,指导热防护设计。

1.6　固体火箭发动机的热结构问题

1.6.1　热结构的概念

热结构是结构力学中研究温度的变化对结构强度、刚度和承载能力影响的一个领域。20 世纪中叶,随着飞行器速度的提高,气动加热问题日趋严重;在核反应堆中,结构也处于载荷和高温的联合作用之下。受热结构受到约束或由于温度场的不均匀而产生热应力,也可能由此导致结构破坏或产生大变形。

在固体火箭发动机领域,热结构的概念有广义和狭义两种。广义的热结构是指所有的与热防护有关的结构,包括喷管和燃烧室等,其涉及的物理问题也更广泛,包括传热、烧蚀、热应力和结构破坏等。狭义的热结构是指既要承受高温又要承受载荷的结构件,例如喷管喉衬组件等,其研究的主要问题是高温条件下结构件的温度和应力分布、结构强度和失效等。目前比较常用的是狭义热结构,本书将主要采用这种定义。

1.6.2　热结构的重要性和复杂性

热结构对发动机工作可靠性有决定性的影响,因此热结构一直是固体火箭发动机设计和研究中很重要的内容。与烧蚀问题类似,热结构设计既要保证可靠性,又要尽可能地减少消极质量,这就需要对热结构问题有深入的认识,建立科学、有效的理论和设计方法。

与一般的结构力学问题不同,热结构研究的是高温条件下的结构应力和失效问题,其难度更大。以大型固体火箭发动机喷管热结构为例,喉衬一般采用 C/C 复合材料,收敛段、扩张段一般采用高硅氧布/酚醛缠绕复合材料和碳布/酚醛缠绕复合材料。在喷管喉部一般采用喉衬/背壁/壳体的结构:最里面与燃气接触的是喉衬;喉衬外面是背壁,主要起隔热作用;背壁外面是壳体,主要作用是承力和保持气密。首先,高温、复合材料和多层结构加在一起,大大增加了理论建模和预示的难度。其次,高温条件下的力学实验比较难,高温力学参数的获得很困难。最后,多层复合结构给温度场、应力、应变场的计算带来了很大的难度,例如高温条件下层与层之间的接触热阻、摩擦力等参数都很难获取,尤其是背壁材料受热出现炭化后,其物理和力学特性都将发生很大变化。这些因素耦合起来给热结构研究和建模带来了很大的难度。

1.6.3　热结构与烧蚀的关系

热结构与烧蚀研究的对象不同,但两者存在一定关联。以喷管喉衬为例,一方面,喉衬的烧蚀会造成喉衬变薄,结构强度下降,严重时可能会导致结构破坏。另一方面,由内压载荷产生的应力和热应力也可能会对烧蚀产生影响。可以看出,大多数情况下热结构与烧蚀是紧密相关的,但为了研究方便,往往通过一定简化,将两者分开进行研究。目前认为,应力对烧蚀的影响是可以忽略的,因此研究中主要考虑烧蚀对热结构的影响。

本书主要介绍火箭发动机的传热、常用热防护材料、烧蚀和热结构的基本概念、理论和实验方法,还介绍工程上的一些发动机热防护设计原则和方法,并给出一些热防护实例。

习　　题

1.请阐述热防护对于航天推进系统的重要性。

2.航天推进热防护一般分为哪两种类型? 基本原理是什么?

3.简述液体火箭发动机的热环境和传热特点。

4.液体火箭发动机常用的冷却方式有哪些?

5.请对液体火箭发动机常用的冷却方式的优缺点进行对比分析。

6.简述固体火箭发动机的热环境和传热特点。

7.什么是烧蚀? 为什么要研究烧蚀?

8.什么是热结构?

第2章　固体火箭发动机的传热

与液体火箭发动机不同,固体火箭发动机的推进剂是固态的,而且贮存在燃烧室中。固体推进剂燃烧产生的高温燃气从燃烧室流入喷管,然后经喷管高速喷出,进而产生推力。为了提高推进剂能量、抑制不稳定燃烧,很多固体推进剂中添加了金属粉末(例如铝粉),这样的高温燃气中含有大量的凝相颗粒,发动机内的流动属于高温两相流动。可见固体火箭发动机工作过程主要是高温燃气与发动机内壁面的传热,包含传热的全部3种形式——热传导、对流和辐射。高温燃气传热对象包括发动机的绝大部分零部件,例如推进剂、绝热层、燃烧室壳体和喷管等。高温传热不仅会影响发动机的结构强度,还会造成发动机能量损失,是热防护设计必须关注的问题。

固体火箭发动机大多采用被动热防护,传热的同时也伴随着热防护材料的烧蚀,传热与烧蚀过程往往是相互耦合的。但是也有一些工作时间极短的发动机无须使用热防护层,有些工作时间较短的实验发动机通过采用厚壁金属壳体进行热沉冷却,也不使用绝热层。这种情况下可以只进行传热分析和计算,而不用考虑烧蚀的影响。本章主要讨论传热过程,不考虑烧蚀过程,对于烧蚀条件下的传热过程将在第5章进行讨论。

2.1　固体火箭发动机传热的特点

固体火箭发动机工作过程中内部的传热过程相对比较复杂,尤其是考虑凝相颗粒的影响。

首先,高温两相流燃气会通过对流和热辐射将热量传递给发动机内壁。而凝相颗粒有多种传热方式:如果凝相颗粒与内壁发生碰撞,那么会通过接触瞬间的热传导将热量传给壁面;如果凝相颗粒速度比较大,例如发动机后封头和喷管部位,那么凝相颗粒与壁面碰撞会将一部分动能转化为热能,传递给内壁面;如果凝相颗粒发生沉积形成熔渣,那么会通过接触导热将大量热量直接传递给壁面。

其次,被加热的壳体(包括绝热层)以热传导的方式,将热量从内壁面经过壳体向外壁面传递。

最后,外壁面以对流和辐射的方式向周围空间传热。

由于固体火箭发动机两相流燃气的温度很高,因此燃气和发动机室壁之间存在着十分强烈的热量传递,通常热流密度可达到 $5 \times 10^{6} \sim 2 \times 10^{7}$ W/m²,比航空燃气涡轮发动机燃烧室的热流密度大 10～30 倍,比蒸汽锅炉燃烧室的热流密度大 100 倍以上。当凝相颗粒沉积形成熔渣时,高温熔渣与壁面直接接触,瞬时热流密度会非常高,可达 3×10^{7} W/m²。

　　不同类型的固体火箭发动机其传热特性不尽相同,而同一发动机的不同部位或同一部位不同时刻下也存在较大差别。固体火箭发动机从头部到喷管出口,其燃气速度等参数会发生很大的变化。为了便于对固体火箭发动机传热特性有总体的认识,这里选用比较简单的内孔装药固体火箭发动机进行分析。图 2-1 给出了典型内孔装药固体火箭发动机内部主要参数沿轴线的变化趋势,可以看出,燃气压强(p)、温度(T)、流速(V)及密流(ρV)沿发动机的轴向是变化的,这种变化造成发动机内各处的热流密度显著不同。实际计算表明,燃气流速自燃烧室前端(为 0)逐渐增大,到燃烧室后端达到数百米每秒。燃气进入喷管内继续加速,到喷管出口流速可达到数千米每秒。压强与温度沿燃烧室略微下降,在喷管内,尤其是在喷管喉部附近压强下降十分明显。在燃烧室中,由于新生成燃气的不断加入,因此燃气密流 ρV 逐渐增大。沿喷管的变化规律由连续方程决定,即

$$\rho V A = 常数 \tag{2-1}$$

式中:A 为喷管通道的横截面积。可以看出,ρV 与 A 成反比关系,沿喷管呈先迅速增大后迅速减小的变化规律。

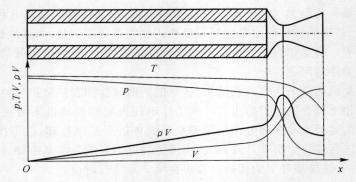

图 2-1　燃气参数 p,T,V 和 ρV 沿发动机轴线的变化

　　在热量传递中,通过对流方式传给发动机室壁的热量,与燃气流中分子对壁面的撞击数直接相关。流动燃气分子对壁面的撞击数又与流过壁面燃气单位体积内的分子数(可用燃气密度 ρ 表征)以及燃气流速成正比,即与 ρV 成正比,这样,就决定了对流热流密度(q_c)与 ρV 呈相同的变化规律,如图 2-2 所示。ρV 在喷管喉部处最大,q_c 也达到最大值,通常可大于 $1.2 \times 10^7 \ \mathrm{W/m^2}$。

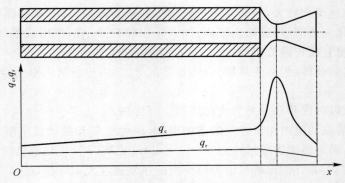

图 2-2　发动机内热流密度的分布

随着发动机工作压强的增大,密流增大,燃气向发动机室壁的对流传热量也会增大。

通常气体的辐射力与绝对温度的 3.0～3.5 次方成正比。由于燃气具有很高的温度,所以燃气会在燃烧室中产生较大的辐射热流。热辐射最强烈之处是燃气温度最高的地方,即燃烧室前端,这里的辐射热流密度(q_r)达到 1.5×10^6～2×10^6 W/m²。在喷管内,燃气温度降低,热辐射随之减少(见图 2-2)。

整个发动机内的辐射换热量在数值上明显小于对流换热量。对流换热在固体火箭发动机中是具有决定意义的热交换形式。把发动机室壁内表面相同位置上的 q_c 和 q_r 综合起来,便可以得到总的热流密度(q)沿发动机长度的变化规律(与图 2-2 中 q_c 相似)。通常总的热流密度在燃烧室中可达到 3×10^6～1×10^7 W/m²,在喷管内则更高,在喷管喉部附近可以达到非常大的数值,有的能达到 2×10^7 W/m²。

在发动机燃气通道中,不同部位的燃气流动特性极不相同,表现出的传热特性也不一样。在进行传热分析计算的时候可以根据占主导的传热方式来划分。一般来说,不同类型的发动机其内部结构和流动特性有明显差异,下面按照贴壁浇注和自由装填两种类型对不同区域的传热特性进行分析。

1. 贴壁浇注装药发动机

图 2-3 为典型的带潜入喷管的贴壁浇注装药发动机结构。

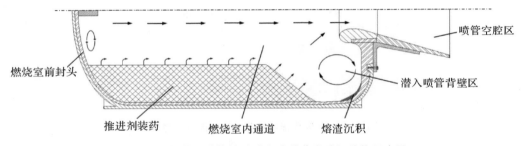

图 2-3　带潜入喷管的贴壁浇注装药发动机结构示意图

(1)燃烧室前封头。这个区域的流动特征是燃气速度很小,在燃气的作用下可能会形成漩涡,这个区域的壁面以对流换热和辐射换热为主,但传递给发动机室壁的热流密度比较小。

(2)燃烧室内通道。传热面主要包括装药内表面和暴露的燃烧室筒段壳体内表面。在不同装药以及不同工作时刻,燃烧室内通道的流动状态会发生变化,但总体上从燃烧室前端到后端,燃气速度越来越大。这个区域的传热主要是强迫对流换热和辐射换热,燃烧室后段由于燃气速度较大,此时强迫对流换热占主导。一般来说,在装药燃烧初期燃气具有较大的流速,强迫对流换热较强,但由于此时绝大部分壳体还未暴露,所以壳体的受热并不严重。随着装药燃烧的退移,燃气通道面积逐渐增大,燃气流动速度逐渐减小,此时有一些部位的壳体开始暴露,对壳体的传热变强。

(3)后封头空腔。采用常规结构(非潜入)喷管的发动机存在后封头空腔。发动机后封头形成收敛型的通道,燃气速度加快,速度变化幅度很大,对于壁面的强迫对流越来越强烈,热流密度较大。这个部位的凝相颗粒的速度较大,会与壁面发生碰撞,也会增大对壁面的传热和侵蚀。

（4）潜入喷管背壁区。对于采用潜入喷管的发动机，其流动和传热有其特殊性。潜入喷管背壁区域的装药烧完后，会形成"死水区"的特殊流动，燃气在这个区域形成旋流，流动速度并不大。但是凝相颗粒进入这个死水区很难流出，容易形成熔渣沉积，熔渣沉积会造成局部的热流密度很高。因此潜入喷管的传热以强迫对流换热、辐射换热和熔渣接触导热为主。

（5）喷管空腔区。喷管内的燃气速度迅速增大，对流换热显著增强，使喷管在发动机构件中成为主要的受热件。燃气温度的降低和辐射换热所占的比例减小，使得强迫对流换热成为本区域决定性的换热形式。当燃气中含有凝相颗粒时，喷管表面的受热还会进一步加强。

2. 自由装填发动机

（1）推进剂装药侧表面和燃烧室圆筒形壁面间的燃气轴向流动区。对于自由装填无包覆装药（如单孔管状），该区包括整个装药长度所对应的燃烧室圆筒形部分，如图 2-4 所示。这个区域的特征是，当燃气沿轴向向后流动时，随着来自装药燃烧侧表面所产生燃气的不断加入，燃气流速沿流动方向增大，与燃烧室侧壁面的热交换随之增强。在这种情况下，强迫对流换热起主要作用。燃气在装药燃烧初期具有较大的流速，随着燃烧过程中装药不断燃烧，装药侧表面与燃烧室侧壁面所构成的燃气通道横截面积逐渐增大，燃气流动速度逐渐减小，于是这个区域内的换热量也就逐渐减小。

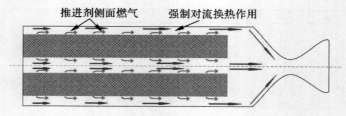

图 2-4　无包覆管状装药发动机流动示意图

如果采用的是内表面燃烧、外表面包覆且自由装填的装药，如图 2-5 所示，包覆外侧表面与燃烧室侧壁面形成间隙，该间隙内充满了推进剂燃烧产物。如果在这种装药的后端装有填充物以防止间隙内燃气流动，那么该区域燃气在轴向是滞止的，这时燃气将以自由对流和热传导的形式向燃烧室侧壁传热。

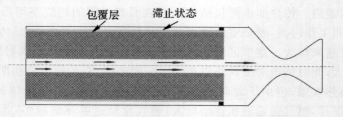

图 2-5　外表面包覆的管状装药发动机流动示意图

这里所指的区域，主要针对的是前一种情况，即有燃气沿轴向向后加速流动的情况。

（2）燃烧室前封头与装药前端之间的空腔区。这个区域的特征是，燃气充满该空腔并做不规则的涡旋运动。对于端面包裹的装药，此空腔为燃气滞止区。此区几乎没有燃气的强迫流动,自由对流换热和辐射换热占优势,因而传递给发动机室壁的热流量较小。

（3）喷管前空腔区。当燃气从装药侧面和燃烧室侧壁面构成的小通道流入喷管前具有较大自由截面的空腔时,在小通道出口处,燃气会因突然膨胀而产生涡旋。当采用单喷管结构时,单根或多根装药的燃烧产物沿着后底表面朝喷管轴线方向流动。而内孔燃烧的固定装药,其燃烧产物在后底四周形成一个滞止区。若采用多喷管结构,如图 2-6 所示,内孔燃烧所产生的燃气将与底面中心部分相撞击,再沿底面进入各喷管中。因此,在无中心喷管的多喷管底面可能形成一个燃气完全滞止的临界点,在临界点周围的续流中存在一个流速与坐标位置成线性关系的小环形区,然后是一个流速与坐标位置成幂次关系的大环形区。燃气在底面的流速就这样由临界点(为 0)增大到喷管入口处的几百米每秒。多喷管后底上的气流分布极为复杂并伴随有涡流。

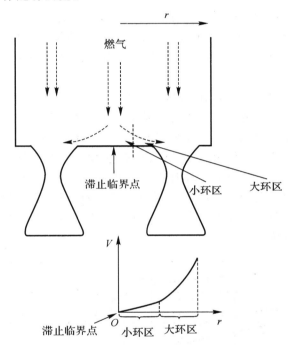

图 2-6　无中心喷管的多喷管发动机喷管前空腔区流动示意图

在这个区域内,燃烧室后封头与侧表面,由于均被不规则的涡旋和具有很大速度的燃气在不同方向上进行冲刷,所以强迫对流换热起主要作用。对于大尺寸的火箭发动机,由于本区辐射性燃气的容积比较大,所以热辐射也会起明显的作用。

（4）喷管空腔区。喷管空腔区与贴壁浇注发动机喷管类似。

上述仅是按典型固体火箭发动机来划分不同的热交换区域,目的在于对发动机内腔各部分的换热情况有一个大概的了解。随着火箭发动机结构的不同,各个区域的换热机理也会有所变化。在对实际发动机进行传热计算时,应当首先分析燃气的流动特征和传热条件,然后选用对应条件下能满足计算精度要求的换热计算式,这样才能获得满意的计算结果。

研究固体火箭发动机传热的主要目的:确定发动机构件受热时的温度状态,以便在发动机设计中,以此为依据选择结构材料、进行强度计算以及采取必要的热防护措施;建立传向推进剂燃烧表面热流的关系式并进行计算,这种热流数值决定推进剂的燃速,影响推进剂装药点火、发动机工作过程及其性能损失。

由于在传热学研究中将各基本传热方式视为彼此独立的,所以高温燃气对发动机构件的热交换,应等于不同方式的热交换之和。因此,讨论的方法仍然是,先分析每一种基本传热形式的独立作用,然后确定总的换热量。

值得一提的是,当前在计算固体火箭发动机构件的受热时,还没有一种精确的计算方法,多数仍然是依靠在类似的装置上大量试验所总结出来的半经验公式。随着数值模拟技术的发展,已经有越来越多的研究者采用流-固耦合的数值方法来进行传热计算。

2.2 固体火箭发动机中的热传导

传给发动机室壁的热量仅占固体火箭发动机全部燃气热焓的一小部分,但从其绝对值来说,仍是很大的一份热量。由于目前几乎所有的固体火箭发动机都是未加冷却的,因此这部分热量一旦传给发动机室壁,便通过热传导的方式向发动机壁内传播,使室壁内部的温度显著升高。

对于一般的金属结构材料,其机械强度随温度的升高有明显的下降趋势。图 2-7 给出了某些金属材料的机械强度随温度的变化情况及变化数值。从图中可以看出,金属材料的抗拉强度极限(σ_b)均随温度的升高而下降,温度愈高,下降愈快。对于固体火箭发动机来说,室壁受热后,由于热传导的作用,内部出现温差,使室壁产生热应力,同时室壁要承受的压强是标准大气压的数十到数百倍。若因壁温过快升高而导致其机械强度过分下降,则可能导致发动机室壁强度不足,甚至会因破裂或烧穿而毁坏。固体火箭发动机的其他部件也存在同样的问题。下面分别研究固体火箭发动机不同部件的热传导问题,主要对燃烧室和喷管进行受热计算与分析。

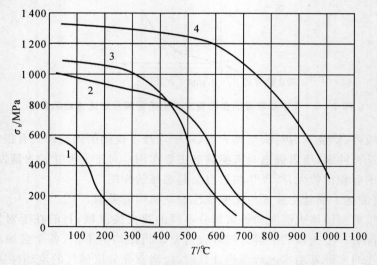

图 2-7 材料机械强度随温度的变化

1—铝合金;2—不锈钢;3—30CrMnSiA;4—高温合金(GH118)

2.2.1　燃烧室壁面的热传导

燃烧室受热时,壁面的温度分布不仅取决于燃气对内壁面的加热和冷空气对外壁面的冷却,同时也取决于室壁材料内部的热传递过程。图 2-8 所示是典型发动机燃烧室内壁面温度 T_{w1} 和外壁面温度 T_{w2} 随时间变化的情况;图 2-9 给出了发动机燃烧室壁内温度分布随时间的变化情况。从图 2-8 和图 2-9 可以看出,壁内的温度分布不仅沿壁厚变化,而且随时间变化,属于非稳态温度场。

对于大多数野战或战术武器中的固体火箭发动机,工作时间短,壁面的导热过程还来不及达到稳定,发动机就结束工作了,因此必须按非稳态导热过程计算;同时由于时间短,在计算时也可忽略外壁面对空气的散热。另外,总换热系数和材料导热系数在发动机工作过程中是变化的,但在工程计算中,通常假设材料的基本物理性质(如导热系数 λ、比热容 c 和密度 ρ)是不随温度变化的常数,并取总换热系数为不随时间变化的某一有效值 h_{ef} 或平均值 $\bar{h}_{ef}$。

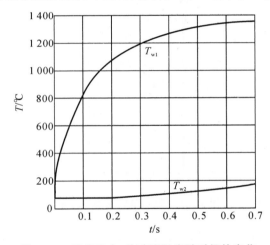

图 2-8　燃烧室内、外壁面温度随时间的变化

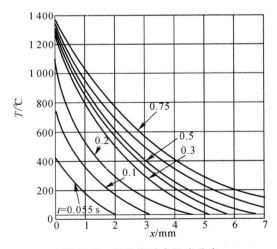

图 2-9　燃烧室壁内温度分布

2.2.1.1 燃烧室壁面温度计算

当仅考虑内壁面受热而无热量自外壁面散出时,燃烧室壁面可当作无限大平板的一半来计算。这样处理,对于半径与壁厚之比大于 4 的燃烧室圆筒和喷管圆锥筒来说,不会引起多大的误差。图 2-10 所示为燃烧室壁面温度分布,图中:T 为燃气静温,由于沿燃烧室轴向温度变化不大,所以在计算中常以定压燃烧温度 T_0 代替;T_i 为壁面初温;T_{w1} 为内壁面温度;T_{w2} 为外壁面温度。

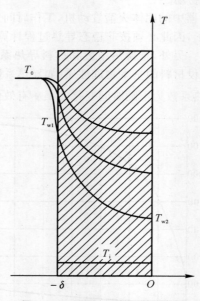

图 2-10 燃烧室壁面温度分布

发动机工作时,内壁面处于燃气的高温 T_0 之下;外壁面与环境(温度为 T_i)接触,在时间较短时可近似为没有热量传递,即处于绝热状态。根据热力学第一定律以及傅里叶导热定律可得无内热源的无限大平板一维非稳态导热微分方程:

$$\frac{\partial T(x,t)}{\partial t} = a \frac{\partial^2 T(x,t)}{\partial x^2} \tag{2-2}$$

式中:a 为热扩散系数,$a = \dfrac{\lambda}{\rho c}$;$\lambda$ 为平板的导热系数;ρ 为密度,c 为比热容。

若采用过余温度 $\theta = T - T_0$ 表示,则有

$$\frac{\partial \theta}{\partial t} = a \frac{\partial^2 \theta}{\partial x^2} \tag{2-3}$$

初始条件和边界条件为

$$t = 0, \theta = \theta_i, \left. -\lambda \frac{\partial \theta}{\partial x} \right|_{x=\delta} = h\theta_w \tag{2-4}$$

式中:h 为外壁面的对流换热系数。

边界条件是由流体传给壁面的热流密度与通过壁面的导热热流密度相等得出的。

对式(2-3)采用经典的分离变量法求解,可得无限大平板壁面温度的计算式为

$$\theta_w(t)=\theta(\delta,t)=\theta_i\sum_{n=1}^{\infty}\frac{2\sin\beta_n\cos\beta_n}{\beta_n+\sin\beta_n\cos\beta_n}e^{-\beta_n^2 Fo} \tag{2-5}$$

式中：$\theta_i=T_i-T_0$；δ 为平板厚度的一半；t 为时间；Fo 为傅里叶数，$Fo=\dfrac{at}{\delta^2}$；β_n 为特征值，是超越方程 $Bi=\beta_n\tan\beta_n$ 的根，其中 Bi 为毕渥数，$Bi=\dfrac{h\delta}{\lambda}$。

利用式（2-5）分别计算出发动机内、外壁面的过余温度 θ_{w1} 和 θ_{w2}，$\theta_{w1}=T_{w1}-T_0$，$\theta_{w2}=T_{w2}-T_0$，进而得出 T_{w1} 和 T_{w2}。

内壁面温度为

$$T_{w1}=T_0-\frac{\theta_{w1}}{\theta_i}(T_0-T_i) \tag{2-6}$$

外壁面温度为

$$T_{w2}=T_0-\frac{\theta_{w2}}{\theta_i}(T_0-T_i) \tag{2-7}$$

同样可以计算出沿壁厚的平均温度（$\overline{\theta}_w$ 和 $\overline{T}_w$）为

$$\frac{\overline{\theta}_w}{\theta_i}=\frac{T_0-\overline{T}_w}{T_0-T_i}=\sum_{n=1}^{\infty}\frac{2\sin\beta_n}{\beta_n+\sin\beta_n\cos\beta_n}\frac{\sin\beta_n}{\beta_n}e^{-\beta_n^2 Fo} \tag{2-8}$$

$$\overline{T}_w=T_0-\frac{\overline{\theta}_w}{\theta_i}(T_0-T_i) \tag{2-9}$$

这时，壁面吸收的热量为

$$Q_t=\rho c\int_0^{\delta}(\theta-\theta_i)\,\mathrm{d}x=\rho c\delta\theta_i\sum_{n=1}^{\infty}\left(\frac{2\sin\beta_n}{\beta_n+\sin\beta_n\cos\beta_n}\frac{\sin\beta_n}{\beta_n}e^{-\beta_n^2 Fo}-1\right)=$$

$$\rho c\delta\theta_i\left(\frac{\overline{\theta}_w}{\theta_i}-1\right)=\rho c\delta(\overline{\theta}_w-\theta_i)=\rho c\delta(\overline{T}_w-T_i) \tag{2-10}$$

当 $Fo\geqslant0.3$ 时，可以仅取式（2-10）中级数的第 1 项，用

$$\left.\begin{aligned}\theta_m(t)&=\theta_i\frac{2\sin\beta_1}{\beta_1+\sin\beta_1\cos\beta_1}e^{-\beta_1^2 Fo}\\[2mm]\theta_w(t)&=\theta_i\frac{2\sin\beta_1\cos\beta_1}{\beta_1+\sin\beta_1\cos\beta_1}e^{-\beta_1^2 Fo}\\[2mm]\overline{\theta}_w(t)&=\theta_i\frac{2\sin\beta_1}{\beta_1+\sin\beta_1\cos\beta_1}\frac{\sin\beta_1}{\beta_1}e^{-\beta_1^2 Fo}\end{aligned}\right\} \tag{2-11}$$

分别计算内、外壁面的温度和沿壁厚的平均温度。

为方便计算，记

$$\left.\begin{aligned}N&=\frac{2\sin\beta_1}{\beta_1+\sin\beta_1\cos\beta_1}\\[2mm]P&=\frac{2\sin\beta_1\cos\beta_1}{\beta_1+\sin\beta_1\cos\beta_1}\\[2mm]M&=\frac{2\sin\beta_1}{\beta_1+\sin\beta_1\cos\beta_1}\frac{\sin\beta_1}{\beta_1}\end{aligned}\right\} \tag{2-12}$$

则式(2-11)可写为

$$\left.\begin{array}{l} \theta_m(t) = N\theta_i e^{-\beta_1^2 Fo} \\[2mm] \theta_w(t) = P\theta_i e^{-\beta_1^2 Fo} \\[2mm] \overline{\theta}_w(t) = M\theta_i e^{-\beta_1^2 Fo} \end{array}\right\} \tag{2-13}$$

由 Fo 的定义 $Fo = at/\delta^2$ 可知,时间越长,或特征尺寸越小,越有可能满足 $Fo \geqslant 0.3$ 的条件;反之,Fo 将会很小。材料的热扩散系数 $a = \lambda/(\rho c)$,在一般的发动机中数量级为 $10^{-6} \sim 10^{-5}\ \mathrm{m}^2/\mathrm{s}$。特征尺寸一般取壁厚、喉部直径,或燃烧室外径,在这里取壁厚 δ,其数量级为 $0.001 \sim 0.01\ \mathrm{m}$。发动机工作时间 t 的数量级一般在 10 s 以内。按上述条件的极限取,可得 $Fo = (1 \times 10^{-6}/0.01^2) \times 10 = 0.1$,这时必须考虑级数的其他项。平板非稳态传热计算中 N、P、M 的值见表 2-1。

下面通过例题来说明壁面温度的计算过程。

表 2-1 平板非稳态传热计算中 N、P、M 的值

Bi	β_1^2	P	M	N	Bi	β_1^2	P	M	N
0.00	0.000 0	1.000	1.000	1.000	2.2	1.222	0.535 0	0.960	1.186
0.01	0.010 0	0.997	1.000	1.002	2.4	1.277	0.510 0	0.956	1.193
0.02	0.019 9	0.993	1.000	1.003	2.6	1.332	0.488 0	0.952	1.200
0.04	0.039 7	0.987	1.000	1.006	2.8	1.380	0.468 0	0.948	1.205
0.06	0.058 4	0.981	1.000	1.010	3.0	1.420	0.448 0	0.944	1.210
0.08	0.077 8	0.974	1.000	1.0133.5	3.5	1.52	0.406 0	0.935	1.221
0.10	0.096 8	0.967	1.000	1.016	4.0	1.59	0.370 0	0.926	1.229
0.12	0.115 4	0.960	1.000	1.020	4.5	1.66	0.338 0	0.919	1.235
0.14	0.133 7	0.954	1.000	1.023	5.0	1.73	0.314 0	0.912	1.240
0.16	0.151 8	0.948	1.000	1.026	5.5	1.78	0.293 0	0.906	1.244
0.18	0.169 7	0.942	1.000	1.028	6.0	1.82	0.273 0	0.901	1.248
0.20	0.187 4	0.936	1.000	1.031	7.0	1.90	0.241 0	0.892	1.254
0.22	0.204 8	0.930	1.000	1.034	8.0	1.95	0.216 0	0.885	1.257
0.24	0.222 0	0.924	0.999	1.037	9.0	2.00	0.196 0	0.879	1.260
0.26	0.239 0	0.918	0.999	1.040	10	2.04	0.180 0	0.874	1.262
0.28	0.255 8	0.912	0.999	1.042	12	2.08	0.152 0	0.866	1.265
0.30	0.272 3	0.906	0.999	1.004 5	14	2.12	0.132 0	0.859	1.267
0.35	0.312 5	0.891	0.998	1.052	16	2.16	0.116 0	0.855	1.268
0.40	0.351 6	0.877	0.998	1.058	18	2.20	0.104 0	0.851	1.269
0.45	0.389 4	0.863	0.997	1.064	20	2.24	0.094 0	0.847	1.270

续表

Bi	β_1^2	P	M	N	Bi	β_1^2	P	M	N
0.50	0.426 4	0.849	0.996	1.070	25	2.27	0.076 0	0.841	1.271
0.55	0.462 4	0.836	0.995	1.076	30	2.30	0.065 0	0.836	1.271
0.60	0.497 0	0.823	0.994	1.081	35	2.33	0.056 0	0.832	1.272
0.70	0.564 0	0.798	0.992	1.092	40	2.35	0.050 0	0.829	1.272
0.80	0.626 0	0.774	0.990	1.102	50	2.37	0.050 0	0.826	1.272
0.90	0.684 0	0.751	0.988	1.111	60	2.39	0.033 3	0.824	1.273
1.00	0.740 0	0.729	0.986	1.119	70	2.40	0.028 6	0.822	1.273
1.20	0.841 0	0.689	0.981	1.134	80	2.41	0.025 0	0.820	1.273
1.40	0.931 0	0.653	0.977	1.148	90	2.41	0.022 2	0.819	1.273
1.60	1.016 0	0.619	0.972	1.159	100	2.42	0.020 0	0.818	1.273
1.80	1.090 0	0.587	0.968	1.169	∞	2.467	0.000 0	0.810	1.273
2.00	1.162 0	0.559	0.964	1.179					

例题 2-1：试按下列已知条件，确定装药燃烧结束时，燃烧室靠近喷管处的壁面温度以及传给壁面的热量。已知燃烧室壁厚 $\delta=3$ mm，初温 $T_i=42$ ℃。材料为 30 CrMnSiA，其密度 $\rho=7.85\times10^3$ kg/m^3，比热容 $c=628$ J/(kg·K)，导热系数 $\lambda=34.4$ W/(m·K)。装药燃烧时间为 1.2 s，燃烧温度 $T_0=2\,880$ K。在靠近喷管的壁面处，总换热系数取有效值，为 $h_{ef}=4\,200$ W/(m^2·K)。

解：计算过程可分为以下几步。

(1)计算常系数。

$$a=\frac{\lambda}{\rho c}=\frac{34.4}{7.85\times10^3\times628}=6.98\times10^{-6}(\text{m}^2/\text{s})$$

$$Bi=\frac{h_{ef}\delta}{\lambda}=\frac{4\,200\times3\times10^{-3}}{34.4}=0.366$$

$$Fo=\frac{a}{\delta^2}\times t_b=\frac{6.98\times10^{-6}}{(3\times10^{-3})^2}\times1.2=0.931$$

可见，$Fo\geqslant0.3$，只取级数的第 1 项。查表 2-1 得，$Bi=0.366$ 时，$\beta_1^2=0.325$，$P_1=0.887$，$N_1=1.054$，$M_1=0.998$。

(2)计算壁面温度。

$$\frac{\theta_{w1}}{\theta_i}=P_1e^{-\beta_1^2 Fo}=0.887e^{-0.325\times0.931}=0.655$$

$$\frac{\theta_{w2}}{\theta_i}=N_1e^{-\beta_1^2 Fo}=1.054e^{-0.325\times0.931}=0.779$$

$$\frac{\bar\theta_w}{\theta_i}=M_1e^{-\beta_1^2 Fo}=0.998e^{-0.325\times0.931}=0.737$$

（3）计算壁面温度和吸收热量。

$$T_{w1} = T_0 - \frac{\theta_{w1}}{\theta_i}(T_0 - T_i) = 2\,880 - 0.655 \times (2\,880 - 315) = 1\,200.0\,(K)$$

$$T_{w2} = T_0 - \frac{\theta_{w2}}{\theta_i}(T_0 - T_i) = 2\,880 - 0.779 \times (2\,880 - 315) = 881.9\,(K)$$

$$\overline{T}_w = T_0 - \frac{\overline{\theta}_w}{\theta_i}(T_0 - T_i) = 2\,880 - 0.737 \times (2\,880 - 315) = 989.6\,(K)$$

在时间 t_b 内壁面吸收的热量为

$$Q_t = \rho c \delta (\overline{T}_w - T_i) = 7.85 \times 10^3 \times 628 \times 3 \times 10^{-3} \times (989.6 - 315)$$
$$= 9\,976.9\,(kJ/m^2)$$

由上述计算可以看到，燃烧结束瞬间燃烧室后端壁面的平均温度已达到 989.6 K，由图 2-7 可知，这时材料 30CrMnSiA 沿壁厚的平均抗拉强度极限（σ_b）下降到约为其常温下的 10%。为保证燃烧室有足够的强度，一般可增加壁厚，这就需要建立壁厚与传热量的关系。

2.2.1.2 燃烧室壁厚与传热量的关系

由燃烧室的壁面温度计算可知，传热对壁面的影响主要体现在两个方面：一是产生的壁面温度使壁面材料的强度降低；二是传热使内壁面温度急剧升高，当温度超过材料的熔点时，会产生烧蚀现象。

在例题 2-1 中，燃烧结束时的内壁面温度为 1 200 K，材料 30CrMnSiA 的熔点约为 1 600 K，与熔点非常接近，对壁面有一定影响。如果增加壁厚，结果会如何呢？下面举例说明。

例题 2-2：试估算将例题 2-1 中燃烧室壁厚增加到 5 mm 的效果，其他已知条件不变。

解：进行类似的计算过程可得

$$Bi = \frac{h_{ef}\delta}{\lambda} = \frac{4\,200 \times 5 \times 10^{-3}}{34.4} = 0.610$$

$$Fo = \frac{a}{\delta^2} \times t_b = \frac{6.98 \times 10^{-6}}{(5 \times 10^{-3})^2} \times 1.2 = 0.335$$

可见，$Fo \geqslant 0.3$，只取级数的第 1 项。查表 2-1 得，$Bi = 0.610$ 时，$\beta_1^2 = 0.504$，$P_1 = 0.821$，$N_1 = 1.082$，$M_1 = 0.994$，则有

$$\frac{\theta_{w1}}{\theta_i} = P_1 e^{-\beta_1^2 Fo} = 0.693$$

$$\frac{\theta_{w2}}{\theta_i} = N_1 e^{-\beta_1^2 Fo} = 0.914$$

$$\frac{\overline{\theta}_w}{\theta_i} = M_1 e^{-\beta_1^2 Fo} = 0.840$$

$$T_{w1} = 2\,880 - 0.693 \times (2\,880 - 315) = 1\,102.5\,(K)$$

$$T_{w2} = 2\,880 - 0.914 \times (2\,880 - 315) = 535.6\,(K)$$

$$\overline{T}_w = 2\,880 - 0.840 \times (2\,880 - 315) = 725.4\,(K)$$

在时间 t_b 内壁面吸收的热量为

$$Q_t = 7.85 \times 10^3 \times 628 \times 5 \times 10^{-3} \times (725.4 - 315) = 10\ 115.9 (\text{kJ/m}^2)$$

对比增加壁厚前后的计算结果可以看出,壁厚增加到原来的 1.7 倍,可使壁面平均温度降低约 27%,同时使内壁面温度下降 8%。由图 2-7 可知,这时材料 30CrMnSiA 沿壁厚的 σ_b 比常温下降约 30%,约为 700 MPa。

可见,通过增加金属壳体的壁厚可在一定程度上提高壳体的防热能力,这种方式也称为"热沉冷却"。一些工作时间较短的实验发动机往往采用这种方式来进行防热。

2.2.2　喷管壁面热传导

与燃烧室相比,喷管壁面的厚度一般是变化的。同时,由于燃气的膨胀加速,燃气的静温也在发生变化,一般会随燃气的加速而不断降低。实际上,喷管壁面的热传导过程与燃烧室相似,其计算方法基本类似。由发动机传热的特点可知,喷管喉部的热流量是最大的,因此喷管壁面的传热计算主要是指喉部的传热计算。

在喷管中,特别是喷管喉部附近,燃气的流速高、单位截面积的质量流率(密流)大,使得喷管壁所受到的高温高速燃气的加热作用和冲刷作用都十分严重,从而可能造成喷管材料的严重烧蚀。若采用的是含金属的推进剂,其燃烧产物中氧化物颗粒对壁面的碰撞和沉积,将产生接触传热和冲刷作用,则烧蚀会更加严重。

设燃气在喉部的静温为 T,喷管初始温度为 T_i。与燃烧室类似,对于工作时间较短的固体火箭发动机,当仅考虑内壁面受热而无热量自外壁散出时,喷管喉部壁面可当作无限大平板的一半来计算,则式(2-6)~式(2-10)均可使用,T_0 由燃气静温 T 代替。

设喉部截面积为 A_t,由气体动力学知识,燃气在任意截面 A 处的静温可用下式计算:

$$\frac{A}{A_t} = \frac{\left(\dfrac{2}{\gamma+1}\right)^{\frac{1}{\gamma-1}}}{\left(\dfrac{T}{T_0}\right)^{\frac{1}{\gamma-1}} \sqrt{\left(1 - \dfrac{T}{T_0}\right)\dfrac{\gamma+1}{\gamma-1}}} \tag{2-14}$$

式中:γ 为燃气比热比;T_0 为滞止温度,可视为燃烧室内的温度。

根据喷管面积比,用式(2-14)计算出任意截面的温度后,即可计算该截面处传热引起的壁面温度。在喉部,$A = A_t$,这时的温度又称为临界温度 T^*,由式(2-14)可得

$$\frac{T}{T_0} = \frac{T^*}{T_0} = \frac{2}{\gamma+1} \tag{2-15}$$

下面还是通过例题来进行说明。

例题 2-3:试按下列已知条件,确定装药燃烧结束时,喷管喉部的壁面温度以及传给壁面的热量:已知喷管喉部壁厚 $\delta = 3$ mm,初温 $T_i = 42$ ℃。材料为 30CrMnSiA,其密度为 $\rho = 7.85 \times 10^3$ kg/m³,比热容 $c = 628$ J/(kg·K),导热系数 $\lambda = 34.4$ W/(m·K)。装药燃烧时间 1.2 s,燃烧温度为 $T_0 = 2\ 880$ K,燃气比热比 $\gamma = 1.2$。在喷管喉部的壁面处,总换热系数取有效值 $h_{ef} = 11\ 000$ W/(m²·K)。

解:计算过程可分为如下几步。

(1)确定喷管喉部的燃气静温。

由 $\dfrac{T}{T_0}=\dfrac{T^*}{T_0}=\dfrac{2}{\gamma+1}$ 可得

$$T=\frac{2}{1.2+1}\times 2\,880=2\,618.2(\mathrm{K})$$

（2）计算常系数。

$$a=\frac{\lambda}{\rho c}=\frac{34.4}{7.85\times 10^3\times 628}=6.98\times 10^{-6}(\mathrm{m^2/s})$$

$$Bi=\frac{h_{\mathrm{ef}}\delta}{\lambda}=\frac{11\,000\times 3\times 10^{-3}}{34.4}=0.959\,3$$

$$Fo=\frac{a}{\delta^2}\times t_{\mathrm{b}}=\frac{6.98\times 10^{-6}}{(3\times 10^{-3})^2}\times 1.2=0.931$$

可见，$Fo\geqslant 0.3$，只取级数的第 1 项。查表 2-1 得，$Bi=0.959\,3$ 时，$\beta_1^2=0.717\,2$，$P_1=0.738\,0$，$N_1=1.115\,7$，$M_1=0.986\,8$。

（3）计算壁面温度。

$$\frac{\theta_{\mathrm{w1}}}{\theta_i}=P_1\mathrm{e}^{-\beta_1^2 Fo}=0.738\,0\mathrm{e}^{-0.717\,2\times 0.931}=0.378\,5$$

$$\frac{\theta_{\mathrm{w2}}}{\theta_i}=N_1\mathrm{e}^{-\beta_1^2 Fo}=1.115\,7\mathrm{e}^{-0.717\,2\times 0.931}=0.572\,2$$

$$\frac{\overline{\theta}_{\mathrm{w}}}{\theta_i}=M_1\mathrm{e}^{-\beta_1^2 Fo}=0.986\,8\mathrm{e}^{-0.717\,2\times 0.931}=0.506\,1$$

（4）计算壁面温度和吸收热量。

$$T_{\mathrm{w1}}=T-\frac{\theta_{\mathrm{w1}}}{\theta_i}(T-T_i)=2\,618.2-0.378\,5\times(2\,618.2-315)=1\,746.4(\mathrm{K})$$

$$T_{\mathrm{w2}}=T-\frac{\theta_{\mathrm{w2}}}{\theta_i}(T-T_i)=2\,618.2-0.572\,2\times(2\,618.2-315)=1\,300.3(\mathrm{K})$$

$$\overline{T}_{\mathrm{w}}=T-\frac{\overline{\theta}_{\mathrm{w}}}{\theta_i}(T-T_i)=2\,618.2-0.506\,1\times(2\,618.2-315)=1\,452.6(\mathrm{K})$$

在时间 t_{b} 内壁面吸收的热量为

$$Q_{\mathrm{t}}=\rho c\delta(\overline{T}_{\mathrm{w}}-T_i)=7.85\times 10^3\times 628\times 3\times 10^{-3}\times(1\,452.6-315)=16\,824.4(\mathrm{kJ/m^2})$$

由上述计算可以看到，燃烧结束瞬间喷管喉部内壁面的温度已达到 1 746.4 K，平均温度也高达 1 452.6 K，比燃烧室的内壁面温度和平均温度均高出很多。由于喷管喉部内壁面的温度十分接近材料的熔点，因此，喷管喉部很容易出现烧蚀现象。为避免喉部出现烧蚀，设计时必须考虑传热的影响。根据上述计算公式分析知，减少喉部烧蚀的途径包括增加壁厚、缩短工作时间、选择耐高温材料等。在实际中主要通过采用耐高温、耐烧蚀的热防护材料来进行防护。

2.3 固体火箭发动机中的对流传热

前面已经分析了燃气在发动机中存在多种形式的传热，其中对流传热是高温燃气与固体壁面之间的主要传热方式。

固体火箭发动机中的对流传热几乎包括所有可能形式:在燃烧室的头部,燃气流速为零,为自由对流传热;沿燃烧室壁面,燃气流速逐渐增加,主要表现为强迫对流换热;燃气在燃烧室末端和喷管入口,以及在形成涡流的地方,其强迫对流传热的方式将加强;燃气在喷管加速到声速及在扩张段加速到超声速时,强迫对流进一步加强,表现为高速强迫对流传热的特点。

2.3.1　对流传热计算方法

固体火箭发动机中的对流传热,需要针对不同的工作特点来研究。由于对流换热的复杂性和发动机工作特点的显著变化,因此目前理论研究主要采用相似准则,以数值方法为主。而在工程设计中,主要采用在试验基础上总结出的经验公式。这里主要分析适用于发动机工作特点的经验计算公式。

根据传热学知识,对于自由对流传热,一般采用的相似准则为

$$\overline{Nu} = \frac{\overline{h}l}{\lambda} = C(Gr \cdot Pr)_f^n \tag{2-16}$$

式中:$\overline{Nu}$ 为自由对流的平均努塞尔数,$\overline{h}$ 为平均对流换热系数,l 为特征长度,λ 为导热系数,Gr 为格拉晓夫数,Pr 为普朗特数,C、n 都是常数,下标 f 表示流体。

在强迫对流传热中,一般采用的相似准则为

$$Nu = f(Re, Pr) = CRe^m Pr^n \tag{2-17}$$

式中:Re 为雷诺数;C、n、m 为经验常数。

式(2-16)中 Gr 也可以称为自由对流雷诺数,它是表征自由对流特有的相似准则,Gr 由下式定义:

$$Gr = \frac{g\beta\Delta T l^3}{\nu^2} \tag{2-18}$$

式中:g 为加速度,对于固体火箭发动机,静止试验时 g 取重力加速度,飞行时 g 用飞行加速度 j 代替;β 为流体的体膨胀系数;$\Delta T = T - T_w$,T 为燃气温度,T_w 为壁面温度;l 为特征尺寸,除特殊说明外,一般取为当量直径 d,即定义为 $d = 4A/\Pi$,这里 A 为燃气通道截面积,Π 为燃气通道湿周长;ν 为运动黏性系数。

只要建立了相似准则,由 $Nu = hd/\lambda$ 即可确定对流传热系数 h,从而可以计算由对流引起的传热特性,如温度变化、热量传输等。因此,计算对流传热系数是本节的主要任务。

2.3.2　自由对流传热

前已述及,在燃烧室的头部区域以及端面燃烧装药的燃烧表面区域,燃气流速几乎为零或很低,这时的对流传热可视为自由对流传热。在计算自由对流传热时,其中的物性参数如 λ、μ 等的定性温度均可取燃气的滞止温度或燃烧温度。

对于圆筒形容器内气体的自由对流传热,根据巴尔斯基和捷尔道维奇、道捷斯和卡兰金的试验数据,可以建立如下相似准则:

$$Nu = Gr^{\frac{1}{4}} \tag{2-19}$$

把格拉晓夫数和努塞尔数的定义代入式(2-19),可得

$$\frac{hd}{\lambda}=\left(\frac{jd^3\Delta T}{\nu^2 T}\right)^{\frac{1}{4}}$$ (2-20)

整理后,得自由对流传热系数为

$$h=\lambda\left(\frac{j\Delta T}{d\nu^2 T}\right)^{\frac{1}{4}}$$ (2-21)

考虑到 $\nu=\mu/\rho=\dfrac{\mu RT}{p}$,$\mu$ 为燃气的动力黏度,R 为气体常数,代入式(2-21)得

$$h=\lambda\left[\frac{j}{d}\frac{\Delta T}{T}\left(\frac{p}{\mu RT}\right)^2\right]^{\frac{1}{4}}$$ (2-22)

式中:T 取为燃气的滞止温度或燃烧温度;p 为该区域的燃气压强,即为头部滞止压强;$\Delta T=T-T_w$,由于包含了壁面温度 T_w,所以在传热计算中需要进行迭代计算。

2.3.3 强迫对流传热

在固体火箭发动机中,当燃气逐渐加速时,主要表现为湍流流动,这时的对流传热需视为强迫对流传热。由于发动机燃烧室气流速度较低,温度变化较小,静温与总温差别也较小,所以计算强迫对流传热时,其物性参数(如 λ 和 μ 等)的定性温度均可取燃气的滞止温度或燃烧温度。

对于圆管长径比 $l/d>60$ 的稳定湍流,有如下相似准则:

$$Nu=0.023Re^{0.8}Pr^{0.4}$$ (2-23)

在固体火箭发动机中,很少有能满足 $l/d>60$ 的燃烧室。但是,由于燃气工作压强大、流动速度 V 相对较大,即使 l/d 较小,燃气的流动均表现为湍流流动的特点,式(2-23)仍可使用。

把努塞尔数、雷诺数和普朗特数的定义代入式(2-23),可得

$$\frac{hd}{\lambda}=0.023\left(\frac{\rho Vd}{\mu}\right)^{0.8}\left(\frac{c_p\mu}{\lambda}\right)^{0.4}$$ (2-24)

整理式(2-24),可得强迫对流传热系数为

$$h=0.023\frac{c_p^{0.4}\lambda^{0.6}}{\mu^{0.4}}\frac{(\rho V)^{0.8}}{d^{0.2}}$$ (2-25)

式中:c_p 为定压比热;ρV 为所研究截面的密流,$\rho V=\dot m/A$,$\dot m$ 为质量流率。考虑特征尺寸 $d=4A/\Pi$,代入式(2-25)得

$$h=0.023\frac{c_p^{0.4}\lambda^{0.6}}{\mu^{0.4}}\frac{(\dot m/A)^{0.8}}{(4A/\Pi)^{0.2}}=0.017\,4\frac{c_p^{0.4}\lambda^{0.6}}{\mu^{0.4}}\frac{\Pi^{0.2}}{A}\dot m^{0.8}$$ (2-26)

令 $K_c=0.017\,4(c_p^{0.4}\lambda^{0.6}/\mu^{0.4})$,可得

$$h=K_c\frac{\Pi^{0.2}}{A}\dot m^{0.8}$$ (2-27)

在固体火箭发动机中,给定推进剂时,K_c 为常数。可见,对流传热系数与质量流量的0.8 次方成正比,同时还与几何参数(截面积 A 和湿周长 Π)有关。

在发动机燃烧室中，质量流率为

$$\dot{m} = \rho_p A_b \dot{r} \tag{2-28}$$

式中：ρ_p 为推进剂密度；A_b 为装药头部到所研究截面之间的燃烧面积；$\dot{r}$ 为推进剂燃速。

把式(2-28)代入式(2-27)得

$$h = K_c \rho_p^{0.8} \dot{r}^{0.8} \frac{\Pi^{0.2}}{A} A_b^{0.8} \tag{2-29}$$

在发动机燃烧室中，给定推进剂时，K_c 为常数。假定推进剂的燃速不变，或看作平均燃速，装药近似于无侵蚀的等截面通道，即沿长度 Π 和 A 不变，可知对流传热系数与装药燃烧面积的 0.8 次方成正比。在截面 x 处，有 $A_b = \Pi_b x$，代入式(2-29)，可得

$$h = K_c \rho_p^{0.8} \dot{r}^{0.8} \frac{\Pi^{0.2} \Pi_b^{0.8}}{A} x^{0.8} \tag{2-30}$$

式中：Π_b 为装药的湿周长。可见，在固体火箭发动机燃烧室中，对流传热系数沿装药长度的增加而逐渐增大，近似与所研究截面位置的 0.8 次方成正比，在装药末端达到最大。这就是在固体火箭发动机试验后，常观察到燃烧室后端的温度比前端温度升高得快的原因。

在同一截面处，随着推进剂的不断燃烧，该截面的截面积 A 不断增大，假设推进剂的燃速不变，由式(2-29)可知，对流传热系数会不断减小。因此，在固体火箭发动机燃烧室中对流传热系数随时间是减小的。

在实际计算中，如果已知装药末端或喷管的质量流率 $\dot{m}_t$，燃烧室内截面处的质量流率可近似为

$$\dot{m} \approx \frac{x}{L_p} \dot{m}_t \tag{2-31}$$

式中：L_p 为装药长度。式(2-31)即表示质量流率与装药长度成正比，代入式(2-27)，可得

$$h = K_c \frac{\Pi^{0.2}}{A} \left(\frac{x}{L_p} \dot{m}_t \right)^{0.8} = K_c \frac{\dot{m}_t^{0.8} \Pi^{0.2}}{L_p^{0.8} A} x^{0.8} \tag{2-32}$$

分析式(2-32)同样可以得到类似于式(2-30)的结论，即强迫对流传热系数随装药长度的增加而增大。正是由于存在这样的特点，每个截面的对流传热系数均不同，计算非常烦琐。在工程设计中，一般可以这样简化处理：用某时刻对流传热系数沿长度的平均值 $\bar{h}$ 代替整个燃烧室中该时刻的对流传热系数，即

$$\bar{h} = \frac{\int_0^{L_p} h \, \mathrm{d}x}{L_p} \tag{2-33}$$

将式(2-32)代入式(2-33)，并假设为等截面燃烧，可得平均对流传热系数为

$$\bar{h} = \frac{\int_0^{L_p} h \, \mathrm{d}x}{L_p} = \frac{K_c \frac{\dot{m}_t^{0.8} \Pi^{0.2}}{L_p^{0.8} A} \int_0^{L_p} x^{0.8} \, \mathrm{d}x}{L_p} = K_c \frac{\dot{m}_t^{0.8} \Pi^{0.2}}{1.8 A} \tag{2-34}$$

由于 $\bar{h}$ 表示燃烧室中所有截面的对流传热系数，与截面位置无关，所以大大简化了计算量。当然，$\bar{h}$ 仍然与燃烧时间有关，因为不同的时刻，发动机的流量与装药的几何参数都是变化的。值得注意的是，在装药头部，仍需采用自由对流传热系数的计算模型，$\bar{h}$ 不能包

括该区域。有的学者认为,可以把它们进行平均得到总的平均对流传热系数,在近似计算时可以这样处理。

在工程中,除了上述在某时刻得到的平均对流传热系数外,还经常把对流传热系数按时间进行平均,得到整个工作过程中的平均值。有关概念将在总传热系数中讨论。

由式(2-27)或式(2-32)可知在装药末端的传热系数为

$$h = K_c \frac{\Pi^{0.2}}{A} \dot{m}_t^{0.8} \qquad (2-35)$$

将式(2-35)与式(2-34)对比,可以看出 $\bar{h}$ 等于装药末端对流传热系数的 1/1.8。

由式(2-23)得到计算固体火箭发动机中强迫对流传热系数的式(2-25)~式(2-27)和式(2-29)~式(2-32),其特点是式中没有 T_w 的影响,避免了复杂计算。

强迫对流还有许多其他准则和经验公式,有兴趣的读者可以查阅相关文献。

2.3.4 高速强迫对流传热

燃气进入喷管后,流动急剧膨胀加速,湍流效应进一步增强,将大大加强对壁面的对流传热,形成高速强迫对流传热。

对高速强迫对流传热,可以建立如下相似准则:

$$Nu = 0.029 Re^{0.8} Pr \qquad (2-36)$$

把努塞尔数、雷诺数和普朗特数的定义代入,可得

$$h = 0.029 \left(\frac{\rho V d}{\mu}\right)^{0.8} \frac{c_p \mu}{\lambda} \frac{\lambda}{d} = 0.029 c_p \mu^{0.2} \frac{(\rho V)^{0.8}}{d^{0.2}} \qquad (2-37)$$

代入 $\rho V = \frac{\dot{m}_t}{A} = \dot{m}_t / \left(\frac{\pi}{4} d^2\right)$,得

$$h = 0.035\,2 c_p \mu^{0.2} \frac{\dot{m}_t^{0.8}}{d^{1.8}} \qquad (2-38)$$

式中:物性参数的定性温度取燃气的恢复温度,即

$$T_r = T\left(1 + r\frac{\gamma-1}{2} Ma^2\right) = T\left(1 + \sqrt[3]{Pr}\frac{\gamma-1}{2} Ma^2\right) \qquad (2-39)$$

式中:r 为恢复系数,$r = \sqrt[3]{Pr}$;γ 为比热比;T 和 Ma 为所研究截面的静温和流动马赫数,可根据气体动力学的基本原理来计算。

目前计算喷管中的对流传热系数,广泛采用巴兹(Bartz)提出的公式:

$$h = \frac{C}{d_t^{0.2}} \frac{c_p \mu^{0.2}}{Pr^{0.6}} \left(\frac{\dot{m}_t}{A_t}\right)^{0.8} \left(\frac{d_t}{R_t}\right)^{0.1} \left(\frac{A_t}{A}\right)^{0.9} \sigma \qquad (2-40)$$

式中:d_t 为喉部直径;A_t 为喉部面积,R_t 为喉部曲率半径;A 为计算截面的面积;c_p 为燃气的定压比热容;μ 为动力黏度;物性参数的定性温度取燃气的滞止温度;C 为常数,亚声速流时 $C=0.026$,超声速流时 $C=0.023$;σ 为考虑边界层物性参数变化引起的修正系数,即

$$\sigma = \frac{1}{\left[\frac{1}{2}\frac{T_w}{T_0}\left(1+\frac{\gamma-1}{2} Ma^2\right)+\frac{1}{2}\right]^{0.65}\left(1+\frac{\gamma-1}{2} Ma^2\right)^{0.15}} \qquad (2-41)$$

考虑修正时,需要已知 T_w,计算过程较复杂。

沿喷管全长由巴兹公式计算得到的对流传热系数,除喷管喉部前很小的一段外,与试验数据相当一致。

2.3.5　涡旋对流传热

在固体火箭发动机中,当燃气离开装药通道进入与喷管连接的空腔时,截面积明显增大。在装药初始燃烧阶段,这种截面积的增大十分明显。燃气进入突扩通道将形成涡旋,其特点是燃气所具有的部分动能在涡旋中逐渐耗散转变为热能,从而加强了对壁面的传热。通常将出口截面积与进口截面积之比称为突扩比,突扩比越大,这种能量转化程度越高。在喷管的收敛段,局部也将形成涡旋。因此,涡旋对流传热也是固体火箭发动机中常见的传热方式。

设涡旋流进口截面直径为 d,涡旋空腔的容积为 Ω,涡旋对流传热有以下相似准则:

$$Nu = CRe^{0.75}\left(\frac{d^3}{\Omega}\right)^{0.25} \tag{2-42}$$

式中:特征尺寸 d 取涡旋流进口截面直径或当量直径;C 为试验常数。

把努塞尔数和雷诺数的定义代入式(2-42),可得

$$\frac{hd}{\lambda} = C\left(\frac{\rho Vd}{\mu}\right)^{0.75}\left(\frac{d^3}{\Omega}\right)^{0.25} \tag{2-43}$$

整理式(2-43),得到涡旋流对流传热系数为

$$h = C\frac{\lambda}{\mu^{0.75}}\frac{d^{0.5}}{\Omega^{0.25}}(\rho V)^{0.75} \tag{2-44}$$

式中:ρV 为进口截面的密流,$\rho V = \frac{\dot{m}}{A} = \dot{m}/\left(\frac{\pi}{4}d^2\right)$,代入式(2-44)得

$$h = 1.199C\frac{\lambda}{\mu^{0.75}}\frac{1}{\Omega^{0.25}d}\dot{m}^{0.75} \tag{2-45}$$

其中物性参数的定性温度仍可取燃烧室中的燃烧温度。

下面通过例题来说明对流传热的计算过程。

例题 2-4:某固体火箭发动机采用单根内、外圆孔燃烧装药形式,推进剂密度为 $\rho_p = 1.6\times10^3$ kg/m³,燃烧室内径为 115 mm,装药两端包覆,装药内径为 20 mm,装药外径为 100 mm,长为 450 mm,装药燃速保持 10 mm/s。已知燃气燃烧温度为 $T_0 = 2\,880$ K 时的物性参数为:$c_p = 1\,863$ J/(kg·K),$\lambda = 0.15$ W/(m·K),$\mu = 8.1\times10^{-5}$ Pa·s。不考虑侵蚀效应,试确定装药燃烧初始时刻和结束时刻,装药末端的对流传热系数和平均对流传热系数。

解:圆孔内外面燃烧,燃烧面积不变,燃速基本保持为常数。对燃烧室壁面进行换热的燃气为装药外通道的燃气,不考虑内孔燃气。同时,该区域为强迫对流传热。不考虑侵蚀效应,装药通道为等截面,因此计算对流传热系数可采用式(2-30)。

由 K_c 定义可得

$$K_c = 0.017\,4\frac{c_p^{0.4}\lambda^{0.6}}{\mu^{0.4}} = 0.017\,4\frac{1\,863^{0.4}\times0.15^{0.6}}{(8.1\times10^{-5})^{0.4}} = 4.91$$

在初始时刻

$$\Pi = \pi(100+115) = 675.4 \text{ mm} = 0.675\ 4 \text{ (m)}$$

$$\Pi_b = \pi \times 100 = 314.2 \text{ mm} = 0.314\ 2 \text{ m}$$

$$A = \frac{\pi}{4} \times (115^2 - 100^2) = 2\ 532.9 \text{ mm}^2 = 2.532\ 9 \times 10^{-3} \text{ m}^2$$

对流传热系数为

$$h = K_c \rho_p^{0.8} \dot{r}^{0.8} \frac{\Pi^{0.2} \Pi_b^{0.8}}{A} x^{0.8}$$

$$= 4.91 \times 1\ 600^{0.8} \times (10 \times 10^{-3})^{0.8} \times \frac{0.675\ 4^{0.2} \times 0.314\ 2^{0.8}}{2.532\ 9 \times 10^{-3}} \times$$

$$(450 \times 10^{-3})^{0.8} = 3\ 443.6 \text{ W/(m}^2 \cdot \text{K)}$$

燃气质量流率为

$$\dot{m}_t = \rho_p A_b \dot{r} = \rho_p \Pi_b L_p \dot{r} = 1\ 600 \times 0.314\ 2 \times 0.45 \times 10 \times 10^{-3} = 2.262\ 24 \text{ kg/s}$$

平均对流传热系数由式(2-34)得到:

$$\bar{h} = K_c \frac{\dot{m}_t^{0.8} \Pi^{0.2}}{1.8A} = 4.91 \times \frac{2.262\ 24^{0.8} \times 0.675\ 4^{0.2}}{1.8 \times 2.532\ 9 \times 10^{-3}} = 1\ 913.1 \text{ W/(m}^2 \cdot \text{K)}$$

在结束时刻,装药内外直径均为 60 mm,则

$$\Pi = \pi \times (60+115) = 549.8 \text{ mm} = 0.549\ 8 \text{ m}$$

$$\Pi_b = \pi \times 60 = 188.5 \text{ mm} = 0.188\ 5 \text{ m}$$

$$A = \frac{\pi}{4} \times (115^2 - 60^2) = 7\ 559.5 \text{ mm}^2 = 7.559\ 5 \times 10^{-3} \text{ m}^2$$

对流传热系数为

$$h = K_c \rho_p^{0.8} \dot{r}^{0.8} \frac{\Pi^{0.2} \Pi_b^{0.8}}{A} x^{0.8}$$

$$= 4.91 \times 1\ 600^{0.8} \times (10 \times 10^{-3})^{0.8} \times \frac{0.549\ 8^{0.2} \times 0.188\ 5^{0.8}}{7.559\ 5 \times 10^{-3}} \times$$

$$(450 \times 10^{-3})^{0.8} = 735.8 \text{ W/(m}^2 \cdot \text{K)}$$

燃气质量流率为

$$\dot{m}_t = \rho_p A_b \dot{r} = \rho_p \Pi_b L_p \dot{r} = 1\ 600 \times 0.188\ 5 \times 0.45 \times 10 \times 10^{-3} = 1.357\ 2 \text{ kg/s}$$

平均对流传热系数:

$$\bar{h} = K_c \frac{\dot{m}_t^{0.8} \Pi^{0.2}}{1.8A} = 4.91 \times \frac{1.375\ 2^{0.8} \times 0.549\ 8^{0.2}}{1.8 \times 7.559\ 5 \times 10^{-3}} = 408.8 \text{ W/(m}^2 \cdot \text{K)}$$

由上述计算可以看到,在装药燃烧过程中,对流传热系数随时间的延长而减小,沿装药长度增加。因此,燃烧室中,在初始时刻的装药末端对流传热最大。

2.4 固体火箭发动机中的辐射换热

固体推进剂的燃烧产物包括固体、气体和等离子体,它们既可以以辐射的方式发射能量,同时也能吸收其他物体辐射来的能量,这种能量的发射和吸收形式即辐射换热。同热传

导和对流换热一样,辐射换热是燃气向固体火箭发动机壳体和喷管等部件传热的一种主要方式。

固体火箭发动机辐射换热涉及气体和固体辐射换热等多种辐射换热方式,研究辐射换热对固体火箭发动机研制具有实际意义。例如,固体火箭发动机中的烧蚀材料通常都是辐射参与性介质,在传热过程中辐射往往起着重要作用。

由传热学知识可知,固体火箭发动机室壁表面的辐射热流密度可采用下式计算:

$$q_r = \varepsilon'_w \sigma (\varepsilon_g T^4 - \alpha_g T_w^4) \qquad (2-46)$$

式中:T 为燃气静温;T_w 为壁面温度;ε'_w 为发动机室壁内表面的有效发射率;σ 为斯特藩-玻耳兹曼常数(黑体辐射常数);ε_g 为燃气的发射率;α_g 为燃气对来自温度为 T_w 的壁面辐射的吸收比。

同样,辐射换热系数可由下式计算:

$$h_r = \frac{q_r}{T - T_w} = \frac{\varepsilon'_w \sigma (\varepsilon_g T^4 - \alpha_g T_w^4)}{T - T_w} \qquad (2-47)$$

若考虑 $\alpha_g = \varepsilon_g$ 的情况,则有

$$h_r = \varepsilon_g \varepsilon'_w \sigma T^3 \left[\frac{1 - (T_w/T)^4}{1 - T_w/T} \right] \qquad (2-48)$$

由于 $(T_w/T)^4 \ll 1$,则式(2-48)可简化成

$$h_r = \varepsilon_g \varepsilon'_w \sigma \left(\frac{T^3}{1 - T_w/T} \right) \qquad (2-49)$$

将 $\varepsilon'_w = (\varepsilon_w + 1)/2$ 和 $\sigma = 5.67 \times 10^{-8}$ W/(m² · K⁴)代入式(2-49),有

$$h_r = 2.835 \times 10^{-8} \varepsilon_g (\varepsilon_w + 1) \left(\frac{T^4}{T - T_w} \right) \qquad (2-50)$$

考虑到炭黑的附着,发动机室壁内表面的发射率可取 $\varepsilon_w = 0.8$。剩下的问题在于如何确定燃气的发射率。

在现代固体推进剂燃烧产物的辐射中,起着重要作用的气体组分是 H_2O、CO_2、NO、OH 和 HF,其中三原子气体比双原子气体辐射更为强烈。燃气的热辐射还受温度和压强的影响,各组分的发射率一般随温度的升高而减小,随压强的增大而增大。

对于含 C、H、O 及 N 的推进剂燃烧产物,热辐射主要取决于其中三原子的水蒸气和二氧化碳的含量。如果这种混合燃气的热辐射仅按 H_2O 和 CO_2 来计算,那么燃气的发射率为

$$\varepsilon_g = \varepsilon_{H_2O} + \varepsilon_{CO_2} - \Delta\varepsilon \qquad (2-51)$$

式中:ε_{H_2O} 为水蒸气的发射率,ε_{CO_2} 为二氧化碳的发射率,$\Delta\varepsilon$ 为修正值。

当 $T > 1\,000$ K 时,$\Delta\varepsilon = \varepsilon_{H_2O} \cdot \varepsilon_{CO_2}$,则有

$$\varepsilon_g = \varepsilon_{H_2O} + \varepsilon_{CO_2} - \varepsilon_{H_2O} \cdot \varepsilon_{CO_2} \qquad (2-52)$$

其中

$$\varepsilon_{H_2O} = 1 - (1 - \varepsilon_{0,H_2O})^n \qquad (2-53)$$

式中:ε_{0,H_2O} 为总压强 $p = 0.1$ MPa、分压强 p_{H_2O} 接近零的理想条件下水蒸气的发射率,ε_{0,H_2O} 的数值可从图 2-11 查到;指数 $n = 1 + K_{H_2O} p_{H_2O}$,由图 2-12 中曲线确定,其中 K_{H_2O}

为考虑压强对 ε_{H_2O} 影响的修正系数。由于二氧化碳发射率对压强变化不敏感，所以 ε_{CO_2} 可由图 2-13 中曲线直接确定而不必修正。图 2-11～图 2-13 中 atm 表示标准大气压，1 atm＝101 325 Pa。

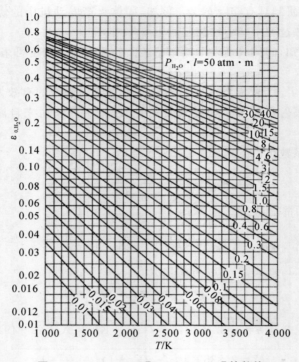

图 2-11　$\varepsilon_{0,H_2O}=f\left[T,(p_{H_2O}\cdot l)\right]$ 的数值

燃气的吸收率 α_g 与发动机室壁温度有关，由于 T 与 T_w 并不相等，故一般 $\varepsilon_g\neq\alpha_g$。$\alpha_g$ 可按下式计算：

$$\alpha_g=\varepsilon_{H_2O}'+\varepsilon_{CO_2}'-\varepsilon_{H_2O}'\varepsilon_{CO_2}' \tag{2-54}$$

式中：ε_{H_2O}' 和 ε_{CO_2}' 为按 T_w 分别由图 2-11～图 2-13 中曲线确定的 H_2O 和 CO_2 的发射率。

目前还缺乏关于固体火箭发动机凝相辐射的实验资料，这就给两相燃气发射率的可靠确定带来了困难。在热工技术中计算工业粉尘热辐射的关系是在气体温度为 1 500 K 和标准大气压强下得到的；然而这些结果也反映出某些可推广到其他热交换条件的共同规律，利用这些规律可以估算两相燃气的发射率。

当燃气中凝相颗粒的尺寸大到能和气相辐射波长相比时，这些颗粒参与辐射热交换可简化为对辐射线的减弱作用。这样，两相燃气的发射率可由下面的关系式确定，即

$$\varepsilon_c=1-\exp\{-\left[k_g\cdot(p_{H_2O}+p_{CO_2})+n_sA_s\right]l\} \tag{2-55}$$

式中：方括号内数值是两相流中的辐射减弱有效系数；n_sA_s 用于考虑凝聚相颗粒含量所引起的辐射减弱。它等于每立方米体积中凝相颗粒数 n_s 和颗粒表面在垂直射线方向上的投

影面积 A_s 之积；$k_g \cdot (p_{H_2O} + p_{CO_2})l = -\ln(1 - \varepsilon_g)$。

$$n_s = \frac{0.2\rho_c}{\frac{\pi}{6}d_s^3\rho_s} = \frac{0.2 \times 6}{\pi d_s^3 \times 4\,000} = \frac{1.8 \times 10^{-3}}{\pi d_s^3} \tag{2-56}$$

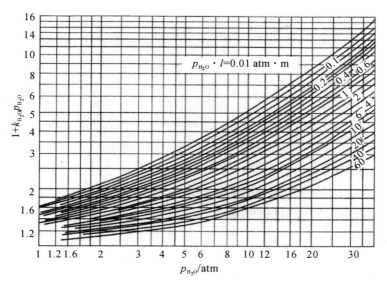

图 2 - 12　$1 + k_{H_2O}p_{H_2O} = f\left[p_{H_2O}, (p_{H_2O} \cdot l)\right]$ 的数值

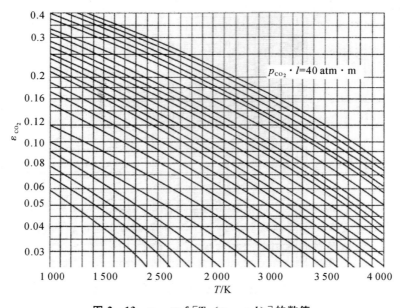

图 2 - 13　$\varepsilon_{CO_2} = f\left[T, (p_{CO_2} \cdot l)\right]$ 的数值

若两相燃气的平均密度 $\rho_c = 6 \ \text{kg/m}^3$，凝相在燃气中的质量分数（凝相质量与两相燃气总质量之比）为 20%，其颗粒直径 $d_s = 5 \times 10^{-5} \ \text{m}$，密度 $\rho_s = 4\,000 \ \text{kg/m}^3$，则可得到单位体

积两相燃气中凝相的颗粒数：

在式(2-55)中 $A_s = (\pi/4)d_s^2$。取射线平均行程 $l = 6.5 \times 10^{-2}$ m,则

$$n_s A_s l = \frac{(1.8 \times 10^{-3}) \times (6.5 \times 10^{-2})}{4 \times (5 \times 10^{-5})} = 0.585$$

假定 $\varepsilon_g = 0.7$,则有

$$k_g \cdot (p_{H_2O} + p_{CO_2})l = -\ln(1-\varepsilon_g) = -\ln(1-0.7) = 1.204$$

于是

$$\varepsilon_c = 1 - \exp[-(1.204 + 0.585)] = 0.83$$

利用图线求燃气发射率时,所需要的分压强 p_{H_2O} 和 p_{CO_2} 由燃气中 H_2O 和 CO_2 的体积分数决定。下面给出燃气对长为 L_c 的圆筒形燃烧室壁侧表面的辐射,当相对长度 L_c/D_i 从 1 增大到 ∞ 时,射线平均行程在 $0.6D_i$ 到 $0.9D_i$ 范围内变化对应值:

$$\left.\begin{array}{ll}\dfrac{L_c}{D_i} = 1, & l = 0.6D_i \\[2mm] \dfrac{L_c}{D_i} = 1.5, & l = 0.75D_i \\[2mm] \dfrac{L_c}{D_i} = 2\sim3, & l = 0.85D_i \\[2mm] \dfrac{L_c}{D_i} > 4, & l = 0.9D_i \end{array}\right\}$$

可供计算时使用。当自由装填装药燃烧时,轴向流动区的 l 值按 $l = 3.6W/A$ 计算,其中 W 为容器的体积,A 为容器的表面积。也可以按 $l = 0.9d_{eq}$ 计算,其中 d_{eq} 为当量直径。

对于充满含氮量为 12.5% 的硝化棉燃烧产物,总压强为 10.1 MPa 的小尺寸火箭发动机燃烧室(射线平均行程 $l = 6.5$ cm),弗朗克·卡梅涅茨基对不同温度进行了计算,所得辐射热流密度和辐射换热系数列于表 2-2 中。

表 2-2 弗朗克·卡梅涅茨基计算结果

T/K	1 800	2 100	2 400	2 700
$q_r/(kW \cdot m^{-2})$	465	791	1 490	2 400
$h_r/(W \cdot m^{-2} \cdot K^{-1})$	314	442	698	1 000

燃烧产物温度的升高,燃烧产物中凝相含量的增加,发动机尺寸的增大和发动机工作压强的提高,使热辐射交换作用急剧增强。对于一定的发动机,随着装药燃烧过程的进行,燃气容积逐渐增大,热辐射交换作用亦逐渐增强。

2.5 发动机总换热系数

2.5.1 燃烧室的总换热系数

将前面章节所得的局部对流换热系数和辐射换热系数相加,就可以得到室壁表面的局

部总换热系数,即

$$h = h_c + h_r \qquad\qquad (2-57)$$

随着装药的燃烧,燃烧室通气截面增大,气流速度降低,h_c 减小,而 h_r 增大,引起总换热系数 h 随时间发生变化。一般都是装药燃烧开始最大,而燃烧结束时最小。

弗朗克·卡梅涅茨基根据表 2-3 所列小型实验发动机条件进行传热计算,计算结果列于表 2-4 中。

表 2-3　小型实验发动机主要尺寸

装药燃烧时间	燃烧室通气截面积 A_p/cm^2	通气截面的周长 Π_p/cm	当量直径 d_{eq}/cm
燃烧开始时	10.5	84.2	0.50
燃烧结束时	40.0	84.2	1.90

注:燃烧室内表面积为 600 cm^2,喷管喉部直径 $d_t = 1.9\ cm$,喷管扩张比 $\xi_e = 2.236$,喷管内表面积为 160 cm^2。

表 2-4　小型实验发动机燃烧室的换热系数　单位:$W \cdot m^{-2} \cdot K^{-1}$

		燃烧开始时 $t = 0$	燃烧结束时 $t = t_b$
燃烧室前端	h_c	698	465
	$h = h_c + h_r$	1 396	1 163
燃烧室后端	h_c	5 117	1 395
	$h = h_c + h_r$	5 815	2 093
沿燃烧室平均值 $\bar{h}_1$		3 606	1 628
喷管喉部 h_t		11 758	11 758

对比表 2-4 数据可以看出,辐射热流密度在总热流密度沿燃烧室的平均值中所占的份额:药柱开始燃烧时为 19%,到燃烧结束时可达到 43%;而在与装药后端相重合的燃烧室截面处,对应的变化为 12%～33%。表 2-4 数据是在装填密度较小的条件下得到的。对于装填密度大的发动机,燃烧始末总换热系数的变化范围要更大一些。

应当指出,表 2-4 所给出的计算结果具有明显的估算性质。然而,它给出了小型固体火箭发动机中传热特征量的数量级,以及各特征量概略的相对大小,所以仍然是学习和研究固体火箭发动机传热问题时有用的参考数据。

2.5.2　喷管的总换热系数

在装药末端之后,燃气质量流率沿轴线不再变化,燃气密流与喷管通道截面积呈反比例关系。通道截面积的急剧变化,导致燃气密流也沿喷管轴向急剧变化,从而使总换热系数也沿喷管轴向急剧变化。但是,在任一截面处,只要发动机工作压强不变,该处的总换热系数就可近似认为不随时间变化。

按照表 2-3 所给的喷管喉部尺寸,弗朗克·卡梅涅茨基计算出喷管喉部截面处的对流换

热系数为 $h_c = 11\ 316\ \text{W}/(\text{m}^2 \cdot \text{K})$。该计算条件取 $T_p = 2\ 400\ \text{K}$，则在喷管喉部的燃气温度约为 $2\ 100\ \text{K}$。由表 2-2 可知，当温度为 $2\ 100\ \text{K}$ 时的辐射换热系数为 $h_r = 442\ \text{W}/(\text{m}^2 \cdot \text{K})$，这时总换热系数为 $h = h_c + h_r = 11\ 758\ \text{W}/(\text{m}^2 \cdot \text{K})$，这就是表 2-4 所给出的数据。按此计算数据，在喷管喉部截面处，辐射热流仅占总热流的 4%。

对于喷管喉部之后的扩张段，为了概略估算，认为沿扩张长度各截面处的换热系数正比于密流而下降，这样任意截面的总换热系数为

$$h = h_t \frac{A_t}{A} \tag{2-58}$$

式中：h_t 为喷管喉部总换热系数；A 为喷管通道截面积；A_t 为喷管喉部截面积。

则喷管扩张段全长总换热系数的平均值为

$$\overline{h_l} = \frac{1}{A_e - A_t} \int_{A_t}^{A_e} \frac{h_t A_t}{A} dA = \frac{h_t A_t}{A_e - A_t} \ln \frac{A_e}{A_t} \tag{2-59}$$

式中：A_e 为喷管出口截面积。根据扩张比的定义 $\xi_e^2 = A_e/A_t$，可将式（2-59）改写为

$$\frac{\overline{h_l}}{h_t} = \frac{\ln \xi_e^2}{\xi_e^2 - 1} \tag{2-60}$$

将表 2-3 所给数据 $\xi_e = 2.236$ 代入式（2-60），得到扩张段的总换热系数为

$$\overline{h_t} = 0.402 h_t = 0.402 \times 11\ 758 = 4\ 727\ \text{W}/(\text{m}^2 \cdot \text{K})$$

2.5.3 总换热系数的平均值

为了计算燃气在发动机工作期间向室壁传热所产生的总热损失，必须应用总换热系数在整个燃烧室长度和工作时间内的平均值。这个平均值与燃烧室压强随时间的变化规律有关。

现在讨论一种理想状况，即燃烧室压强在整个工作时间内保持不变。在这种情况下，发动机的质量流率也是不变的。这样，对于给定截面，根据式（2-27）有

$$h = C \frac{\Pi_p^{0.2}}{A_p} \tag{2-61}$$

式中：C 为常数；A_p 为燃烧室通气截面积，Π_p 为通气截面的周长。由于式中 Π_p 值是开 5 次方的，故可以忽略燃烧过程中 Π_p 的变化对换热系数的影响。这样，h 仅与 A_p 成反比关系，即 $hA_p = h_i A_{pi}$，其中 h_i 为燃烧起始瞬间的换热系数，A_{pi} 是初始时刻通气面积。当压强不变，燃速为常数时，A_p 与燃烧时间成线性关系，有 $A_p = A_{pi}(1 + bt)$，其中 b 为面积变化率，为常数。于是任意瞬间的换热系数可表示成

$$h = \frac{h_i}{1 + bt} \tag{2-62}$$

对于燃烧结束瞬间（$t = t_b$），有

$$\frac{h_i}{h_b} = 1 + bt_b \tag{2-63}$$

对时间的平均值为

$$\overline{h} = \frac{1}{t_b} \int_0^{t_b} h(t)\,dt = \frac{h_i}{t_b} \int_0^{t_b} \frac{dt}{1 + bt} = \frac{h_i}{bt_b} \ln(1 + bt_b) \tag{2-64}$$

对式(2-63)作如下变换：

$$\ln(1+bt_b)=\ln\frac{h_i}{h_b}, \quad bt_b=\frac{h_i-h_b}{h_b}$$

代入式(2-64)中,得到换热系数的平均值为

$$\bar{h}=\frac{h_i h_b}{h_i-h_b}\ln\frac{h_i}{h_b} \tag{2-65}$$

严格来说,式(2-65)只能用来计算强迫对流换热系数的平均值。然而,由于强迫对流在整个换热过程中起决定作用,所以式(2-65)同样可用于总换热系数的计算。对于整个燃烧室长度而言,可以得到总换热系数的平均值为

$$\bar{h}=\frac{\bar{h}_{li}\bar{h}_{lb}}{\bar{h}_{li}-\bar{h}_{lb}}\ln\frac{\bar{h}_{li}}{\bar{h}_{lb}} \tag{2-66}$$

式中：$\bar{h}_{li}$ 为燃烧起始时装药前后端总换热系数的算术平均值;$\bar{h}_{lb}$ 为燃烧结束时装药前后端总换热系数的算术平均值。由式(2-66)所确定的 $\bar{h}$ 值可用来计算燃烧室内燃气在整个过程中的总热损失。

将表 2-4 中的 $\bar{h}_{li}=3\,606\ \text{W}/(\text{m}^2 \cdot \text{K})$ 及 $\bar{h}_{lb}=1\,628\ \text{W}/(\text{m}^2 \cdot \text{K})$ 代入式(2-66)中,得到总换热系数的平均值为 $\bar{h}=2\,360\ \text{W}/(\text{m}^2 \cdot \text{K})$。

习　题

1. 单选题

(1)固体火箭发动机工作时,通常哪个部位的燃气静温最高?

A. 喷管喉部

B. 燃烧室头部

C. 喷管入口

(2)通常火箭发动机哪个部位的热流密度最高?

A. 喷管喉部

B. 燃烧室头部

C. 喷管入口

2. 论述题

(1)影响火箭发动机燃烧室和喷管热传导的因素有哪些?

(2)请描述固体发动机燃气参数和热流密度沿流道的变化规律。

(3)贴壁浇注装药发动机流道传热随时间是如何变化的?

(4)例题 2-4 计算中未考虑侵蚀效应,请分析如果考虑侵蚀效应,其流道内对流传热系数如何变化?

3. 计算分析题

(1) 以例题 2-1 为例,在其他工作参数不变的情况下,工作时间提高到 5 s,请计算燃烧室壁厚至少增加到多少才能满足"热沉冷却"的条件。

(2) 请查阅相关文献,列举 1～2 个强迫对流的准则和经验公式,并以例题 2-4 为例,计算装药燃烧初始时刻和结束时刻,装药末端的对流传热系数和平均对流传热系数,并进行对比分析。

第3章　常用热防护材料

火箭发动机热防护通常分为被动热防护和主动热防护两种。被动热防护指直接采用耐高温、耐烧蚀的材料进行热防护，高温条件下热防护材料往往会发生升华或烧蚀，从而带走大量的热量，同时自身会被消耗。主动热防护则指通过加入液体或者气体工质进行冷却，从而达到热防护的目的，其自身的结构材料一般不会消耗。被动热防护的关键是热防护材料，本章将介绍火箭发动机常用的热防护材料。由于火箭发动机常用的热防护材料大部分属于复合材料，因此本章将从复合材料的基本概念引入，再进行绝热材料的相关介绍。

3.1　复合材料概述

3.1.1　定义和组成

复合材料是通过一定的工艺手段，把两种或两种以上异质、异形、异性的材料复合进而形成的一种多相固体新型材料。它既能保留原组成材料的主要特性，还能通过复合效应获得原组分所不具备的性能。

根据复合材料的定义可知它是一种多相固体材料，它是由基体相、增强体相和界面相组成的。例如混凝土就可以被看成一种复合材料，其中水泥是基体相，钢筋、石子和沙子可以看作增强体相。可以通过设计使复合材料各相的性能互相补充并彼此关联，从而获得新的优越性能。它与一般材料的简单混合有本质的区别，主要体现在两个方面：一是复合材料不仅保留了原组成材料的特点，而且通过各组分的相互补充和关联，可以获得原组分所没有的新的优越性能；二是复合材料具有可设计性，如结构复合材料不仅可根据材料在使用中受力的要求进行组元选材设计，更重要的是还可进行复合结构设计，即增强体的比例、分布、排列和取向等的设计。下面简要介绍复合材料的基体相、增强体相和界面相。

1.基体相

基体相通常简称基体。基体是复合材料中的连续相，起到将增强体黏结成整体，并赋予复合材料一定形状和传递外界作用力、保护增强体免受外界环境侵蚀的能力。复合材料中的常用基体主要有聚合物、金属、陶瓷、水泥和碳等。

2.增强体相

增强体相通常简称增强体。增强体在复合材料中起着增加强度、改善性能的作用。增强体按形态分为颗粒状、纤维状、片状、立方编制物等。常用纤维增强体的品种有玻璃纤维、有机纤维、碳纤维和碳化硅纤维等。

3.界面相

复合材料中增强体与基体接触构成的界面是一层具有一定厚度、结构随基体和增强体而异、与基体和增强体有明显差别的新相——界面相,简称界面。复合材料之所以能够通过协同效应表现出原有组分所没有的独特性能,与界面有着非常直接的关系。

3.1.2　命名与分类

复合材料在世界各国并没有形成统一的名称和命名方法,比较共同的趋势是根据增强体和基体的名称来命名,一般有以下3种情况:

(1)强调基体时以基体材料的名称为主,如树脂基复合材料、金属基复合材料、陶瓷基复合材料等。

(2)强调增强体时以增强体材料的名称为主,如玻璃纤维增强复合材料、碳纤维增强复合材料等。

(3)基体材料名称与增强体材料名称并用。这种命名方法常用来表示某一种具体的复合材料,习惯上把增强体材料的名称放在前面,基体材料的名称放在后面,如"玻璃纤维增强环氧树脂复合材料",也可简称为"玻璃纤维/环氧树脂复合材料"或"玻璃纤维/环氧"。

国外还常用英文编号来表示,如 MMC(Metal Matrix Composite)表示金属基复合材料,FRP(FiberReinforced Plastics)表示纤维增强塑料,CMC(Ceramic Matrix Composite)表示为陶瓷基复合材料,GF/Epoxy 表示玻璃纤维/环氧。

复合材料可以有多种分类方式,常见的包括按基体类型和按增强体类型进行分类。按基体类型的分类如图3-1所示,按增强体类型的分类如图3-2所示。

此外,复合材料按功能还可分为功能复合材料和结构复合材料。结构复合材料是以承重为主要目的的复合材料,为此需要特别关注其力学性能。功能复合材料范围很宽,可以认为除结构复合材料以外的其他复合材料均为功能复合材料,它们突出的是除力学性能以外的其他性能(如热、电、声、磁等)。

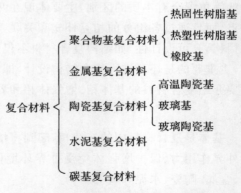

图3-1　复合材料按基体类型分类

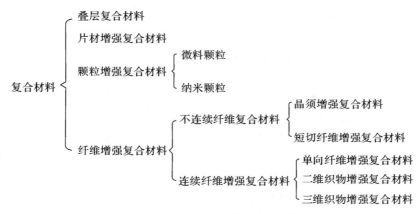

图 3－2　复合材料按增强体类型分类

3.1.3　结构特点

与传统材料相比，复合材料有下述特点。

（1）复合材料具有可设计性。复合材料结构的多层次性为复合材料及其结构设计带来了极大的灵活性。复合材料的力学、机械及热、声、光、电、防腐、抗老化等物理化学性能都可按制件的使用要求和环境条件要求，通过组分材料的选择和匹配、铺层设计及界面控制等材料设计手段达到预期目的，以满足工程的使用性能要求。复合材料给设计人员提供了一种在一定范围内可随意设计的材料。

（2）材料与结构具有同一性。传统材料的构件成型是通过对材料进行再加工获得的，在加工过程中材料不发生组分变化和化学变化。而复合材料构件与材料是同时形成的，组成复合材料的组分材料在复合成材料的同时也就形成了构件，一般不再由复合材料加工成复合材料构件。复合材料这一特点增强了其结构的整体性，可大幅度减少零部件间连接件的数量，从而缩短加工周期，降低成本，提高构造的可靠性。

（3）复合材料结构设计包含材料设计。传统材料的结构设计中，只需按要求合理选择定型化的标准材料。而在复合材料的结构设计中，材料是由结构设计者根据设计条件自行设计的。复合材料往往是材料与结构同时形成的，且材料也具有可设计性。因此，复合材料结构设计是包含材料设计在内的一种新的结构设计，它可以从材料和结构两方面进行考虑，设计人员可以根据结构物的特点，对结构物中不同的部位，根据其不同的受力状态，设计不同性能的复合材料。

（4）材料性能对复合工艺的依赖性。复合材料结构在形成过程中会发生组分材料的物理和化学变化，不同成型工艺所用原材料种类、增强材料形式、纤维体积分数和铺设方案也不尽相同，因此构件的性能对工艺方法、工艺参数、工艺过程等依赖性很大，同时也由于在成型过程中很难准确地控制工艺参数，所以一般来说复合材料构件的性能分散性比较大。

（5）复合材料具有各向异性和非均质性的力学性能特点。从力学分析的角度看，复合材料与常规材料（如金属材料）的显著区别是，后者被看作是均质的和各向同性的，而前者被看作是非均质和各向异性的。所谓均质就是物体内各点的性能相同。也就是说，物体的性能不是物体内位置的函数,而非均质正好相反。所谓各向同性就是在物体内一点的各个方向上都具有相同的性能,而各向异性则表明某点的性能是该点方向的函数。

3.1.4 在火箭发动机热防护中的应用

3.1.4.1 在绝热层中的应用

用于火箭发动机绝热层的复合材料组成主要包括基体、增强体和附加成分。基体材料主要有热固性树脂、热塑性树脂、橡胶等,常用作绝热材料的基体橡胶包括丁腈橡胶(Nitrile Butadiene Rubber,NBR)、三元乙丙橡胶(Ethylene Propylene Diene Monomer,EPDM)和硅橡胶(Silicon Rubber,SiR)等。

丁腈橡胶绝热材料由于原材料易得、成本低、生产工艺简单等,在固体火箭发动机中应用较早,是国内早期研制出的固体发动机绝热材料,在我国大型固体发动机绝热层中得到广泛应用。

三元乙丙橡胶由于具有密度低、与填料的相容性好等特点,在绝热材料中得到越来越广泛的应用。采用三元乙丙绝热材料的固体火箭发动机种类很多,如美国 MX 导弹、"三叉戟-2"导弹、日本 M-5 火箭等。"飞马座"火箭的筒段内绝热层为三元乙丙/氯丁橡胶/高硅氧。我国三元乙丙绝热材料的生产已经有了相当的规模,目前已在多个型号发动机上使用。

硅橡胶绝热材料的研究在国外起始于 20 世纪 60 年代,与双基推进剂相配合,取得了较好的相容效果。20 世纪 70 年代中期以来,随着材料分子结构和工艺的改进,产品质量得以提高,硅橡胶具备了良好的物理性能、热稳定性及界面黏接性能,从而成为固体火箭发动机绝热层的主选基体材料,已在诸多固体火箭发动机中得到应用。国内对硅橡胶绝热材料的研究起步较晚,当前绝热层的基体材料以三元乙丙橡胶为主,随着固体冲压发动机研制热度的增加以及材料加工工艺的不断提高,硅橡胶绝热材料的生产开始逐渐走向实用化。

增强体的选用对于绝热材料来说是一个关键问题,增强体的种类和含量决定了绝热材料的密度、导热系数和抗烧蚀性能。增强体根据性能和作用可以分为两类:一类是小颗粒填料,另一类是纤维材料。在绝热材料中加入一定量的短纤维,可以提高绝热材料常温的机械强度,又可以增强其在高温下的成炭能力,增强其抗烧蚀能力。

目前使用和研究的短切纤维主要有石棉、芳纶纤维、玻璃纤维和碳纤维。长期以来石棉一直是绝热材料的主要增强纤维,但是其相对密度较大,而且是致癌物质,目前已经逐渐被其他纤维取代。

3.1.4.2 在喷管中的应用

早期喷管多采用复合型结构,即以金属或高强度玻璃钢为结构材料,高熔点金属或优质石墨为耐热-吸热材料,烧蚀型增强塑料为绝热材料。其结构复杂、装配界面多、质量大、工艺周期长。20 世纪 80 年代以后,C/C 复合材料的出现大大简化了喷管设计,并使喷管质量减轻了 30%～50%。例如美国的 MX 导弹、"侏儒"导弹等使用无支撑件的整体式喉衬-入口段组件,后来又开发了整体式喉衬-出口锥组件。

1.喷管喉衬与整体喉衬入口段

1963—1971 年出现了第一代采用 2D C/C 复合材料的喉衬,随后又发展了高密度 3D

与 4D C/C 复合材料喉衬,美国联合技术有限公司化学系统部研制了一种 3D C/C 复合材料喉衬并在"民兵Ⅲ"的第三级发动机上进行热试车。

3D 与 4D C/C 复合材料有效地解决了喷管可靠性差这一长期存在的问题。采用 C/C 复合材料还使大型系统的设计得到简化,提高了性能预测能力和可靠性,可以控制表面形状,减轻质量并降低生产成本。目前 C/C 复合材料喉衬已在空间固体发动机、大型军事和地面运载火箭以及某些战术固体发动机上得到了广泛的应用,如美国空军"和平捍卫者"洲际弹道导弹所使用的三级发动机、美国海军"三叉戟Ⅱ(D_5)"第一级与第二级发动机、法国"阿里安 4"和"阿里安 5"等。

从 20 世纪 70 年代开始,我国开始了对 C/C 复合材料喷管,特别是 C/C 复合材料喉衬的研究。1984 年,平板毡 C/C 复合材料喉衬的远地点发动机成功地参与了我国第一颗通信卫星的发射,标志着我国 C/C 复合材料喉衬材料已进入实用阶段。20 世纪 90 年代初,我国开始了第 3 代喉衬材料的研究,其密度可达 1.98 g/cm^3,这使 C/C 复合材料喉衬的综合性能大大提高,达到同类材料的国际先进水平,并得到实际应用。

2. 喷管扩张锥

第一代喷管扩张锥采用高温金属材料,随着点火温度的升高和加热速度的增大,逐渐开始选用抗烧蚀塑料复合材料。1962 年首次制造了 2D C/C 复合材料扩张锥模型,并于 1967 年成功地完成了第一次飞行试验。随后开始研制第二代 C/C 复合材料,旨在提高材料的均匀性和扩张锥的加工成品率。许多新设计的 3D C/C 复合材料扩张锥也逐渐走向实用并进行了飞行试验。C/C 复合材料扩张锥为那些对质量极其敏感的空间发动机与顶级发动机提供了最大的推进优势。美国空军使用的"和平捍卫者"导弹的第三级发动机和"Payload"宇宙飞船辅助舱固体助推发动机都采用二维渐开线式 C/C 复合材料扩张锥。

陶瓷基复合材料是新兴的具有优异高温强度的复合材料,是固体火箭发动机 C/C 复合材料喷管和燃烧室之间的热结构绝热连接件的理想材料,还可用于喷管出口锥有关部件,各国都相当重视对它的开发。我国长期致力于增韧陶瓷复合材料的研究,已经研究出性能优于国外产品的陶瓷复合材料,并在多次发动机试验中获得成功应用。

总之,在固体火箭发动机中,复合材料已经逐渐取代了金属材料。综观复合材料在固体发动机中的应用与发展历程,不难看出固体发动机的每一步进展都离不开复合材料的开发与应用。高性能固体火箭发动机研制的客观需要是复合材料发展的动力。先进复合材料技术的快速发展对于高性能固体发动机的研制和开发有着非常重要的意义。

3.1.5　复合材料常用增强体

在复合材料中,增强材料起着主要承载作用,对复合材料的力学性能和抗烧蚀性能起着关键性的作用。增强材料中的纤维,主要有玻璃纤维、碳纤维、芳香族纤维等。

3.1.5.1　玻璃纤维

1. 玻璃纤维的组成与性能

玻璃纤维的主要成分是二氧化硅、三氧化硼及钠、钾、钙、铝的氧化物等。以二氧化硅为主要成分的玻璃纤维是硅酸盐玻璃纤维,以三氧化硼为主要成分的玻璃纤维是硼酸盐玻璃纤维。加入上述其他成分是为了改进玻璃的性能和工艺。

玻璃纤维的外观为表面光滑的圆柱体,横截面几乎都是完整的圆形,所以玻璃纤维彼此靠近时,空隙填充得较为密实,这有利于提高玻璃钢制品中的玻璃含量。玻璃纤维的密度为 $2.4\sim2.76\ \mathrm{g/cm^3}$,比有机纤维大很多,但比一般的金属密度小,与铝几乎一样。玻璃纤维的表面积大,纤维表面处理的效果对性能的影响很大。

玻璃纤维的最大特点是拉伸强度高。一般玻璃制品的拉伸强度只有 $40\sim100\ \mathrm{MPa}$,而直径为 $3\sim9\ \mu\mathrm{m}$ 的玻璃纤维拉伸强度则高达 $1\ 500\sim4\ 000\ \mathrm{MPa}$,比一般合成纤维约高 10 倍,比合金钢高 2 倍。

玻璃纤维是一种优良的绝热材料,其导热系数为 $0.03\sim0.05\ \mathrm{W/(m\cdot K)}$,比玻璃的导热系数 $[0.7\sim1.3\ \mathrm{W/(m\cdot K)}]$ 小很多。产生这种现象的主要原因是纤维间的空隙较大,容积密度较小。

玻璃纤维是一种无机纤维,本身不会引起燃烧。玻璃纤维耐热性较好,软化点为 $550\sim850\ ℃$。

2. 玻璃纤维的生产工艺

连续玻璃纤维是熔融玻璃溶液在恒定的温度、压力下从漏板底部漏孔流出,被高速旋转的拉丝机拉制成一定细度的纤维。目前生产连续玻璃纤维最常用的方法大致可分为两类,即玻璃球法(也称坩埚法)和直接熔融法(也称池窑法)。直接熔融法生产工艺流程如图 3 - 3 所示。

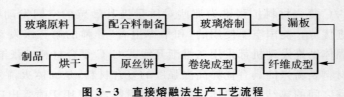

图 3 - 3　直接熔融法生产工艺流程

3.1.5.2　碳纤维

目前碳纤维的发展已具规模,其已分化为以美国为代表的大丝束碳纤维生产和以日本为代表的小丝束碳纤维生产两大类。其中大丝束碳纤维是指每束碳纤维的根数 $\geqslant46\ 000\sim48\ 000$,这种碳纤维的生产成本低,适用一般民用工业领域。而每束 $1\ 000$(1 k)根、$3\ 000$ 根(3 k)、$6\ 000$ 根(6 k)、$12\ 000$ 根(12 k)、$24\ 000$ 根(24 k)的碳纤维称为小丝束碳纤维,它的生产追求高性能化,代表碳纤维发展的世界先进水平。日本东丽公司在世界高性能碳纤维研究发展中处于领先地位,该公司开发的 T1000 的拉伸强度为 $7.02\ \mathrm{GPa}$,是目前世界上强度最高的碳纤维。虽然如此,碳纤维实际产品的抗拉强度与理论强度相比还有很大的差距,强度仍有很大的提升余地和潜力。

1. 碳纤维的原材料与生产工艺

至今尚未找到溶解元素碳的溶剂,要使碳熔融,必须在 1 atm 和 3 800 ℃ 以上的高温下进行。因此,不能按一般合成纤维那样,通过熔融纺丝或溶液纺丝的方法来制造碳纤维。目前,工业上只能通过高分子有机纤维固相的碳化来制作碳纤维。从碳化率、生产技术的难易程度以及成本等多种因素综合考虑,经过多年的研究与实践,人们发现只有采用聚丙烯腈(PAN)、黏胶和沥青 3 种原料制造碳纤维,才能实现工业化、规模化生产。其中,PAN 基碳纤维的综合机械性能最好,其产量占目前市场总量的 90% 以上。

PAN 碳纤维的有机纤维碳化方法制造原理为:链状 PAN 分子在升温等条件下,通过分子内环化去 H 及分子间脱水、去 N 交联形成六边形石墨层面,再定向排列成碳纤维。完成上述转变的工艺流程为:预氧化→碳化→石墨化→表面处理→表面保护。

2. 碳纤维的主要性质

碳纤维的密度在 $1.5 \sim 2.0 \ g/cm^3$ 之间,其密度除与原丝结构有关外,还取决于碳化处理的温度。一般经过高温($3\ 000\ ℃$)石墨化处理,密度可达 $2.0\ g/cm^3$。

高模碳纤维的比热容与高强碳纤维的比热容接近,都是 $0.71\ kJ/(kg \cdot K)$,大于一般结构钢[$0.5\ kJ/(kg \cdot K)$],小于环氧树脂[$1\ kJ/(kg \cdot K)$],且随温度上升呈线性增加。温度由 $300\ K$ 增加到 $400\ K$ 时,比热容由 $0.71\ kJ/(kg \cdot K)$ 增加到 $1\ kJ/(kg \cdot K)$。

高模碳纤维的导热系数远大于高强碳纤维的导热系数,例如,日本东丽 T-300 高强碳纤维的导热系数为 $6.5\ W/(m \cdot K)$,高模碳纤维 M-40 的导热系数为 $85\ W/(m \cdot K)$。

碳纤维的热膨胀系数也呈现出显著的各向异性,沿纤维轴向比垂直纤维轴向的值小 $20 \sim 30$ 倍。碳纤维的纵向线膨胀系数随温度的升高,存在负值温区和正值温区。例如东丽 T-300 和 M-40,当温度低于 $100\ ℃$ 时,纵向线膨胀系数处于负值,并随温度的升高而减小,$100\ ℃$ 以后,则随温度升高而增大,达到某一温度后,即由负值区进入正值区。

碳纤维最突出的优点是其比强度和比模量高。T300 是最先商业化的普通碳纤维,但是这种纤维的性能偏低,不能满足现代飞行器减重和提高性能的要求,因此在 20 世纪 80 年代发展了高强中模碳纤维,这是一类拉伸强度大于 $5\ 000\ MPa$,拉伸模量为 $230 \sim 310\ GPa$ 的碳纤维。

3.1.5.3　芳香族纤维

与玻璃纤维和碳纤维相比,芳香族纤维的历史比较短,但是发展非常迅速。工业化的芳香族纤维于 1969 年由美国的罗纳·普朗克推出,商品名为 Kermel,该产品是间位芳香族纤维。1972 年,美国 Dupont(杜邦)公司又推出另外一种芳香族纤维——Kevlar(凯芙拉)纤维,并在以后多年一直垄断着芳香族纤维的大部分市场,直到 1986 年荷兰 AkzoNobel 公司推出 Twaron 纤维,日本帝人公司推出 Technora 纤维,俄罗斯推出 Apoms 纤维后,才使 Kevlar 纤维的市场独占体系瓦解。我国于 20 世纪 80 年代初研制出两种有机纤维产品。

聚合物大分子的主链由芳香环和酰胺键($-\overset{\displaystyle O}{\underset{\displaystyle \underset{H}{|}}{C}}-N-$)构成,且其中至少 85% 的酰胺键直接与芳香环相连,由它经溶液纺丝所得到的纤维总称为芳香族聚酰胺纤维(简称芳酰胺纤维),我国定义为芳纶纤维。

芳香族聚酰胺纤维的类型有全芳香族聚酰胺纤维和杂环芳香族聚酰胺纤维。其中全芳香族聚酰胺纤维主要包括对位的聚对苯二甲酰对苯二胺(PPTA,如 Kevlar、Twaron、Terlon、芳纶 1414 等)、聚对苯甲酰胺(PBA)纤维、间位的聚间苯二甲酰间苯二胺和聚间苯甲酰胺纤维（如 MPA、杜邦的 Nomex、帝人的 Comex、芳纶 1313 等）、共聚改性芳酰胺纤维（Technora）等。

3.1.6 复合材料常用基体

3.1.6.1 复合材料常用基体的分类与特性

聚合物基复合材料是复合材料的主要品种，其产量远远超过其他基体的复合材料。习惯上把橡胶基复合材料划入橡胶材料，所以聚合物基体一般指热固性聚合物与热塑性聚合物。热固性聚合物是由某些低相对分子质量的合成树脂在加热、固化剂或紫外线等作用下，发生交联反应并经过凝胶化阶段和固化阶段形成不熔、不溶的固体，如环氧树脂、酚醛树脂等。这类聚合物耐温性较好，尺寸稳定性好，但一旦成型后就无法重复加工。热塑性聚合物通称塑料，这类聚合物当加热到一定温度时可以软化甚至流动，从而可以在压力和模具的作用下成型，并在冷却后硬化固定，如聚丙烯、聚酰胺等。这类聚合物一般软化点较低，容易变形，但可重复加工使用。

聚合物基体是复合材料的一个必需组分。在复合材料成型过程中，基体经过复杂的物理、化学变化，与增强体复合成具有一定形状的整体，因此基体性能直接影响复合材料性能。

固态高聚物的力学性能强烈依赖于温度和加载速率。高聚物存在 3 个特征温度——玻璃化转变温度 T_g、熔点 T_m 和黏流温度 T_f。在 T_g 以下，高聚物为硬而韧或硬而脆的固体，模量随温度变化很小；温度达到 T_g 附近时，非晶高聚物转变成软而有弹性的橡胶态，而半晶高聚物转变为软而韧的皮革态；温度继续升高，高聚物达到流动温度 T_f 或 T_m 而成为高黏度的流体。热固性高聚物则由于不能熔融而在比较高的温度下分解。热塑性高聚物的玻璃化温度是基本固定的，而热固性高聚物的玻璃化温度随交联度的增大而升高，当交联度很高时，热固性高聚物达到 T_g 后无明显的软化现象。

3.1.6.2 环氧树脂基体

环氧树脂基体由环氧树脂和附加成分组成，附加成分含固化剂、稀释剂、增塑剂等。环氧树脂是一种分子中含有两个或两个以上活性环氧基团（$-\overset{\displaystyle CH-CH}{\underset{\displaystyle O}{\diagdown\diagup}}-$）的低聚物，其分子结构是分子链中含有活泼环氧基团，该基团可以位于分子链的不同位置，或成环状结构。由于这种基团是不稳定的三元环，很容易和其他基团或活泼原子发生反应而形成不溶、不熔的网状结构，因此环氧树脂是一种反应活性很强的热固性树脂。

环氧树脂其他的特点包括适应性好（可选择的品种、固化剂、改性剂等种类很多）、工艺性好、黏结力大、成型收缩率低、化学稳定性好等，其中黏结力和收缩率对复合材料性能具有决定性影响。

3.1.6.3 酚醛树脂基体

酚醛树脂的首次合成是在 1907 年，虽然已有 100 多年的历史，但是它成炭率高、耐热性好，是较好的烧蚀用高分子材料，目前以这种材料制成的复合材料仍然被广泛应用于固体火箭发动机喷管、内衬、导弹鼻锥等较苛刻的烧蚀环境和高超声速热防护中。

酚醛树脂基体由酚醛树脂和附加成分组成，附加成分包括固化剂、稀释剂、增塑剂、增韧剂等。酚醛树脂是一种合成材料,由酚类(苯酚、甲酚、二甲酚等)和醛类(甲醛、乙醛、糠醛等),在酸或碱催化剂作用下合成的缩聚物。

通过控制不同的合成条件(例如酚与醛的比例、所用催化剂的类型等),可以得到热固性酚醛树脂和热塑性酚醛树脂,在热防护材料中使用热固性酚醛树脂比较多,因此这里主要介绍热固性酚醛树脂。

热固性酚醛树脂的结构式为

其结构特点为极性基团多且密度大,含酚羟基、羟甲基,使之能对纤维润湿。含芳香环,分子刚性大,耐热性好。固化机理为在加热条件下,苯环上的羟基之间发生缩水反应。固化特点是分子交联密度大,有水和低分子化合物释放出来。这种固化特点决定了酚醛树脂固化物有好的耐热性和耐烧蚀性。

酚醛树脂和环氧树脂的主要性能列于表 3-1。

表 3-1　酚醛树脂与环氧树脂的主要性能

性能	树脂类型	
	环氧树脂(双酚 A)	酚醛树脂(普通型)
密度/(g·cm^{-3})	1.11~1.23	1.30~1.32
拉伸强度/MPa	58.8	41.2~61.8
拉伸模量/GPa	3.5	3.14
压缩强度/MPa	127.5	86.3~107.9
压缩模量/GPa	3.63~3.82	—
弯曲强度/MPa	127.5	76.5~117.7
断裂伸长率/(%)	1.7	1.5~2.0
吸水率/(%)	0.07~0.16	0.12~0.36
收缩率/(%)	1~2	8~10
线膨胀系数/(10^{-6}·K^{-1})	60	60~80
导热系数/(W·m^{-1}·K^{-1})	0.20~0.29	0.27~0.29
马丁耐热温度/℃	373~388	393

与环氧树脂相比,酚醛树脂具有如下特点:

(1)耐热性好。材料的耐热性是指材料抵抗因受热而引起热变形的能力。耐热性指标有马丁耐热温度、热变形温度等。其中马丁耐热温度是常用的指标,它是指在升温速度为 50 ℃/h 的条件下,将规定尺寸的试样,以悬臂梁状态支持,在试样的另一端施加 4.9 MPa

的载荷,当试样的自由端下降 6 mm 时的温度。与环氧树脂相比,酚醛树脂的马丁耐热温度更高一些(见表 3-1)。

(2)耐烧蚀性好。烧蚀复合材料中基体材料对烧蚀性能起着至关重要的作用,常用的高聚物的烧蚀性能对比见表 3-2。表中数据为氧-乙炔烧蚀实验法所得,表中的线烧蚀率表征的是材料的耐烧蚀性能,即 1 s 烧掉的厚度;"样品背面达到 200 ℃ 所需要时间"表征的是材料的隔热性能,时间越长隔热性能越好。表中石墨不是高聚物,是用来作为对照的。可以看出,石墨的线烧蚀率最小,而且显著低于各种高聚物的线烧蚀率,但是其导热系数大,因此隔热性能也是最差的。在表中所有高聚物中,酚醛树脂不仅耐烧蚀性能最好,其隔热性能也是最好的。

表 3-2　常用高聚物的耐烧蚀性能

名称	线烧蚀率/(mm·s⁻¹)	样品背面达到 200 ℃ 所需要时间/s
聚甲基丙烯酸甲酯	0.46	11.6
聚四氟乙烯	0.52	11.8
聚氨酯树脂	0.72	8
酚醛树脂	0.11	39.6
环氧树脂	0.36	11
石墨(对照)	0.01	2.2

树脂降解后形成的炭是一种聚丙苯结构的物质,它能把填料牢固地黏结在一起,抵抗热流的冲刷,因此树脂烧蚀后的成炭率愈高,材料的耐烧蚀性愈好。酚醛树脂烧蚀率低的原因是:酚醛树脂热解后成炭率高,可达到 50% 左右,采用适当的工艺可使成炭率高于 60%。相比之下,由环氧树脂制成的复合材料虽然机械性能好,但该树脂本身成炭率较低,仅为 15.6%。因此高成炭率的酚醛树脂用于制造烧蚀材料,具有较好的耐冲刷性能。

(3)黏结性差。基体和增强体的黏结性取决于分子间的作用力,它主要由极性和活性基团决定。酚醛树脂中含大量的极性基团,因此,它能很好地浸润纤维。但是酚醛树脂的固化反应为脱水反应,有大量的低相对分子质量产物生成,体积收缩率大,在黏结界面上将产生大量的微裂纹,导致树脂分子和纤维表面分子间的黏附力降低,因而黏结性差。

(4)力学性能普遍低于环氧树脂。从表 3-1 可以看出:酚醛树脂的弯曲强度低于环氧树脂;酚醛树脂的交联密度大,分子刚性大显得硬而脆,因而冲击强度和压缩强度均较小;酚醛树脂的收缩率和吸水率大,会影响强度和模量。

3.2　火箭发动机对热防护材料的要求

概括来说,火箭发动机热防护的要求包括两个方面:

(1)在一定时间内保证发动机结构不失强。这主要指通过热防护材料隔热来保护发动机壳体,避免其温度过高而失强。这就要求热防护材料具有良好的隔热性能。

（2）在一定时间内保证发动机部件气动型面不过度变形。这主要指发动机的喷管，喷管是将高温燃气加速的装置，因此需要在发动机工作过程中保持气动型面尽可能少变形。

火箭发动机燃烧室与喷管的热环境和工作要求有比较大的差异，对热防护材料的要求也是不同的。燃烧室的热环境特点是燃气温度高、流速相对较低，隔热是主要的要求，因此一般采用绝热层对燃烧室壳体进行热防护。通常对绝热层的要求是：

（1）要具有良好的隔热性能和抗烧蚀性能。

（2）绝热层是发动机结构材料的一部分，要求其质量轻。

（3）对于贴壁浇注的固体火箭发动机，要求绝热层与装药具有良好的相容性和黏结性。

喷管的热环境特点是气流速度高、喉部热流密度大，对喷管热防护材料的要求是：

（1）要能够保持良好的气动型面，因此需要采用硬质材料，而且对抗烧蚀性能有着更高的要求，尤其是喷管喉部的材料。

（2）高温条件下的力学性能要好，要具有良好的抗热震性能（抵抗热冲击的能力）。

（3）喷管喉部为了兼顾抗烧蚀和隔热的要求，往往采用不同材料的复合结构，这就要求高温条件下材料之间的变形协调性要好。

因此火箭发动机不同部位往往采用不同类型的热防护材料：

（1）燃烧室：需要采用绝热材料，贴壁浇注固体火箭发动机一般采用软质的橡胶基绝热材料（丁腈、三元乙丙、硅橡胶绝热材料等）。

（2）喉部：一般采用非炭化材料，例如难熔金属、石墨、陶瓷基复合材料、C/C 复合材料等。

（3）收敛段/扩张段：一般采用硬质的树脂基复合材料（高硅氧/酚醛、碳/酚醛复合材料等）。

3.3　非炭化材料

非炭化材料是相对于炭化材料而言的，这类材料属于硬质材料，具有较强的抗烧蚀性能，在高温条件下不发生热解、炭化，主要包括石墨、难熔金属/合金、C/C 复合材料、陶瓷基复合材料等，通常用作发动机喷管喉衬，也可用于燃气舵和再入飞行器端头帽等部位。

3.3.1　石墨

石墨作为一种非金属的资源矿物，具有自润滑性能、易加工成型、有良好的导热性能、耐烧蚀性能和耐冲刷性能以及优异的热稳定性能、化学稳定性能。石墨材料的强度随温度的上升而增大，在 2 500 ℃以后才逐步开始下降，因此在航天领域应用广泛，如密封材料、喉衬材料等。其中，在热防护应用方面，石墨材料具有较大的热辐射系数，常压下不熔化，升华前具有强烈的辐射散热作用，且在高达 3 700 ℃时才会升华吸热。但是，石墨材料强度低，抗热震性能差，加上其导热系数较高，材料表面热量经石墨可大量传导入发动机或飞行器内部，长时间服役时需要在材料内部加装较厚的隔热层。

3.3.1.1　石墨结构

石墨是原子晶体、金属晶体和分子晶体之间的一种过渡型晶体。在晶体中同层碳原子

间以 sp^2 杂化形成共价键,每个碳原子与另外 3 个碳原子相联,6 个碳原子在同一平面上形成正六边形的环,伸展形成片层结构。在同一平面的碳原子还各剩下 1 个 p 轨道,它们互相重叠,形成离域 π 键,电子在晶格中能自由移动,可以被激发,所以石墨有金属光泽,能导电、传热。由于层与层间距离大,结合力(范德华力)小,各层可以滑动,易于形成解理,因此石墨具有润滑性。

石墨每一网层间的距离为 3.40 Å(Å 为埃,1 Å＝0.1 nm),是以范德华力结合起来的,即层与层之间属于分子晶体,同一网层中碳原子的间距为 1.42 Å,由于同一平面层上的碳原子间结合很强,极难破坏,所以石墨的熔点也很高,化学性质也稳定。基于它的特殊的成键方式,不能仅认为是单晶体或者是多晶体,现在普遍认为石墨是一种混合晶体。

石墨具有各向异性,层面间与同一层面的导电性相差 10 000 倍。其导热性、热膨胀系数及机械强度也呈各向异性。

3.3.1.2　石墨的主要性质

1. 化学性质

石墨的化学性质比较稳定,常温下与气体不反应。石墨除了与强氧化性酸(王水、铬酸、浓硫酸和浓硝酸)及强氧化性盐(重铬酸钾、高锰酸钾)反应以外,不易与沸点(或熔点)以下的任何酸、碱和盐反应。但是在高温条件下石墨会与氧气、二氧化碳、水蒸气等氧化性气体发生热化学反应。

2. 热学性质

(1)比热容。石墨的比热容比较大,并且随着温度的升高而增加,在 293 K 时石墨的比热容为 0.65 J/(g·K),在 1 973 K 时为 2.13 J/(g·K),在 2 773 K 时为 2.25 J/(g·K)。低温下不同石墨的比热容的差别不大。

(2)导热系数。石墨的导热系数较大,是一种热的良导体,同时,导热系数具有明显的各向异性。理想石墨或接近于理想石墨的碳材料,沿晶体层面方向的导热系数比垂直于层面方向的大数倍到数十倍。石墨的导热系数与其结晶方式、晶体结构和纯度等因素有关,天然石墨的导热系数为 100～660 W/(m·K);导热石墨的导热系数为 624～1 538 W/(m·K)。

碳材料与石墨的比热容相差不大,但其导热系数相差很大,石墨的导热系数比碳材料的高约 10 倍。石墨为热的良导体,而某些碳材料(多孔碳、碳毡、碳布)的导热系数较小,可作为高温隔热材料。

3. 力学性质

(1)机械强度。碳材料的机械强度,通常由抗压强度来描述。碳材料与其他无机非金属材料相比,其抗压强度较低。普通石墨制为 16～35 MPa,碳材料为 25～45 MPa,高强石墨制品为 80～100 MPa。通常,碳材料的抗压强度大于普通石墨制品的抗压强度。

碳材料的抗压强度随着温度的升高而增加,到 2 500 ℃时的抗压强度比在室温下高 1 倍。高于 2 500 ℃后抗压强度开始下降,直至 2 800 ℃时失去抗压强度。这是因为在低温时,材料不会产生局部塑性变形,在较低负荷下应力集中会引起材料破裂。当温度升高时,材料的塑性增强,在应力集中点附近产生局部变形,使应力有所分散,负荷加大也不易破裂。对于人造石墨,晶粒内部留下较大的内应力,随着温度的升高,内应力降低,使材料在较高温度下的抗压强度增大。

（2）弹性模量。与金属材料相比，碳材料的弹性模量较低，属于脆性材料，在室温下易发生脆性断裂。对于石墨制品而言，若其体积密度增大，则弹性模量增大，并随着温度的升高而增大。多晶石墨在室温下的弹性模量为 10 GPa，石墨单晶的弹性模量呈现明显的各向异性。

（3）耐磨性。石墨易于附着于滑动表面，且易于解理和吸收水分，从而具有较好的耐磨性。其耐磨性与滑动速度、介质、气氛和温度等有关。石墨的摩擦因数随着温度的增高而降低。

3.3.2 钨铜复合材料

钨铜复合材料（W－Cu）是由钨（W）与铜（Cu）所组成的既不互溶又不形成金属间化合物的两相单体均匀混合的组织，是一种典型的"假合金"。W－Cu 复合材料结合了两种组分的优异性能，如钨的耐高温、高强度、高密度特性和铜的高塑性、高导热导电性。在小型固体火箭发动机和实验发动机喉衬用的钨渗铜材料就属于 W－Cu 复合材料。

W－Cu 复合材料的综合性能还可以通过改变其组成成分的比例而加以调整，因此被广泛应用于热防护材料、电触头材料、破甲材料等领域。其中，W 较高的熔点（3 410 ℃）和高温强度使 W－Cu 复合材料具有很好的耐高温性能，同时当环境温度超过铜的沸点（2 562 ℃）时，W－Cu 复合材料中的 Cu 因大量吸热而挥发，从而有效降低了材料的表面温度。

3.3.2.1 主要性能

钨铜合金复合材料是由体心立方结构的钨颗粒（钨骨架）和面心立方结构的铜结合而成的复合材料。这类复合材料兼有钨和铜的优点，具有较强的机械物理性能和良好的导电导热性能等。表 3－3 为我国生产的高温用 W－Cu 复合材料的主要性能指标。表中相同密度指实测密度与理论密度的比值。

表 3－3 高温用 W－Cu 复合材料的主要性能指标

铜含量/（%）（质量分数）	相对密度/（%）	硬度 HRC	断裂韧性/（MPa·m$^{1/2}$）	抗拉强度/MPa		
				室温	800 ℃	1 800 ℃
13.2	98.5	28	17.2	822	307	54
7.6	98.6	33	14.1	948	340	98
5.9	98.4	33	13.0	755	343	84

3.3.2.2 制备方法

W－Cu 复合材料的制备方法可分为传统方法和现代方法两类。传统方法包括熔渗法、液相烧结法、热压烧结法等；现代方法包括金属注射成型、快速定向凝固技术等。高温 W－Cu 复合材料的制备通常采用高温熔渗法。其机理是金属液相润湿多孔基体时，在毛细管力的作用下，金属液沿颗粒间隙流动填充多孔 W 骨架孔隙，从而获得较为致密的 W－Cu 复合材料。熔渗法分为高温烧结 W 骨架后渗 Cu 和低温烧结部分混和粉后渗 Cu 两种方法。

3.3.2.3 在高温领域的应用

从 20 世纪 60 年代起,美国已开始将钨铜合金用于火箭、导弹和飞行器的喷管喉衬、燃气舵、鼻锥、配重等高温部件,其主要利用了 W–Cu 复合材料的耐高温和发汗冷却作用。铜在 1 083 ℃时熔化,在 2 562 ℃(0.1 MPa)时蒸发而吸收大量热量,为钨骨架提供了良好的冷却效果,保证了部件的正常工作,从而使其能承受一般材料无法承受的高温。

W–Cu 复合材料的高温强度主要取决于钨骨架的强度:W–Cu 复合材料从室温至 1 200 ℃的抗拉强度取决于铜和钨骨架的结合强度。在更高的温度下,由于金属铜的熔化和挥发,材料强度主要决定于钨骨架的结构、骨架的连续性程度、钨颗粒之间的连接状态以及孔隙形态和尺寸等因素。对于一定孔隙率的钨骨架,其连续性程度愈大,孔隙形状圆化或棱角钝化程度愈大,材料的高温抗拉强度愈高。铜含量高,渗铜均匀的材料,抗热震性相对较好。

3.3.3 碳/碳复合材料

碳纤维增强碳基复合材料(碳/碳复合材料,或 C/C 复合材料)是具有特殊性能的工程材料,以碳或石墨纤维为增强体、碳或石墨为基体复合而成。C/C 复合材料几乎完全是由碳元素组成的,故能承受极高的温度和极大的加热速率。在机械加载时,C/C 复合材料的变形与延伸都呈现出假塑性性质,最后以非脆性方式断裂,因此抗热冲击和抗热诱导能力极强,而且具有一定的化学惰性。

C/C 复合材料的发展主要受宇航工业发展的影响,具有高烧蚀热、低烧蚀率、抗热冲击和在超热环境下具有高强度等一系列优点,被认为是喷管喉衬和再入环境中高性能的烧蚀材料。例如:大型固体火箭发动机大多采用 C/C 复合材料做喉衬;采用 C/C 复合材料做导弹的鼻锥时,因为烧蚀率低且烧蚀均匀,所以可提高导弹的突防能力和命中率。C/C 复合材料还具有优异的耐摩擦性能和高导热系数,使其在飞机、汽车刹车片和轴承等方面得到广泛的应用。

3.3.3.1 制造工艺

C/C 复合材料制备过程包括碳纤维的选择、预制体的制备、C/C 复合材料的致密化工艺以及石墨化等。

1. 碳纤维的选择

碳纤维纱束的选择和纤维织物结构的设计是制造 C/C 复合材料的基础。通过合理选择纤维种类和织物的编织参数,如纱束的排列取向、纱束间距、纱束体积含量等,可以改变 C/C 复合材料的力学性能和热物理性能,从而满足产品性能设计的要求。

可供选用的碳纤维种类有黏胶基碳纤维、聚丙烯腈(PAN)基碳纤维和沥青基碳纤维。目前最常用的 PAN 基高强度碳纤维(如 T300)具有所需的强度、模量和适中的价格。如果要求 C/C 复合材料产品的强度与模量高、热稳定性好,应选用高模量高强度的碳纤维;如果要求热导率低,选用低模量碳纤维,如黏胶基碳纤维。目前黏胶基碳纤维应用较少,而低成本的高模沥青基碳纤维正在迅速发展。

2.预制体的制备

预制体的制备是指按产品的形状和性能要求先把碳纤维成型为所需结构形状的毛坯，以便进一步进行 C/C 复合材料致密化的工艺。

按增强方式可分为单向(1D)纤维增强、双向(2D)织物和多向织物增强；或分为短纤维增强和连续纤维增强。短纤维增强的预制体常采用压滤法、浇铸法、喷涂法、热压法。连续纤维增强的预制体，其成型方法：一种是采用传统的增强塑料的成型方法，如预浸布、层压、铺层、缠绕等方法做成层压板、回旋体和异形薄壁结构；另一种方法是多向编织技术，如三向(3D)编织、4D、5D、6D、7D 以至 11D 编织。注意这里的 D 表示织物的取向。

单向(1D)增强可在一个方向上得到最高拉伸强度的 C/C 复合材料。2D 织物常常采用正交平纹碳布、斜纹碳布和缎纹碳布。平纹结构性能再现性好，缎纹结构拉伸强度高，斜纹结构比平纹容易成型。2D 织物生产成本较低，2D C/C 复合材料在平行于布层的方向拉伸强度比多晶石墨高，并且提高了抗热应力性能和断裂韧性，容易制造大尺寸、形状复杂的部件，使得 2D C/C 复合材料继续得到发展。2D C/C 复合材料的主要缺点是垂直布层方向的拉伸强度较低，层间剪切强度较低，因而易产生分层。

为了提高 C/C 复合材料结构的整体性，在 3 个正交的方向改进强度和刚度，发展了正交三向编织。3D C/C 复合材料与 2D C/C 复合材料相比，不仅提高了剪切强度，而且可以获得可控烧蚀和侵蚀剖面，这对于载人飞行器鼻锥和火箭喷管喉衬来讲是十分重要的。

为了形成具有更好各向同性的结构，发展了很多种多向编织。4D 织物是将单向碳纤维纱束先用热固性树脂进行浸胶，然后用拉挤成型的方法制成硬化的刚性纱束(杆)，再将碳纤维刚性杆按理论几何构型编成 4D 织物。4D 织物具有更为优良的各向同性结构。

穿刺织物也是一种三向织物，如 AVCO 公司的 3D Mod3。采用碳布代替正交三向织物中的 $X-Y$ 向碳纤维，Z 向采用碳纤维刚性杆将碳布逐层穿刺在一起，即可形成穿刺织物。

3.C/C 复合材料的致密化工艺

C/C 复合材料致密化工艺过程就是基体碳形成的过程，实质是用高质量的碳填满碳纤维周围的空隙以获得结构、性能优良的 C/C 复合材料。

最常用的有两种制备工艺——化学气相沉积(CVD)法和液相浸渍法。形成碳基体的先驱物有用于化学气相沉积的碳氢化合物，如甲烷、丙烯、天然气等，也有用于液相浸渍的热固性树脂，如酚醛树脂、糠醛树脂等，以及热塑性沥青如煤沥青、石油沥青等。

(1)化学气相沉积法。化学气相沉积工艺是最早采用的一种 C/C 复合材料成型工艺。把碳纤维织物预制体放入专用 CVD 炉中，加热至所要求的温度，通入碳氢气体，这些气体分解并在织物的碳纤维周围和空隙中形成沉积碳(也称作热解碳)。根据制品的厚度、所要求的致密化程度及热解碳的结构来选择 CVD 工艺参数。主要参数有源气种类、流量，沉积温度、压力和时间。源气最常用的是甲烷，沉积温度通常为 800～1 500 ℃，沉积压力为 0.1

MPa 至数百帕。

沉积方法有均热法、温差法、压差法、脉冲压力法以及等离子体强化法。最常用的是均热法,均热法沉积可以获得高质量的 C/C 复合材料制品,一般要经过多次反复,甚至花几百小时才能最终得到高致密度的材料。因此,对于一定形状的炉子和一定的制品装载,应严格控制工艺参数达到最优化,才能获得经济可行的 CVD 工艺。这种工艺适合于在大容积沉积炉中生产形状简单的 C/C 复合材料制品。

(2)液相浸渍法。液相浸渍工艺是生产石墨材料的传统工艺,目前已成为制造 C/C 复合材料的一种主要工艺:按形成基体的浸渍剂可分为树脂浸渍、沥青浸渍和沥青树脂混浸工艺;按浸渍压力可分为低压、中压和高压浸渍工艺。

树脂浸渍工艺的典型流程是:将预制体置于浸渍罐中,在真空状态下用树脂浸没预制体,再充气加压使树脂浸透预制体。浸渍温度为 50 ℃左右,以使树脂黏度降低,具有较好的流动性。浸渍压力逐次增加至 3~5 MPa,以保证织物孔隙被浸透。首次浸渍压力不宜过高,以免织物变形、纤维受损。浸渍树脂的样品放入固化罐中进行加压固化,以抑制树脂从织物中流出。采用酚醛树脂时固化压力为 1 MPa 左右,升温速度为 5~10 ℃/h,固化温度140~170 ℃,保温 2 h。树脂固化后,将样品放入碳化炉中,在氮气或氩气保护下进行碳化,升温速度控制在 10~30 ℃/h,最终碳化温度 1 000 ℃,保温 1 h。在碳化过程中树脂热解,形成碳残留物,发生质量损失和尺寸变化,同时在样品中留下空隙。这样,需要进行重复的树脂浸渍和碳化,以减少这些空隙,达到致密化的要求。

沥青浸渍工艺常常采用煤沥青或石油沥青作为浸渍剂,先进行真空浸渍,然后加压浸渍。将装有织物预制体的容器放入真空罐中抽真空,同时将沥青放入熔化罐中抽真空并加热到 250 ℃使沥青熔化,黏度变小,然后将熔化沥青从熔化罐中注入盛有预制体的容器中,使沥青浸没预制体。待样品容器冷却后,移入加压浸渍罐中,在 250 ℃进行加压浸渍,使沥青进一步浸入预制体的内部空隙中,随后升温至 600~700 ℃进行加压碳化。一般把浸渍碳化压力为 1 MPa 左右的工艺称为低压浸渍碳化工艺,把几至十几兆帕的称为中压浸渍碳化工艺,把采用几十甚至上百兆帕浸渍碳化压力的工艺称高压浸渍碳化工艺。

4.石墨化

根据使用要求,常常需要对致密化的 C/C 复合材料进行高温热处理,常用温度为 2 400~2 800 ℃,在这一温度下 N、H、O、K、Ca 等杂质元素逸出,碳发生晶格结构的转变,这一过程被称为石墨化。石墨化处理对 C/C 复合材料的热物理性能和机械性能有着明显的影响。经过石墨化处理的 C/C 复合材料,其强度、热膨胀系数均降低,导热系数、热稳定性、抗氧化性以及纯度都有所提高。石墨化程度主要取决于石墨化温度。沥青碳容易石墨化,在 2 600℃进行热处理,无定形碳的结构就可转化为石墨结构。酚醛树脂碳化以后往往形成玻璃碳,石墨化困难,要求具有较高的温度(2 800 ℃以上)和极慢的升温速度。沉积碳的石墨化难易程度与其沉积条件和微观结构有关,低压沉积的粗糙层状结构的沉积碳容易石墨化,而光滑层状结构不易石墨化。

　　常用的石墨化炉有工业用电阻炉、真空碳管炉和中频炉。石墨化时,样品或埋在碳粒中与大气隔绝,或把炉内抽真空或通入氩气以保护样品不被氧化。石墨化处理后的 C/C 复合材料制品表观不应有氧化现象,经 X 射线无损探伤检验内部不存在裂纹。同时,石墨化处理使 C/C 复合材料制品的许多封闭气孔变成通孔,开孔孔隙率显著增大,对进一步浸渍致密化十分有利。有时在最终石墨化之后把 C/C 复合材料制品进行再次浸渍或 CVD 处理,以获得更高的材料密度。

3.3.3.2　主要性能

　　C/C 复合材料的性能既取决于碳(石墨)纤维预成型体的特点,又取决于致密化工艺参数,而且性能与生产条件的相关性,往往大于与纤维材料的相关性。C/C 复合材料,特别是多维编织的 C/C 复合材料,具有耐烧蚀性能好、比热容和比强度高、抗热震性能好、线膨胀系数小、导热系数低等优点,是优异的耐烧蚀材料和热结构材料。

1. 密度

　　C/C 复合材料是由基体碳、碳纤维以及孔隙和裂纹等构成的非均质体系,一般孔隙(包括裂纹)含量均在 10% 以上,所以它的全部性能与密度有极密切的关系。已经生产的 C/C 复合材料,其密度在 $1.5 \sim 2.0 \ \text{g/cm}^3$ 之间。研究表明,并不是 C/C 复合材料的密度越大,性能必然越好。而是不同用途的材料,密度有一个最佳值。这是因为增大材料的密度,一方面使产品成本增加、制造周期延长,另一方面有可能对某些性能产生负效应。例如,设计部门希望 C/C 复合材料的密度接近理论值($2.2 \ \text{g/cm}^3$),以使线烧蚀率降至最低,但密度达到此值时,力学性能很差,材料几乎不能使用,即仅靠最大限度提高 C/C 密度,不可能兼顾耐烧蚀性能和力学性能。一般认为,以耐烧蚀性能为主的构件,密度的最佳值约为 $2.0 \ \text{g/cm}^3$。以力学性能为主的构件,密度最佳值为 $1.93 \sim 1.95 \ \text{g/cm}^3$,达到 $1.85 \ \text{g/cm}^3$ 时便可满足使用要求。对于不太恶劣的环境,如喷管出口锥,为减轻喷管质量,密度达到 $1.63 \ \text{g/cm}^3$ 即可。

2. 化学和物理性能

　　C/C 复合材料具有碳的优良性能,包括耐高温、抗腐蚀、较低的热膨胀系数和较好的抗热冲击性能。碳在石墨态下,只有加热到 4 000 ℃ 才会熔化(在压力超过 12 GPa 条件下),加热到 2 500 ℃ 以上才能测出其塑性变形,在常压下加热到 3 000 ℃,碳才开始升华。

　　C/C 复合材料与石墨一样具有较好的化学稳定性,它与一般的酸、碱、盐溶液不发生反应,不溶于有机溶剂,只与浓氧化性酸溶液发生反应。

　　C/C 复合材料常温下不与氧作用,其开始氧化的温度为 400 ℃(特别是当微量 K、Na、Ca 等金属杂质存在时),温度高于 600 ℃ 将会发生严重氧化。

3. 力学性能

　　C/C 复合材料属脆性材料,断裂破坏时断裂应变很小,为 0.2% ~ 2.4%。C/C 复合材料的强度与增强纤维的方向和含量有关,在平行纤维轴向的方向上拉伸强度和模量高,在偏离纤维轴向方向上的拉伸强度和模量低。

C/C 复合材料的室温强度可以保持到 2 500 ℃,在某些情况下,如果石墨化工艺良好,C/C 复合材料的高温强度还可提高。这是热膨胀使应力释放和裂纹弥合的结果。图 3 - 4 和图 3 - 5 分别展示了一种 3D C/C 复合材料拉伸强度和抗压强度随温度变化的情况。

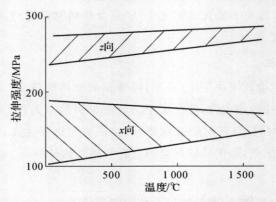

图 3 - 4　3D C/C 复合材料拉伸强度随温度的变化

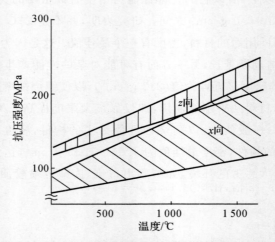

图 3 - 5　3D C/C 复合材料抗压强度随温度的变化

4. 热物理性能

表 3 - 4 列出了各类 C/C 复合材料的导热系数、线膨胀系数等热物理性能。C/C 复合材料的热物理性能仍然具有碳和石墨材料的特征,主要表现为:

(1)导热系数较高。C/C 复合材料的导热系数随石墨化程度的增大而增大,其导热系数还与纤维(特别是石墨纤维)的方向有关。导热系数高的 C/C 复合材料具有较好的抗热应力性能,但给结构设计带来困难(要求采取绝热措施)。C/C 复合材料的导热系数一般为 2～50 W/(m·K)。

(2)热膨胀系数较小。多晶碳和石墨的热膨胀系数主要取决于晶体的取向,同时受到孔隙率和裂纹的影响。因此 C/C 复合材料的热膨胀系数随着石墨化程度的增大而降低。其热膨胀系数小,使得 C/C 复合材料随温度变化时尺寸稳定性特别好,C/C 复合材料的抗热应力性能比较好,所有这些性能对于在宇航方面的设计和应用非常重要。

(3)热辐射系数大。C/C 复合材料的半球全辐射系数一般在 0.8～0.9 范围内。

(4)比热容大。C/C 复合材料的比热容与碳和石墨材料相近,室温至 2 000 ℃时,为 800～2 000 J/(kg·K)。

表 3-4　各类 C/C 复合材料的热物理性能

性能	温度/℃	单向 C/C 复合材料		2D C/C 复合材料		3D C/C 复合材料		3D 正交编织 C/C 复合材料		石墨(ATJ-S)	
		纵向	横向	垂直层面	顺层面	Z向	X-Y向	Z向	X-Y向	垂直晶面	顺晶面
导热系数/(W·m⁻¹·K⁻¹)	室温	40	3	40	120	55.4	83.4	—	120	90.0	114.2
	2 458	—	—	19	35	24.2	27.7	—	—	34.6	46.7
线膨胀系数/(10⁻⁶·K⁻¹)	538	−1.5	1.5	4.5	1.5	0.2	1.0			3.5	3.0
	2 458	—	—	6.8	4.6	4.7	9.4	4	4	13.7	11.5
密度/(g·cm⁻³)	室温	1.75		1.65		1.65		1.9		1.83	

导热系数/$(W \cdot m^{-1} \cdot K^{-1})$；线膨胀系数/$(10^{-6} \cdot K^{-1})$；密度/$(g \cdot cm^{-3})$

5.抗烧蚀性能

C/C 复合材料是一种升华辐射型烧蚀材料,具有较高的烧蚀热、较大的辐射系数与较高的表面温度,在材料质量消耗时吸收的热量多,向周围辐射的热流也大,具有很好的抗烧蚀性能。表 3-5 为几种耐烧蚀材料的有效烧蚀热。显然,C/C 复合材料的有效烧蚀热比高硅氧/酚醛复合材料高 1～2 倍,比尼龙/酚醛复合材料高 3～4 倍。当 C/C 复合材料的密度大于 1.95 g/cm³,开口孔隙率小于 5% 时,其抗烧蚀、抗侵蚀性能接近热解石墨。经高温石墨化后,C/C 复合材料的抗烧蚀性能更加优异。表 3-6 是国外不同发动机的 C/C 复合材料喉衬的线烧蚀率数据。

表 3-5　不同材料的有效烧蚀热比较

材料	C/C 复合材料	聚丙乙烯	尼龙/酚醛	高硅氧/酚醛
有效烧蚀热/(kJ·kg⁻¹)	11 000～14 000	1 730	2 490	4 180

表 3-6　C/C 复合材料喉衬材料烧蚀率

发动机	美/法 SEP/CSD 发动机	美/法全复合材料 发动机	法 MAGE-Ⅱ级 发动机	美 MX 各级 发动机
烧蚀率/(mm·s⁻¹)	0.065	0.072	0.155	0.328

6.抗热震性能

C/C复合材料具有较好的抗热震性能。碳纤维的增强作用以及材料结构中的空隙网络,使得C/C复合材料对于热应力并不敏感,不会像陶瓷材料和一般石墨那样产生突然的灾难性损毁。衡量材料抗热震性的参数是抗热应力系数:

$$R = k \cdot \sigma / (\alpha \cdot E) \tag{3-1}$$

式中:k为导热系数;σ为抗拉强度导热系数,α为热膨胀系数;E为弹性模量。AJT石墨的抗热应力系数为270,而3D C/C复合材料的抗热应力系数可达500~800。

3.3.4 C/SiC复合材料

连续纤维增韧碳化硅陶瓷基复合材料(CFCC-SiC)具有碳化硅陶瓷优异的高温性能和良好的抗氧化性能,且克服了陶瓷脆性大和可靠性差的弱点,表现出类似于金属的断裂行为,对裂纹不敏感、不易发生灾难性断裂。CFCC-SiC中研究较多和广泛应用的主要包括碳纤维增韧碳化硅基(C/SiC)复合材料和碳化硅纤维增韧碳化硅基(SiC/SiC)复合材料两种。C/SiC复合材料具有耐高温、低密度、高比强、抗氧化、抗烧蚀和热辐射率高等一系列优异性能,同时具有比C/C复合材料更好的抗氧化性,比SiC/SiC复合材料更好的高温性能。用于瞬时寿命(数十秒至数百秒)的固体火箭发动机,C/SiC复合材料的使用温度可达2 800~3 000 ℃;用于有限寿命(数十分钟至数十小时)的液体火箭发动机,C/SiC复合材料的使用温度可达2 000~2 200 ℃;用于长寿命(数百小时~上千小时)的航空发动机,C/SiC复合材料的使用温度为1 650 ℃。C/SiC复合材料在空天往返防热系统、高推重比航空发动机、卫星姿控发动机、高超声速冲压发动机、巡航导弹发动机、液体和固体火箭发动机等领域具有广阔的应用前景。

3.3.4.1 组成

C/SiC复合材料是多组元材料以不同方式组合在一起的,能达到取长补短的目的,最终使复合材料获得最佳性能,其主要组元包括碳纤维、碳化硅(SiC)基体、界面和涂层。前面已经介绍过碳纤维,这里主要介绍碳化硅基体、界面和涂层。

1.碳化硅基体

碳化硅基体是C/SiC复合材料中关键的组成部分。SiC具有高的比强度、比刚度、硬度、耐磨性,其使用温度高、导热系数大、热膨胀系数小、抗酸性好等。此外,SiC是所有的碳化物中抗氧化性最好的。这是由于在富氧环境中,SiC基体氧化后可以在表面形成SiO_2氧化层,阻止腐蚀介质对基体的进一步侵蚀,赋予SiC基体在1 500~1 600 ℃以下良好的抗氧化性能。SiC陶瓷的缺点是断裂韧性较低,在任何温度下都很脆。

2.界面

界面相是C/SiC复合材料中极为重要的组成部分,它对复合材料的性能有重要影响。经过设计的界面应具有:①脱黏层——能提供适当的界面剪切强度和界面摩擦应力,使裂纹偏转和纤维拔出容易发生,从而提高韧性;②缓冲层——能提升碳纤维和SiC基体之间的匹配程度,减小残余应力;③保护层——能够保护碳纤维,防止在基体制备过程中的反应可能引起的损伤。

3.涂层

碳纤维与 SiC 基体的热膨胀系数相差较大,在冷却过程中过大的温度差引起二者热膨胀失配,在基体中形成大量微裂纹。这些裂纹很容易成为腐蚀介质的扩散通道,加剧基体和纤维的腐蚀。此外,常用的制备方法为净尺寸成型,必须对构件进行少量加工,导致部分纤维直接暴露在环境中,需要制备涂层以保护纤维。涂层有 SiC 涂层、自愈合涂层、功能涂层等。

3.3.4.2　制备方法

C/SiC 复合材料可以通过液相或气相途径来制备。一般浸渍法致密效果好,可用来制备大型厚壁的部件,得到的材料致密度高;气相沉积法渗透效果差,不适于制造厚的部件,适合制备小型或薄壁部件,但气相沉积有不损伤纤维的优点,可保持材料的高强度。

C/SiC 复合材料常用的制备方法有化学气相渗透(CVI)法、先驱体转化(PIP)法、热压烧结(HP)法、液相硅浸渍(LSI)工艺。下面简要介绍化学气相渗透法和液相硅浸渍工艺。

1.化学气相渗透法

化学气相渗透法是在 CVD 基础上发展起来的一种制备陶瓷基复合材料的方法。这种方法是将纤维预制体置于密闭的反应室内,通入反应气体,在高温下气体渗入预制体内部发生化学反应,生成陶瓷基体。在 CVI 过程中,预制体中反应气体和气体产物的传输主要通过扩散来实现。为了进行深化沉积,CVI 在低温(800~1 100 ℃)和低压(1~10 kPa)下进行,以降低反应速度并提高气体分子在多孔预制体中的平均自由程。

CVI 法的主要优点:①能在低压、低温下进行基体的制备,材料的内部残余应力小,纤维受损少;②能制备硅化物、碳化物、硼化物、氮化物和氧化物等多种陶瓷材料,并可实现微观尺度上的成分设计;③能制备形状复杂和纤维体积分数大的部件;④在同一 CVI 反应室中,可依次进行纤维/基体界面、中间相、基体以及部件外表面的沉积。

CVI 法也存在以下缺点:①SiC 基体致密化速度小,生成周期长(100 h 以上),制造成本高;②SiC 基体晶粒尺寸极其微小(10 nm),复合材料的热稳定性差;③复合材料不可避免地存在 10%~15% 的孔隙,以作为大相对分子质量沉积副产物的逸出通道,从而影响复合材料的力学性能和抗氧化性能;④预制体的孔隙入口附近气体浓度高,沉积速度大于内部沉积速度,易导致入口处封闭而产生密度梯度;⑤制备过程中产生强烈的腐蚀性产物。

2.液相硅浸渍工艺

液相硅浸渍工艺(LSI)来源于反应熔渗工艺(RMI)制备碳化硅,其工艺过程为:在烧结炉中将多孔 C/C 生坯与熔融 Si 反应,液相 Si 在强大的毛细管力作用下渗入生坯与 C 反应生成 SiC,实现基体的致密化。同时,液态 Si 通过已反应生成的 SiC 层扩散继续与基体 C 发生反应,即反应和扩散同时进行,其中扩散起主导作用,决定反应的进程。在渗 Si 的过程中,C 和 Si 发生反应生成次生 SiC,同时部分 Si 填充气孔,残留在烧结产物中。

LSI 法具有以下几个优点:①可以在较低的温度和气压下进行;②可以实现制品的净尺寸烧结,减少加工成本以及后期加工带来的缺陷;③可以制备大尺寸、复杂形状的部件;④制备周期短、成本低、残余孔隙率低。但采用 LSI 法制备 C/SiC 复合材料时,由于 Si 不可避免地会与碳纤维发生反应,导致碳纤维的侵蚀,从而使性能降低,因此在制备 C/SiC 复合材料时需要对碳纤维进行保护。此外,由于 LSI 法制备的 C/SiC 复合材料中通常含有残余 Si,而 Si 的熔点为 1 410 ℃,Si 在高温下存在软化和熔融的问题,可能导致复合材料力学性能降低,因此 LSI 法制备的 C/SiC 复合材料的使用温度通常低于 1 200 ℃。

3.3.4.3 主要性能

典型 C/SiC 复合材料和 SiC/SiC 复合材料的性能见表 3-7,表中材料由法国 SEP 公司研制,这些材料已在多种推力室上进行了成功的点火试验,并已实现商品化。

表 3-7　SiC 基体陶瓷基复合材料的性能

性能	C/SiC 复合材料			SiC/SiC 复合材料		
	23 ℃	1 000 ℃	1 400 ℃	23 ℃	1 000 ℃	1 400 ℃
密度/(g·cm^{-3})	2.1			2.5		
热膨胀系数 /(10^{-6}℃$^{-1}$) //	3	3	—	3	3	—
热膨胀系数 /(10^{-6}℃$^{-1}$) ⊥	5	5	—	2.5	2.5	—
热扩散系数 /(10^{-6}m^2·s^{-1}) //	11	7	8	12	5	5
热扩散系数 /(10^{-6}m^2·s^{-1}) ⊥	5	2	2	6	2	2
拉伸强度/MPa //	350	350	330	—		
弯曲强度/MPa //	500	700	700	300	400	280
剪切强度/MPa //	35	35	35	35	35	25

3.4　橡胶基绝热材料

橡胶基绝热材料主要用于发动机燃烧室,常用的包括丁腈绝热材料、三元乙丙绝热材料和硅橡胶绝热材料等。

3.4.1　制备方法

橡胶基绝热材料的制备方法主要有共混法、溶胶凝胶法、原位聚合法,其中共混法又可分为机械共混法、溶液共混法、乳液共混法。

3.4.1.1　共混法

1.机械共混法

传统的机械共混法是指将橡胶与各种填料直接通过开炼机或密炼机混炼均匀,然后在一定的温度与压力下硫化成型,从而得到橡胶基复合材料的方法。该方法操作简单、成本低廉,可实现大批量工业化生产。

图 3-6 为开炼机和平板硫化机的实物。开炼机的工作部件是两个异向向内旋转的辊筒,两辊筒大小一般相同,各以不同速度相对回转,可通过微调手轮调节两辊筒间的距离,生胶或胶料随着辊筒的转动被卷入两辊间隙,受强烈剪切作用而达到混炼的目的。将混炼得到的橡胶放置于模具内,置于平板硫化机的电热平板之间,施加一定的压力及温度使橡胶硫

化成型。

此外,为提高填料粒子的分散效率,也可适当采用煤焦油、石蜡油、松焦油、大豆油等增塑剂,以减小橡胶分子链之间的作用力,从而使填料能够与橡胶基体实现良好的浸润,缩短混炼时间,降低能耗。

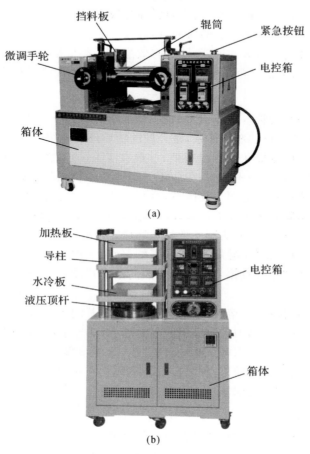

图 3-6 开炼机和平板硫化机实物
(a)开炼机;(b)平板硫化机

2.溶液共混法

溶液共混法是先将橡胶基体溶解于适当的有机溶剂中,然后加入填料,充分搅拌,使填料在溶液中分散,混合均匀,通过晾置、真空干燥等方法除去溶剂,最后硫化成型得到橡胶基复合材料的方法。

溶液共混法制备的橡胶材料综合性能一般较为良好,填料在基体中的分散性较好且减少了机械共混法产生的粉尘污染。但该方法需要大量的有机溶剂,使制备工艺更加复杂,增加了生产成本,同时残留于基体内部的溶剂可能对材料性能有一定的影响,且有机溶剂易挥发并具有一定毒性,这些不足都限制了其在工业生产中的应用。

3.乳液共混法

乳液共混法是主要针对具有胶乳形态的天然橡胶及部分合成橡胶的一种湿法混炼工艺。该方法先将填料分散在水相之中,形成稳定的悬浮液,然后将其与橡胶乳液混合均匀,通过真空干燥或喷雾干燥等方法制备橡胶复合材料。

乳液共混法不仅可以实现纤维和纳米填料在橡胶中的均匀分散,在后期混炼加工过程中可以明显缩短混炼时间,达到节能的目的,而且较短的混炼时间也有利于保持橡胶分子链的相对分子质量,保证复合材料的性能,同时有效避免了类似溶液法的缺点,是一种较为理想的橡胶复合材料制备方法。但填料在水相中的分散与表面改性是该方法的两大难题。

3.4.1.2 溶胶凝胶法

溶胶是具有液体特征的胶体体系,分散的粒子是固体或者大分子,粒子尺寸在 $1\sim1\,000$ nm 之间。凝胶是具有固体特征的胶体体系,被分散的物质形成连续的网状骨架,骨架空隙中填充有液体或气体,凝胶中分散相的含量很低,一般在 $1\%\sim3\%$ 之间。溶胶凝胶法就是将含高化学活性组分的化合物作为先驱体,在液相下将这些原料均匀混合,并进行水解、缩合化学反应,在溶液中形成稳定的透明溶胶体系,溶胶经陈化胶粒间的缓慢聚合,形成三维网络结构的凝胶,凝胶网络间充满了失去流动性的溶剂。凝胶经过干燥、烧结固化制备出分子乃至纳米亚结构的材料。使用该方法制备橡胶基绝热复合材料主要包括两个步骤:首先,通过溶胀等方法将先驱体(四乙氧基硅烷、钛酸四丁酯等)引入橡胶基体;其次,将橡胶基体浸入酸或碱溶液,通过水解和缩合直接生成均匀分散的纳米尺度粒子(SiO_2、TiO_2 等)以制得橡胶基纳米复合材料。

与传统的机械共混法相比,溶胶凝胶法制备的橡胶基纳米复合材料中纳米粒子分散得更加均匀,界面结合状态更好,因此界面滑脱和弛豫小,滞后生热低,有利于提升橡胶的动态力学性能。但是该方法要通过水解、缩合反应完成,合成步骤复杂,其反应速率较慢且易于在橡胶基体中产生气孔等微小缺陷,加之反应先驱体为有机物且毒性较大、成本较高,因此目前仅用于制备一些应用于特殊场合的橡胶薄膜制品。

3.4.1.3 原位聚合法

原位聚合法是近年来新兴的橡胶基复合材料制备方法。这种方法首先将填料均匀分散到聚合物单体中,在引发剂的作用下,单体发生聚合,随着聚合反应的进行,混合液的黏度增大,完成由液态到固态的聚合反应,形成粒子分散良好的复合材料。原位聚合法的关键是保持填料的分散稳定性,使之不容易发生团聚。这种方法反应条件温和,对粒子和基体无损伤。

3.4.2 常用填料

为了满足发动机对绝热材料提出的各种性能要求,当制备橡胶基绝热材料时通常还需加入多种填料。对填料的要求:与基体的亲和性较好、在基体中的填充性和分散性较好、密度尽可能小、高温下具有稳定性、吸水性较差。橡胶基绝热材料使用的填料主要包括炭黑、白炭黑、纤维、硫化剂等。

3.4.2.1 炭黑

炭黑是烃类、含碳化合物等不完全燃烧或裂解形成的微细球状粒子($10\sim30$ nm)的聚集体(150 nm),聚集体由于分子作用力而易形成炭黑附聚体。

炭黑是橡胶工业最重要的增强填料,当它进入橡胶中时,附聚体打开,以炭黑聚集体的形式分散在胶料中。炭黑按制作工艺可分为炉法炭黑、槽法炭黑、热裂法炭黑等。其中,炉法炭黑应用最多,占95％以上。橡胶的加工性能和机械性能主要由炭黑的粒径、结构和表面化学性质决定。炭黑的粒径越细,结构度越高,表面活性越好,其补强性能越好;硫化胶的定伸应力及模量也越高,其回弹性也越差,也会增加混炼难度,使分散不均匀,可填充量小。

3.4.2.2　白炭黑

白炭黑的主要成分是二氧化硅,粒径与炭黑相差不大,活性、补强性很好。白炭黑是当前浅色填料中补强性最好的一种,被广泛应用于浅色胶料中。把白炭黑作为补强填料的橡胶,其抗撕裂性好、产热量小。

白炭黑根据制法不同分为气相法和沉淀法两种。气相法生产的白炭黑的粒径很小,活性相对更高,但成本相对提高。沉淀法生产的白炭黑活性不及气相法生产的白炭黑,但成本较低。

白炭黑表面有很多硅醇基($-Si-OH$),其具有较强的极性、亲水性、反应活性,与非极性或弱极性橡胶的相容性不好,所以需要加入硅烷类偶联剂与其反应,降低其表面活性,让白炭黑更好地分散在橡胶中,改善橡胶的综合性能。

白炭黑会影响胶料的硫化,因此在满足使用条件的前提下,白炭黑加入量不宜过多,且用白炭黑补强的胶料硬度增加明显。

3.4.2.3　纤维

纤维是一类具有很大长径比的材料,可以作为填料加入橡胶中,它具有易取向特性,可提高橡胶的撕裂强度和耐磨性等,增大定伸应力,还可减小胶料的蠕变性。此外,纤维填料还可以改善橡胶基绝热材料的耐烧蚀性能,提高机械性能,并且纤维填料有助于在绝热材料烧蚀过程中形成炭化层的骨架,提高炭化层的强度。目前橡胶类绝热材料中常用的纤维填料有芳纶纤维、碳纤维、高硅氧玻璃纤维等。

3.4.2.3　硫化剂

混炼橡胶在硫化前不具有橡胶特性。硫化是在一定温度、压力条件下,橡胶大分子与硫化剂通过化学交联形成三维网络结构的过程。经过硫化后的橡胶称硫化胶,硫化是橡胶加工中的最后一个工序,可以得到定型的具有实用价值的橡胶制品。在硫化过程中,橡胶材料的物理化学性质发生了根本变化,硫化后硬度增大、拉伸强度增大、弹性增强。

硫化剂分为无机和有机两大类,无机类有硫黄、一氯化硫等,有机类包括有机过氧化物、多硫聚合物等。在橡胶工业生产中,硫黄、过氧化二叔丁基(di-tert-butyl peroxide, DTBP)和过氧化二异丙苯(dicumyl peroxide, DCP)是最常用的硫化剂。

3.4.3　丁腈橡胶绝热材料

丁腈橡胶绝热材料是以丁腈橡胶为基体的柔性绝热材料,具有较小的密度以及优异的抗烧蚀性能、耐老化性、化学稳定性、机械性能和加工性能。丁腈橡胶绝热材料原材料易得且成本低廉,生产工艺简单,使用常规的橡胶生产设备即可生产,是国内早期研制出的固体发动机绝热材料,在我国大型固体发动机绝热层中得到了广泛应用。

3.4.3.1 橡胶基体

丁腈橡胶是由丁二烯（CH_2 ＝CH—CH ＝＝CH_2）和丙烯腈（CH_2 ＝CH—CN）经乳液共聚得到的一种高分子弹性体，其相对分子质量为 70 万左右，化学结构式为

$$+H_2C-CH-CH-CH_2\,+(\, H_2C-CH\,)_m$$
$$\begin{array}{c}|\\C\\|||\\N\end{array}$$

根据结合丙烯腈的含量不同可以分为 5 个品级：①结合丙烯腈量为 42% 以上的极高腈品级；②结合丙烯腈量为 36%～41% 的高腈品级；③结合丙烯腈量为 31%～35% 的中高腈品级；④结合丙烯腈量为 25%～30% 的中腈品级；⑤结合丙烯腈量为 24% 以下的低腈品级。

丁腈橡胶因含有丙烯腈，其腈基吸电子性较强，使烯丙基位置上的氢比较稳定，故其耐热性比天然橡胶等通用橡胶好。丁腈橡胶的耐老化性能优于丁苯橡胶和天然橡胶。水蒸气能加速丁腈橡胶的热氧化，油的种类对热氧化作用影响较小。此外，丁腈橡胶的气密性较好。

3.4.3.2 常用牌号及性能

丁腈橡胶绝热材料常用的牌号有 9621、5-Ⅲ、5-Ⅴ、5-Ⅵ 等。目前这些绝热材料在大型固体发动机绝热层中仍然有应用，其中 9621 应用最多。表 3-8 为常用丁腈橡胶绝热材料的一些性能。

表 3-8 常用丁腈橡胶绝热材料性能

性能及生产单位	芳纶纤维体系	石棉体系	
	D210 丁腈橡胶	9621	改性丁腈橡胶
密度/($g \cdot cm^{-3}$)	1.23	≤1.26	1.22～1.24
线烧蚀率/($mm \cdot s^{-1}$)	0.05	≤0.18	0.043～0.143
拉伸强度/MPa	10	4.4～10.2	4～7
伸长率/(%)	450	≥200	280～750
导热系数/($W \cdot m^{-1} \cdot K^{-1}$)	0.21	0.194	0.259
玻璃化温度/℃	-40.0	-26～-24	-40（脆性温度）
生产单位	中国航天科工集团公司六院 210 所	中国航天科技集团公司四院 43 所	中国航天三江集团江河化工厂

3.4.4 三元乙丙绝热材料

三元乙丙（EPDM）绝热材料是以三元乙丙橡胶为基体，掺入短切纤维、白炭黑、硫化剂和阻燃剂等，混炼均匀、固化而形成的一种弹性热防护材料。EPDM 绝热材料因其密度小、热分解温度高、热分解吸热多、耐热氧老化性能好、充填系数大，与多种推进剂及壳体材料均有良好的相容性，是目前国内外固体发动机燃烧室普遍使用的绝热材料。

3.4.4.1　橡胶基体

乙丙橡胶(Ethylene Propylene Rubber，EPR)是以乙烯和丙烯为主要单体共聚而成的橡胶产品，其主链为饱和链，具有极好的耐化学性、耐辐射性、耐热性、耐老化性和耐候性。此外，乙丙橡胶具有非常好的机械性能和易加工性，因而广泛应用于公共建筑、公共交通、包装材料和电子电器等领域。

从单体的组成上来讲，可以把乙丙橡胶分为两大类——二元乙丙橡胶(EPM)和三元乙丙橡胶(EPDM)。普通的二元乙丙橡胶是通过乙烯、丙烯两种单体共聚而成的，不含有第三单体，其侧链均为饱和键，较为稳定，也意味着它不易硫化，这无疑增加了硫化成本及硫化工艺选择的难度。三元乙丙橡胶是在二元乙丙橡胶的基础上，增加了少量的非共轭二烯烃共聚组分，在其侧链引入了少量的双键，增强了硫化活性，有利于硫化工艺的调控。二烯烃只占很小的比例，仅在 2%～5%之间，主链由化学性能稳定的饱和烃组成，分子内没有极性取代基，且双键居于侧基，使三元乙丙橡胶保持了二元乙丙橡胶的特点，仍是化学稳定性很高的高饱和度弹性体且工艺性能得到了改善。此外，三元乙丙橡胶是以石油气中的乙烯、丙烯为主要原料制得的，资源丰富，价格低廉。

3.4.4.2　性能

EPDM 橡胶密度小(0.85～0.87 g/cm^3)、耐老化且力学性能优异，添加纤维和阻燃剂后可表现出优良的耐烧蚀和隔热性能，因此是固体发动机燃烧室的一种重要绝热材料。从 20 世纪 70 年代中后期，EPDM 绝热材料开始广泛应用于欧美国家的大多数固体发动机燃烧室，EPDM 绝热材料可以有效减小导弹或者火箭的消极质量，我国相关的科研机构在 20 世纪 80 年代也开始研制 EPDM 绝热材料。表 3 - 9 为国内外 EPDM 绝热材料主要性能。

表 3 - 9　国内外 EPDM 绝热材料主要性能

性能	牌号及生产单位(或国家)					
	D302 (西北橡胶 塑料研究 设计院)	J421 (中国航天科 技集团公司四 院 42 所)	EPDM 系列 (中国航天科 工集团公司六 院 46 所)	J - 90 - 1 (中国航天科 技集团公司四 院 43 所)	51 - 2110 (俄)	DL - 2620 (美)
密度/(g·cm^{-3})	1.18	<1.05	<1.08	1.07～1.10	1.04～1.08	1.08
线烧蚀率 /(mm·s^{-1})	<0.10	<0.10	<0.10	0.12～0.14	—	—
拉伸强度/MPa	6～8	>9	5～8	2.5～3.0	9	14
伸长率/(%)	260	>500	≥400	≥400	540	800
导热系数/ (W·m^{-1}·K^{-1})	0.26	>0.23	0.21～0.25	0.228	0.21～0.23	—
黏结强度 /MPa	2.85～3.2	3.52～3.85	≥2.5	≥3.0	—	—

3.4.5 硅橡胶绝热材料

硅橡胶主链由硅原子和氧原子交替构成,硅原子上通常连有两个有机基团(甲基、乙烯基、苯基等)。硅橡胶结构中既含有有机基团,又含有无机结构,这种特殊的组成和分子结构使它结合了有机物的特性和无机物的功能,具有耐高/低温、耐腐蚀、耐臭氧、难燃、无毒、无腐蚀和生理惰性等很多优异性能。

硅橡胶绝热材料在烧蚀过程中可形成玻璃态的类陶瓷层,具有耐热性能好、抗氧化性能好、通用性强等特点,深受国内外研究者的青睐。因此硅橡胶绝热材料成为近年来国内外研究和应用较多的固体发动机绝热材料。

3.4.5.1 橡胶基体

硅橡胶是由二甲基硅氧烷与其他有机硅单体,在酸或者碱性催化剂的作用下,聚合制成的一种线性高分子弹性体。按照硫化温度不同可分为高温硫化型硅橡胶(Heat Temperature Vulcanized - silicone Rubber,HTVR)和室温硫化型硅橡胶(Room Temperature Vulcanized-silicone Rubber,RTVR)。高温硫化型硅橡胶主要用于制造各种硅橡胶制品,而室温硫化型硅橡胶则主要是作为黏结剂、灌封材料或模具使用,因此这里主要介绍高温硫化型硅橡胶。

根据接入链节比例和侧链中有机基团的不同,高温硫化型硅橡胶又可分为二甲基硅橡胶(MQ)、甲基乙烯基硅橡胶(VMQ,用量及产品牌号最多)、甲基乙烯基苯基硅橡胶(PVMQ,耐低温、耐辐射)以及氟硅橡胶(FVMQ)4 种。

硅橡胶分子间作用力小,容易发生滑移,因此硅橡胶的拉伸强度以及黏结强度都很低。不添加任何助剂的纯硅橡胶试样其拉伸强度只有 0.35 MPa,因此需添加补强填料和增黏剂后才可在实际应用中发挥作用。此外,随着温度的升高,硅橡胶的拉伸强度、剪切强度和断裂伸长率会随之下降。

硅橡胶是一种分子键兼具无机和有机性质的高分子弹性材料,它的主链由硅氧键(—Si—O—Si—)交替形成,硅氧键键能高达 443.7 kJ/mol,大于一般橡胶的 C—C 结合键能(345.7 kJ/mol),硅氧键较 C—C 键具有更明显的离子特征,需要更高的能量才能使主链断裂,因此硅橡胶具有较好的热稳定性。在 150 ℃下其物理机械性能基本不变,可半永久使用;在 200 ℃下可连续使用 10 000 h 以上;在 380 ℃下可短时间使用。

硅橡胶不易燃烧,其燃点为 450 ℃,闪点高达 750 ℃,燃烧后生成二氧化硅、水和二氧化碳等物质,无有毒物质和腐蚀性气体产生。硅橡胶在燃烧过程中,硅氧键会在有氧条件下转化为硅质/碳质炭化层,最终的残渣为 SiO_2 复合物。SiO_2 残渣可以作为保护层阻止氧化气体和热量进一步向内传递,阻隔和减缓硅橡胶复合材料内部进一步传热和烧蚀,这种屏蔽作用可以为硅橡胶复合材料的耐热性提供基础。SiO_2 复合物在高温条件下还可以与添加的无机填料发生共晶反应,形成液相黏结在填料和基体的热解产物之间并形成陶瓷层,陶瓷层也能够阻隔空气和热量的传递。因此,和其他高分子材料相比,硅橡胶具有较高的热稳定性和阻燃性能。

3.4.5.2 主要性能

表 3-10 给出了一种典型的硅橡胶绝热材料的主要配方,它是美国道康宁公司研发的

DC93-104,表3-11为其主要性能数据。它主要由硅橡胶、二氧化硅、碳化硅和短切碳纤维组成,耐烧蚀性能非常优异,但材料强度和延伸率较低。这种硅橡胶绝热材料在美国的整体式冲压发动机上经历了 9 min 的烧蚀试验,并通过高空爬升和俯冲的飞行试验。此后DC93-104 绝热材料被应用于美国多种型号的冲压发动机。

表 3-10　DC93-104 硅橡胶绝热材料主要配方组成

组分	质量分数/(%)
甲基硅橡胶	15.2
苯基硅橡胶	35.4
二氧化硅	42.0
碳化硅	4.1
碳纤维	3.3

表 3-11　DC93-104 硅橡胶绝热材料主要性能参数

性能	数值
拉伸强度/MPa	1.5
延伸率/(%)	55.0
邵氏硬度	72.0
密度/(g·cm^{-3})	1.47
导热系数/(W·m^{-1}·K^{-1})	0.35
比热容/(J·kg^{-1}·K^{-1})	4187
线烧蚀率/(mm·s^{-1})	0.064

3.5　酚醛树脂基复合材料

酚醛树脂成碳率高,热解可产生环形结构,耐烧蚀性能优异,形成的炭化层坚硬,再加上酚醛树脂的低成本、优异工艺性等特点,使其成为耐烧蚀树脂基体的首选。高性能酚醛树脂基复合材料主要由增强相纤维材料和基体酚醛树脂材料组成。烧蚀过程中,树脂炭化分解带走热量,纤维则起支撑维持烧蚀过程中形成的基体炭的作用,纤维和树脂间的界面,使之能维持烧蚀前后材料的整体性。高性能酚醛树脂基复合材料具备高强、高模、轻质、抗疲劳、耐高温、减震、易加工成型等优势,在航空航天等领域得到了广泛应用。目前常用的酚醛树脂基复合材料主要是碳纤维/酚醛复合材料和高硅氧纤维/酚醛复合材料。

3.5.1　制备方法

根据防热部件形状及性能要求的不同,酚醛树脂基烧蚀防热部件所采用的成型工艺主要包括传统的模压成型工艺、缠绕成型工艺和树脂传递模塑(Resin Transfer Molding,

RTM)成型工艺。

3.5.1.1 模压成型工艺

模压成型工艺通常采用短纤维或碎布作为增强料,浸渍树脂制成预浸料,将其放入预热的压模内,施加较大的压力使模压料充满模腔,在预定的温度条件下,模压料在模腔内逐渐固化,然后从压模中取出制品,进行必要的辅助加工。模压料、压模模具、加压加温用的热压机以及压膜工艺等都可能影响制品的最终质量。

模压成型工艺的优点是工艺相对简单、生产效率高、制作成本低、制品尺寸准确、表面光洁、适用于大批量生产,结构复杂的制品可以一次成型,无须有损于制品性能的辅助加工(如车、铣、刨、磨、钳等),制品的外观及尺寸的重复性好。其缺点是、模具设计与制造复杂、初次投资较高、易受设备限制、一般只限于中小型制品的批量生产;所得制品强度较低,烧蚀性能较差,容易发生表面剥蚀和掉渣,烧蚀型面重现性不好;一般用于小型收敛段和固定体绝热层等构件的制备。

3.5.1.2 缠绕成型工艺

布带缠绕材料的增强材料一般为平纹、斜纹或缎纹布等织物,成型技术包括平行缠绕、重叠缠绕和斜向缠绕 3 种。平行缠绕材料中布带平行于构件的外表面,为了避免逐层剥离,平行缠绕材料应避免在耐烧蚀衬层中应用,但可用于绝热层制作。重叠缠绕材料中布带平行于构件中心线,斜向缠绕材料中布带与构件中心线成一定夹角,即缠绕角,这两种结构具有良好的抗冲刷特性,一般用于耐烧蚀衬层。布带斜向缠绕材料中,布带缠绕角决定了材料的抗烧蚀性能和热影响区的深度。对于同种材料,随着布带缠绕角的增大,材料的抗冲刷性能提高,热影响区深度增大。因此,布带斜向缠绕材料通常应用于喷管的强烧蚀区域,例如喉部和扩张段入口端等。布带重叠缠绕材料通常用于喷管烧蚀率相对较弱的区域,例如扩张段出口端和固定体等,"阿里安"5 和三叉戟Ⅰ的喷管扩张段出口分别采用高硅氧/酚醛和低密度碳布/酚醛平行缠绕成型。

布带缠绕成型复合材料具有的优点包括:比强度高;质量稳定可靠,便于大批量生产,制品成本可大大降低。但是由于传统酚醛树脂在固化过程中释放出水、甲醛及其他气体小分子,材料内部和表面会产生细小孔隙。此外,树脂固化产物的脆性比较大,这些缺点导致以布带缠绕工艺制备的酚醛树脂基复合材料的力学强度低,烧蚀性能差。其中最突出的问题就是层间强度低,在受到高温、高压燃气流冲刷时,易发生布带层间开裂。为了保证材料满足特定工作时间的烧蚀要求,需要增加缠绕的厚度,但是,该解决方案又增加了材料的质量,从而影响了发动机的性能。此外,布带重叠缠绕工艺也不适合大尺寸和复杂形状耐烧蚀构件的制备。因此,为了适应固体火箭发动机日益提高的性能要求,在喷管耐烧蚀部件制备过程中,需要采用新的工艺和材料体系。

3.5.1.3 RTM 成型工艺

RTM 成型工艺的基本原理是将玻璃纤维或其他增强材料铺放到特定尺寸可闭模的模腔内,用压力(或真空辅助)将树脂胶液注入模腔,浸透增强材料,然后固化,脱模成型,从而得到制品。

与其他复合材料成型方法相比,RTM 成型工艺具有如下显著的优点:①良好的产品表面质量;②高精度的产品尺寸;③较低的制造成本;④易于实现复杂结构;⑤模具是封闭的,生产过程挥发较少,有利于操作人员的身体健康及环境保护。近年来,在民用、军用及航空航天领域,RTM 工艺被认为是大型纤维增强树脂基复合材料的低成本制备技术。

体积较大的耐烧蚀复合材料部件对树脂的性能要求比较苛刻,现有的 RTM 树脂不是针对大型耐烧蚀复合材料部件专用研发的树脂,在使用过程中,树脂体系存在黏度高、工艺适用期黏度变化大、残炭率低、挥发成份或者溶剂含量高等不足,因此,RTM 成型工艺不适用于大型耐烧蚀部件,目前应用于航天器上的耐烧蚀防热构件主要还是采用布带缠绕、模压等传统工艺技术制备。

3.5.2　玻璃纤维/酚醛复合材料

高硅氧纤维和石英纤维是不同类型的玻璃纤维,二者的差异在于 SiO_2 的质量分数。高硅氧纤维 SiO_2 的质量分数为 $96\%\sim98\%$,经高温烧蚀后熔化吸收热量,转化形成 SiO_2/C 复合体系,该复合体系在 1 700 ℃以上时,表面层上的熔融 SiO_2 将包裹 C 颗粒形成整体,其生成黏度很高,不易被热流剥离、吹损。因其价格低廉且具有优良的防/隔热性能,被广泛用于固体火箭发动机的喷管燃气流速相对较小区域以及高超声速飞行器的防/隔热部件上,在高速、高加速工况下的气动加热环境中,高硅氧/酚醛复合材料的强度低、抗气流冲刷剥蚀性差,不能满足防热层的要求。

石英纤维 SiO_2 含量达 99.9%以上,强度、模量等优于高硅氧纤维,耐温性仅次于碳纤维,然而其成本较高,不适用于大面积防热,而且在高速、高加速飞行过程中,材料仍然会因高速气流冲刷剥蚀而产生表面液层流失和微粒剥蚀现象,导致额外质量损失,甚至分层脱落、最终瓦解。表 3-12 给出了典型玻璃纤维/酚醛复合材料的主要性能参数。

表 3-12　玻璃纤维/酚醛复合材料的主要性能参数

性能及生产单位	高硅氧纤维模压成型	高硅氧布缠绕成型	石英纤维模压成型	2.5D 石英纤维 RTM 成型	石英纤维布 RTM 成型	石英针刺 RTM 成型
密度/(g·cm⁻³)	1.6~1.7	1.6~1.8	1.6~1.7	1.5	—	1.6
拉伸强度/MPa	30~50	60~110	42.1	90~120	572	120
断裂延伸率/(%)	1.05	—	0.72	0.8~3.6	2.4	—
导热系数/(W·m⁻¹·K⁻¹)	0.4~0.5	—	0.5	0.386	—	—
线烧蚀率/(mm·s⁻¹)	0.1~0.13	<0.15	0.1	0.12~0.17	0.092	0.137
生产单位	中国航天科技集团公司一院 703 所	中国航天科技集团公司四院 43 所	中国航天科技集团公司一院 703 所	中国航天科技集团公司一院 703 所	国防科技大学航天与材料工程学院	中国航天科技集团公司四院 43 所

3.5.3 碳纤维/酚醛复合材料

碳纤维/酚醛(简称碳/酚醛)复合材料中碳纤维的含碳量超过90%,碳纤维并不是随机无序排列的,而是通过碳黏结点搭接成三维网络空间结构,该结构具有较好的稳定性,并且可形成更多的内部界面,增大了孔隙率,从而增强了纤维空间网络的稳定性。

碳/酚醛复合材料具有优异的高温力学强度和高温破裂韧性,耐高温烧蚀,抗热流冲击,可满足航空航天领域多种类型热防护的要求。碳/酚醛复合材料工艺性能好,可用缠绕、模压等多种方法制备,质量稳定性好,在非氧化条件下其抗烧蚀性能优于高硅氧/酚醛复合材料,主要用作固体发动机喷管扩张段绝热层、喉衬、收敛段绝热层等强剥蚀环境,但其制作成本较高。表3-13给出了典型的碳/酚醛复合材料的主要性能参数。

表3-13 碳/酚醛复合材料的主要性能参数

性能及生产单位	碳纤维模压成型	碳布模压成型	2.5D碳纤维RTM成型	碳布缠绕成型	针刺毡RTM成型
密度 /(g·cm⁻³)	—	—	1.4~1.5	1.395	1.393
拉伸强度 /MPa	149~341	350~410	278	100~180	238
线烧蚀率 /(mm·s⁻¹)	<0.08	0.03~0.04	0.024	<0.08	0.036
生产单位	山东非金属材料研究所	中国航天科技集团公司四院43所	北京玻钢院复合材料有限公司	中国航天科技集团公司四院43所	中国航天科技集团公司四院43所

习　　题

1. 单选题

(1)下列哪种纤维的比拉伸强度最高？ （　　）

    A. 芳纶纤维 　　　　B. 碳纤维 　　　　C. 玻璃纤维

(2)下列纤维中比拉伸模量最高的是 （　　）

    A. 芳纶纤维 　　　　B. 碳纤维 　　　　C. 玻璃纤维

2. 多选题

(1)固体火箭发动机热防护的要求是什么？ （　　）

    A. 保证发动机结构不失强

    B. 保证气动型面不过度变形

C.保证发动机燃烧的稳定性

(2)下列属于热固性材料的有 　　　　　　　　　　　　　　　　　　　　　　（　　）

　　A.环氧树脂　　　　　　　　　B.酚醛树脂　　　　　　　　C.聚氯乙烯

(3)碳/碳复合材料常用的制备工艺有 　　　　　　　　　　　　　　　　　　（　　）

　　A.化学气相沉积　　　　　　　B.化学气相渗透　　　　　　C.沥青浸渍热解工艺

(4)橡胶基绝热材料常用的填料有 　　　　　　　　　　　　　　　　　　　　（　　）

　　A.芳纶纤维　　　　　　　　　B.二氧化硅（白炭黑）　　　C.石棉纤维

(5)贴壁浇注的固体火箭发动机,燃烧室常用的热防护材料有 　　　　　　　　（　　）

　　A.石墨　　　　　　　　　　　　　　　　　　　　B.丁腈绝热材料

　　C.三元乙丙绝热材料　　　　　　　　　　　　　　D.钨合金

(6)碳/碳复合材料有什么特点？ 　　　　　　　　　　　　　　　　　　　　（　　）

　　A.具有低密度、耐高温、抗烧蚀、耐腐蚀和热膨胀系数小等优点

　　B.力学性能优异,当温度低于 2 200 ℃时,力学性能随温度升高不降反升

　　C.耐热震性、吸振性、耐摩擦性好,以及性能的可设计性好等优点

(7)不适合用于喷管喉衬的热防护材料有 　　　　　　　　　　　　　　　　（　　）

　　A.碳/碳复合材料　　　　　　　　　　　　　　　B.硅橡胶绝热材料

　　C.石墨　　　　　　　　　　　　　　　　　　　　D.三元乙丙绝热材料

(8)喷管扩张段常用的热防护材料有哪些？ 　　　　　　　　　　　　　　　（　　）

　　A.高硅氧/酚醛复合材料　　　　　　　　　　　　B.丁腈绝热材料

　　C.碳/酚醛复合材料　　　　　　　　　　　　　　D.碳/碳复合材料

(9)下列属于炭化类热防护材料的有 　　　　　　　　　　　　　　　　　　（　　）

　　A.石墨　　　　　　　　　　　　　　　　　　　　B.丁腈绝热材料

　　C.三元乙丙绝热材料　　　　　　　　　　　　　　D.碳/酚醛复合材料

(10)固体火箭发动机绝热层的作用有哪些？ 　　　　　　　　　　　　　　　（　　）

　　A.保证壳体结构完整性

　　B.赋予复合材料壳体气密性

　　C.缓冲壳体与推进剂之间的应力传递

　　D.阻止燃烧产物对壳体的冲刷

(11)对固体火箭发动机燃烧室绝热层材料的要求包括 　　　　　　　　　　（　　）

　　A.低密度　　　　　　　　　　　　　　　　　　　B.高硬度

　　C.低导热系数　　　　　　　　　　　　　　　　　D.耐烧蚀

(12)通常对固体火箭发动机喉衬材料有什么要求？ 　　　　　　　　　　　（　　）

　　A.低烧蚀率　　　　　　　　　　　　　　　　　　B.良好的物理机械性能

　　C.工艺性好　　　　　　　　　　　　　　　　　　D.抗热震性能好

第4章 绝热材料烧蚀机理

固体火箭发动机环境下绝热材料的烧蚀过程通常包含热分解、热化学烧蚀、气流剥蚀和粒子侵蚀等过程,本章将分别进行介绍。绝热材料热分解后会形成炭化层,炭化层是绝热材料抵御烧蚀的重要屏障,也是热化学烧蚀、剥蚀和侵蚀作用的对象,深入了解炭化层特性对于揭示烧蚀机理有着重要的作用。

4.1 烧蚀实验方法

虽然目前针对绝热材料烧蚀已经建立了一些烧蚀模型和烧蚀预示方法,但是基于烧蚀的复杂性,对于新材料和新的烧蚀环境,采用理论计算很难获得准确的烧蚀性能,往往需要通过实验进行研究。下面介绍两种主要的烧蚀实验方法——氧-乙炔烧蚀法和常规烧蚀发动机法。

4.1.1 氧-乙炔烧蚀法

氧-乙炔烧蚀法是利用氧气和乙炔燃烧产生高温燃气,在常压下对绝热材料进行烧蚀。氧-乙炔喷枪是很常用的加热装置,经常用来进行切割和焊接。氧-乙炔烧蚀法的基本原理与氧-乙炔喷枪是基本一样的,但是针对烧蚀的需要制定了国军标《烧蚀材料烧蚀试验方法》(GJB 323B—2018),对实验条件进行规定。国军标规定的条件如下:

火焰热流密度:$4\,186.8 \times (1 \pm 10\%)$ kW/m^2。

氧气:流量 1.512 m^3/h,压强 0.4 MPa。

乙炔:流量 1.116 m^3/h,压强 0.095 MPa。

试件初始表面到火焰喷嘴距离:(10 ± 0.2) mm。

烧蚀时间:(20 ± 0.2) s。

火焰烧蚀角度:$(90 \pm 3)°$。

火焰喷嘴直径:$\Phi 2^{+0.05}_{0}$ mm。

试样直径 $\Phi 30^{-0.2}_{-0.4}$ mm,厚度(10 ± 1)mm。

每组有效试件数量不少于 5 个。

图 4-1 为氧-乙炔烧蚀实验系统示意图,图 4-2 为进行氧-乙炔烧蚀实验时的照片。氧-乙炔烧蚀法的优点包括建造和实验费用低、操作简单、安全性好等,其缺点包括很难真实模拟固体发动机的高压、燃气组分以及粒子侵刷等状态,对于过载、粒子侵蚀等烧蚀环境,很

难测试出绝热材料真实的烧蚀性能。因此氧-乙炔烧蚀法虽然是国家标准,但是通常只适合绝热材料烧蚀性能的初步筛选。要准确评定绝热材料的烧蚀性能,还需要进行发动机实验或者模拟发动机实验。

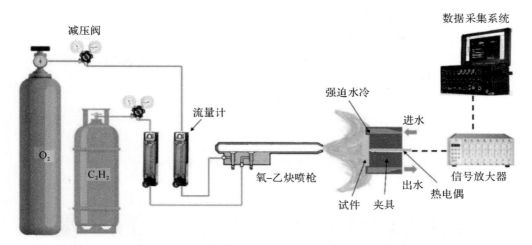

图 4 - 1　氧-乙炔烧蚀实验系统

图 4 - 2　氧-乙炔烧蚀实验

4.1.2　常规烧蚀发动机法

图 4 - 3 为常规烧蚀发动机的结构示意图,主要由燃烧室、固体推进剂装药、低速段、过渡段、高速段和喷管组成。可以看出,常规烧蚀发动机实际上是一个小型固体发动机,它采用真实的固体推进剂,包含低速段、变速段和高速段,每段均可同时放置多片绝热材料试件。图 4 - 4 为烧蚀实验前、后绝热材料试件的照片。

与氧-乙炔烧蚀法相比,常规烧蚀发动机法的主要优点:可真实模拟固体发动机烧蚀环境;在一次烧蚀实验中可同时放置很多试件,可获得 3 种速度条件。其主要缺点:属于火工品实验,需要专门的火工品实验场地;实验费用相对较高。常规烧蚀发动机可以用来考核和筛选绝热材料,研究气流速度等燃烧室环境参数对绝热材料抗烧蚀性能的影响。

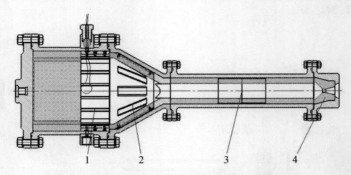

图 4-3　常规烧蚀发动机结构示意图
1—低速段;2—过渡段;3—高速段;4—喷管

(a)　　　　　　　　　　　　　　(b)

图 4-4　烧蚀实验前、后的绝热材料试件照片
(a) 实验前;(b) 实验后

4.1.3　烧蚀率

表征绝热材料烧蚀性能的主要参数是烧蚀率。烧蚀率的定义是单位时间内材料的烧蚀量,这个量可以是厚度,也可以是质量,因此一般有 3 种烧蚀率,其定义如下:

质量烧蚀率=(烧蚀前质量-烧蚀后质量)/烧蚀时间

线烧蚀率=(烧蚀前厚度-烧蚀后厚度)/烧蚀时间

炭化速率=(烧蚀前厚度-剥去炭化层后的厚度)/烧蚀时间

需要注意的是,在相同材料、相同烧蚀条件下,试件大小不同,质量烧蚀率就不一样。不同类型烧蚀实验试件大小是不一样的,这使得质量烧蚀率之间缺乏可比性。因此为了便于比较,也有将质量烧蚀率除以烧蚀面积的,即单位面积的质量烧蚀率。另外,炭化速率(炭化烧蚀率)是不包含炭化层的,实验后需要人为将炭化层剥去。既然有了线烧蚀率,为什么还要炭化速率呢? 这是因为,绝热材料起绝热作用的主要是原始层(基体),当绝热材料只剩下炭化层时,就已经不具有保护壳体的作用了,所以用炭化速率可以表征有效绝热厚度的退移速率。在工程中,橡胶基绝热层一般主要关注的是炭化速率,质量烧蚀率和线烧蚀率只是作为参考。有时候这三种烧蚀率的变化规律并不一致,例如可能会出现材料 A 的线烧蚀率比材料 B 的大,但是质量烧蚀率却比材料 B 的小。

4.2　热　分　解

热分解是指加热升温使化合物分解的过程。比如,橡胶燃烧会产生大量的黑烟,同时橡胶也会缓慢地发生变化,最后剩下类似炭一样的残余物,这个过程其实就包含橡胶的热分解。橡胶基绝热材料的基体是橡胶,因此绝热材料受热达到一定温度,也会发生类似的热分解过程,其主要特征是:吸收大量热量,产生很多气体,自身质量减少,材料自身发生炭化。

热分解有两个重要的特征温度:一是热解温度,指材料开始发生热分解的温度;二是炭化温度,指材料接近完全炭化的温度。

绝热材料热分解的一般过程是:当绝热材料刚开始受热时,温度还未达到材料的热分解温度,绝热材料不会发生明显的分解,只是传热的过程;当温度高于热分解温度时,开始发生热分解,吸收热量,产生气体,质量减少,并逐渐开始炭化;当温度超过炭化温度时,绝热材料已接近完全炭化,此时热分解过程基本结束。

绝热材料的导热系数都非常低,虽然发动机燃烧室内的温度很高,但绝热层内的温度是逐步升高的,从表面向内部温度也是从高到低分布的。绝热材料受热后从接触高温燃气的表面向内部一般会形成 3 层(见图 4-5):第一层是温度高于炭化温度的,称为炭化层;第二层是温度介于热解温度和炭化温度之间的薄层,热分解主要发生在这一层,称为热解层,其厚度一般较薄;第三层是温度低于热解温度的部分,只有传热,称为原始层(基体层)。

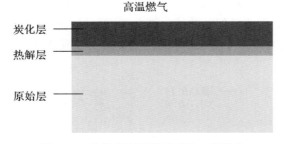

高温燃气

炭化层

热解层

原始层

图 4-5　绝热材料受热形成的 3 层结构

研究绝热材料热分解需要获得哪些参数呢?①要获得热解温度和炭化温度,因为它们相当于热分解的起始和终了温度,也是区分 3 层结构的重要参数。②需要获得热分解完成后的残炭率,残炭率指绝热材料完全分解后残留的质量与初始质量的比值。③要获得热解潜热,热分解过程一般都是吸热的,而且吸热量越大对于热防护越有利,通常把单位质量的材料在热解过程的吸热量称为热解潜热。④要获得绝热材料热分解的速率,一般通过研究热分解反应动力学得到。此外,有时候还需要获得热分解产物组成和含量等参数。上述这些参数一般很难通过理论计算获得,往往需要通过实验来获得。

4.2.1　热分解特性常用测试方法

热分解特性研究需要获得的主要参数有热解温度、炭化温度、残炭率、热解潜热、热解速率和热解产物等,获得这些参数常用的测试方法有热重分析、差示扫描量热法、裂解气相色谱/质谱联用技术。

热重分析(Thermogravimetric Analysis,TG 或 TGA)是一种常用的热分析方法,主要用来分析材料的热稳定性。热重分析采用的仪器叫热重分析仪(见图 4-6),是按照预先设定的升温速率对样品进行加热,同时实时测量样品质量,这样就可以获得样品受热过程质量随温度或者时间的变化曲线,该曲线称为热重曲线,或者 TG 曲线。绝热材料热分解过程是个质量减少的过程,显然通过热重分析可以获得很多重要的热分解特性,例如炭化温度和残炭率等。

图 4-6　热重分析仪

图 4-7 给出了绝热材料典型的 TG 曲线,图中有两条曲线,分别是基础配方和碳纳米管(CNTs)配方。基础配方是一种 EPDM 绝热材料,主要成分是 EPDM 橡胶、气相二氧化硅、芳纶纤维、硼酸锌和硫化剂等,CNTs 配方则是在基础配方中添加 CNTs 的绝热材料。以基础配方的 TG 曲线为例,可以看出,当温度低于 150 ℃时,绝热材料质量变化很小;当温度在 150～430 ℃区间时,材料质量开始缓慢减少;当温度在 430～500 ℃区间时,质量快速减少,从 430 ℃的 90% 减少到 500 ℃的 30%;500 ℃之后质量减少变得相对缓慢;当温度大于 650 ℃时曲线变得平缓,质量随温度变化非常小,900 ℃时的质量为初始的 16%。

为了获得更多的信息,还经常采用导热热重分析(DTG)曲线。DTG 曲线就是将 TG 曲线对时间求导数,得到温度或时间的曲线。图 4-8 就是图 4-7 的 DTG 曲线,可以看出,质量变化的最大峰值出现在 480 ℃,还有其他的质量变化峰值,这些信息在 TG 曲线上很难直接观察得出。

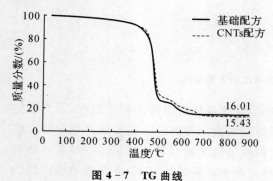

图 4-7　TG 曲线

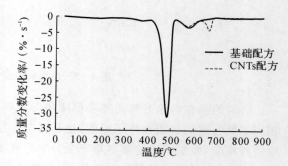

图 4-8　DTG 曲线

差示扫描量热法(Differential Scanning Calorimetry,DSC)也是一种常用的热分析法,它可以测量加热过程样品的吸热和放热特性。差示扫描量热仪(见图 4-9)的工作原理是:同时加热试样和一个性质稳定且物性已知的参比物,将两者都加热到相同的温度,测量输入试样和参比物的功率差,这个功率差体现了试样的吸热或放热速率。随着温度按照预定程序升高,就可以获得功率差(热流率)与温度的关系。DSC 仪记录的曲线称为 DSC 曲线,图 4-10 为典型 DSC 曲线的示意图,它以样品吸热或放热的速率,即焓随时间的变化率($\mathrm{d}H/\mathrm{d}t$)为纵坐标,以温度 T 或时间 t 为横坐标。DSC 可以测定多种热力学和动力学参数,例如比热容、反应热、转变热、相图、反应速率、结晶速率、高聚物结晶度、样品纯度等。这里主要用 DSC 获得绝热材料热分解特性和热解潜热。

如何获得热解温度和炭化温度呢? 由于 TG 曲线反映了热分解过程绝热材料质量的变化,因此理论上是可以获得热解温度和炭化温度的。但是很多情况下 TG 起始阶段质量变化是非常平缓的,很难找到一个起始的特征点,此时可以通过 DSC 曲线来确定。因此:热解温度可以取 TG 曲线质量显著下降点的温度,或者 DSC 曲线上有明显吸热点的温度;而炭化温度则取 TG 曲线上绝热材料质量接近稳定前(5%)所对应温度。

图 4-9　差示扫描量热仪

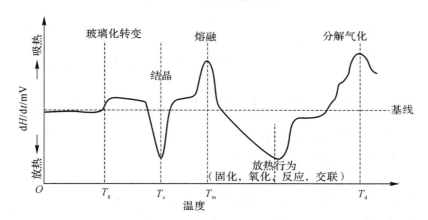

图 4-10　典型的 DSC 曲线

为了获得热分解产物组分,还需要用到裂解气相色谱/质谱联用技术。气相色谱(Gas Chromatography)是利用气体作为流动相的色层分离分析方法,其工作原理是气化的试样被载气(流动相)带入色谱柱中,柱中的固定相与试样中各组分分子作用力不同,各组分从色谱柱中的流出时间不同,组分彼此分离。

质谱仪(Mass Spectrometry)又称质谱计,是一种分离和检测不同同位素的仪器,根据带电粒子在电磁场中能够偏转的原理,按物质原子、分子或分子碎片的质量差异进行分离和检测物质组成。

裂解气相色谱/质谱联用技术则在气相色谱和质谱仪的基础上增加了加热裂解的装置,使试样发生裂解,产生裂解气体,以便气相色谱和质谱仪进行测量。

4.2.2 绝热材料热分解特性

下面以典型 EPDM 绝热材料为代表,介绍橡胶基绝热材料的热分解特性。

图 4-11 为不同升温速率(10 ℃/min、20 ℃/min、50 ℃/min)下的 EPDM 绝热材料热分析曲线。由图可见,EPDM 绝热材料在 200 ℃ 以前就开始缓慢失重,460 ℃ 失重达到约 10%,这主要对应于小分子化合物的挥发,从 460~560 ℃ 的最大热失重对应于基体材料 EPDM 橡胶的热分解,失重约 65%,对应热效应为吸热 320 J/g,EPDM 绝热材料在 600 ℃ 残留质量约 25%。可以看出升温速率对于绝热材料的热分解特性有明显影响。

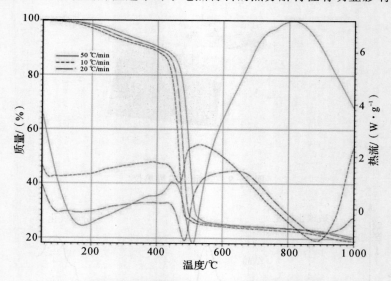

图 4-11 不同升温速率下的 EPDM 绝热材料热分析曲线

表 4-1 为采用裂解气相色谱/质谱联用技术在 800 ℃ 条件下对 EPDM 绝热材料分解产物鉴定的结果。共检出分解产物 41 种,来源于基体材料热分解产生的小分子烯烃类物质占气相产物总量的 82%。

研究发现,热解温度、炭化温度与升温速率有明显的依赖关系,将热失重曲线上所得热解温度、炭化温度数据与升温速率进行拟合,可得如下关系式:

$$t_1 = \frac{10000}{15.147 - 0.3651 \times \ln\beta} - 273.15 \qquad (4-1)$$

$$t_2 = \frac{10000}{14.038 - 0.3974 \times \ln\beta} - 273.15 \qquad (4-2)$$

式中：t_1 为热解温度，单位为℃；t_2 为炭化温度，单位为℃；β 为升温速率，单位为℃/min。通过上述公式，可计算出不同升温速率条件下绝热材料的热解温度和炭化温度。

表 4-1　EPDM 绝热材料 800 ℃分解产物

序号	化合物名称	含量/(%)	序号	化合物名称	含量/(%)
1	甲烷	4.81	22	1-己烯	0.91
2	乙烷	2.92	23	苯	4.59
3	乙烯	15.79	24	1,3-环己二烯	0.81
4	丙烷	1.21	25	甲苯	3.35
5	丙烯	17.41	26	1-辛烯	0.16
6	异丁烯	0.18	27	乙苯	0.54
7	未知1	1.33	28	间二甲苯	0.67
8	1-丁烯	7.94	29	苯乙烯	1.03
9	2,2-二甲基丙烷	0.22	30	苯异氰酸酯	0.14
10	2-甲基-1-丙烯	6.17	31	1-乙基-2-甲基苯	0.20
11	未知2	0.82	32	苯胺	0.80
12	1,3-丁二烯	9.15	33	苯甲腈	1.61
13	1-丙炔	0.36	34	苯酚	0.38
14	环戊烯	0.82	35	茚烯	0.60
15	2-戊烯	0.80	36	2-甲基苯酚	0.22
16	1-戊烯	1.54	37	1-甲基茚烯	0.42
17	3-甲-1-丁烯	2.71	38	萘烯	0.67
18	未知3	0.51	39	1,4-苯二甲腈	0.32
19	2-甲基-1,3-丁二烯	6.04	40	2-甲基萘烯	0.34
20	1,2-戊二烯	0.36	41	1-甲基萘烯	0.24
21	1,3-戊二烯	0.90	—	—	—
合计		81.99	合计		18.01

4.2.3　热分解动力学

热分解动力学主要表征热分解反应的速度，下面简要介绍热分解动力学的计算和分析方法。

1.热分解动力学分析方法

通常情况下，热分解反应可以写为

$$A(s) \rightarrow B(s) + C(g) \qquad (4-3)$$

用微分形式描述的反应动力学方程为

$$\frac{\mathrm{d}\alpha}{\mathrm{d}t} = k(T)f(\alpha) \tag{4-4}$$

式中:t 为时间;α 为 t 时刻物质 A 已反应的百分数;$\mathrm{d}\alpha/\mathrm{d}t$ 为反应速率;$k(T)$ 为反应的速率常数;$f(\alpha)$ 为微分形式的动力学机理函数。

也可以采用积分形式来描述反应动力学:

$$G(\alpha) = k(T)t \tag{4-5}$$

式中:$G(\alpha)$ 为积分形式的动力学机理函数,它与微分形式的动力学机理函数 $f(\alpha)$ 之间的关系为

$$f(\alpha) = \frac{1}{G'(\alpha)} = \frac{1}{\mathrm{d}[G(\alpha)]/\mathrm{d}\alpha} \tag{4-6}$$

反应速率常数 $k(T)$ 可以采用阿累尼乌斯公式表示:

$$k = A\mathrm{e}^{-\frac{E_a}{RT}} \tag{4-7}$$

式中:A 为指前因子;E_a 为表观活化能;R 为普适气体常数,$R = 8.314\ \mathrm{J/(mol \cdot K)}$。

将式(4-7)代入式(4-4)中得到反应动力学的一般表达式:

$$\frac{\mathrm{d}\alpha}{\mathrm{d}t} = k(T)f(\alpha) = A\mathrm{e}^{-\frac{E_a}{RT}}f(\alpha) \tag{4-8}$$

式中:指前因子 A、表观活化能 E_a 和反应机理函数 $f(\alpha)$ 称为动力学三因子。研究热分解反应动力学的过程主要是获取动力学三因子的过程,其中最为关心的是表观活化能 E_a,活化能越大,说明热解需要的能量越高,其热稳定性越好。

通常进行反应动力学实验时是按照某个升温速率进行加热的,则某个时间的温度可表示成 $T = T_0 + \beta t$,其中 t 为时间,T_0 为初始时刻温度,β 为升温速率。反应百分数 α 对时间的导数可转换为对温度的导数:

$$\frac{\mathrm{d}\alpha}{\mathrm{d}t} = \frac{\mathrm{d}\alpha}{\frac{\mathrm{d}T}{\beta}} = \beta\frac{\mathrm{d}\alpha}{\mathrm{d}T} \tag{4-9}$$

将式(4-9)代入式(4-8)中可得

$$\frac{\mathrm{d}\alpha}{\mathrm{d}T} = \frac{1}{\beta}kf(\alpha) = \frac{1}{\beta}A\mathrm{e}^{-\frac{E_a}{RT}}f(\alpha) \tag{4-10}$$

整理式(4-10)并对两边同时积分可得

$$\int_0^\alpha \frac{\mathrm{d}\alpha}{f(\alpha)} = \frac{A}{\beta}\int_{T_0}^T \mathrm{e}^{-\frac{E_a}{RT}}\mathrm{d}T = \frac{A}{\beta}\Lambda(T) \tag{4-11}$$

令

$$G(\alpha) = \int_0^\alpha \frac{\mathrm{d}\alpha}{f(\alpha)} = \frac{A}{\beta}\int_{T_0}^T \mathrm{e}^{-\frac{E_a}{RT}}\mathrm{d}T \tag{4-12}$$

$$\Lambda(T) = \int_{T_0}^T \mathrm{e}^{-\frac{E_a}{RT}}\mathrm{d}T \tag{4-13}$$

式(4-12)是反应机理函数的积分形式,式(4-13)也称温度积分或 Boltzmann 因子积分。令

$$u = \frac{E_a}{RT} \tag{4-14}$$

则有

$$dT = d\frac{E_a}{uR} = -\frac{E_a}{Ru^2}du \tag{4-15}$$

将式(4-15)代入式(4-12)可得

$$G(\alpha) = \frac{A}{\beta}\int_{T_0}^{T} e^{-\frac{E_a}{RT}}dT = \frac{A}{\beta}\int_{\frac{E_a}{RT_0}}^{\frac{E_a}{RT}} \frac{-E_a}{R} \frac{e^{-u}}{u^2}du = \frac{AE_a}{\beta R}\int_{\frac{E_a}{RT_0}}^{\frac{E_a}{RT}} \left(-\frac{e^{-u}}{u^2}\right)du \tag{4-16}$$

令

$$P(u) = \int_{\frac{E_a}{RT_0}}^{\frac{E_a}{RT}} \left(-\frac{e^{-u}}{u^2}\right)du \tag{4-17}$$

则有

$$G(\alpha) = \frac{AE_a}{\beta R}P(u) \tag{4-18}$$

两侧同时求对数,并整理得

$$\lg\beta = \lg\frac{AE_a}{RG(\alpha)} + \lg P(u) \tag{4-19}$$

式(4-17)中,在 T_0 趋近于 0 时 $P(u)$ 可写为

$$P(u) = \int_{\infty}^{u} \left(-\frac{e^{-u}}{u^2}\right)du \tag{4-20}$$

式(4-20)无法求得精确解,只能得到近似解,这里采用 Doyle 算法得到式(4-20)的近似式:

$$P(u) \approx 0.004\,84e^{-1.051\,6u} \tag{4-21}$$

对式(4-21)两侧同时求对数得

$$\lg P(u) = -2.315 - 1.051\,6u\lg(e) = -2.315 - 0.456\,7\frac{E_a}{RT} \tag{4-22}$$

将式(4-22)代入式(4-19)可得

$$\lg\beta = \lg\frac{AE_a}{RG(\alpha)} - 2.315 - 0.456\,7\frac{E_a}{RT} \tag{4-23}$$

将式(4-10)转化为式(4-23)的过程称为 Ozawa 方法。

针对式(4-23),设 $Y = \lg\beta$,$a = \lg\frac{AE_a}{RG(\alpha)} - 2.315$,$b = -0.456\,7\frac{E_a}{R}$,$X = \frac{1}{T}$,则有

$$Y = a + bX \tag{4-24}$$

由于通常在不同升温速率 β_i 下各热谱峰顶温度 T_i 处各 α 值近似相等,所以可将 a、b 看作常数,这样就将相对复杂的积分运算公式转化为一元线性公式。

2. 热解反应动力学分析

下面针对一个具体实例来介绍根据热重实验数据,利用上述反应动力学分析方法进行计算和分析的详细过程。

针对牌号为 TI502A 的丁腈绝热材料,开展 4 个不同升温速率的热重实验,可以得到 4 个不同升温速率的热重曲线。热重曲线的纵坐标是质量分数,可以将其转化成反应分数 α。在反应分数的热重曲线上,取 $\alpha = 0.30$、0.35、0.40、0.45、0.50、0.55、0.60 等 7 个反应分数对应的温度值,对每个反应分数对应的一系列数据进行迭代计算求解,可以求得热分解活化能。原始数据及计算结果见表 4-2。

表 4-2 绝热材料反应动力学计算数据

反应分数	$1/T$				E_a /(kJ·mol^{-1})	斜率 $\lvert b \rvert$	R^2
	$\beta = 20$ K·min^{-1}	$\beta = 30$ K·min^{-1}	$\beta = 40$ K·min^{-1}	$\beta = 50$ K·min^{-1}			
$\alpha = 0.30$	0.001 39	0.001 38	0.001 37	0.001 36	237.63	13 053	0.999 9
$\alpha = 0.35$	0.001 377	0.001 362	0.001 355	0.001 345	229.88	12 627	0.999 9
$\alpha = 0.40$	0.001 364	0.001 348	0.001 341	0.001 331	226.48	12 441	0.999 9
$\alpha = 0.45$	0.001 351	0.001 335	0.001 328	0.001 318	223.18	12 260	0.999 9
$\alpha = 0.50$	0.001 388	0.001 322	0.001 316	0.001 305	224.91	12 355	0.999 9
$\alpha = 0.55$	0.001 323	0.001 307	0.001 302	0.001 29	223.45	12 274	0.999 9
$\alpha = 0.60$	0.001 287	0.001 272	0.001 278	0.001 261	248.49	15 591	0.999 9

具体计算过程如下:

当 $\alpha = 0.30$ 时,$\beta_1 = 20$ K/min,$X_1 = 1/T_1 = 0.001\ 39$,$\beta_2 = 30$ K/min,$X_1 = 1/T_2 = 0.001\ 38$,代入式(4-24)可得

$$Y_1 = \lg \beta_1 = a + b X_1 \tag{4-25}$$

$$Y_2 = \lg \beta_2 = a + b X_2 \tag{4-26}$$

两式相减可得

$$\lg \frac{\beta_1}{\beta_2} = b(X_1 - X_2) \tag{4-27}$$

即

$$b_1 = -0.456\ 7 \frac{E_{a1}}{R} = \frac{\lg \dfrac{\beta_1}{\beta_2}}{X_1 - X_2} \tag{4-28}$$

$$E_{a1} = -\frac{\lg \dfrac{\beta_1}{\beta_2}}{X_1 - X_2} \frac{R}{0.456\ 7} \tag{4-29}$$

将表 4-2 中的数据代入式(4-29)中,可以求得活化能。将表 4-2 中多组数据代入可求得在 $\alpha = 0.30$ 条件下的活化能 E_{ai},将 i 组数据进行线性回归,得到其平均值 $\bar{E}_a = 237.63$ kJ/mol 以及回归系数 $R^2 = 0.999\ 9$。同理可根据表 4-2 中的数据求得 $\alpha = 0.35 \sim 0.60$ 时的活化能。可以得到 TI502A 绝热材料热分解活化能平均值为 230.57 kJ/mol,斜率的平均值为 12 943。将不同的值代入机理函数表,求其均值(见表 4-3),将数据与所求的活化能

及斜率进行对比，认为序号 18 的机理函数结果与计算结果相近，即

$$G(\alpha) = \left[-\ln(1-\alpha)\right]^3 \tag{4-30}$$

$$f(\alpha) = \frac{(1-\alpha)\left[-\ln(1-\alpha)\right]^{-2}}{3} \tag{4-31}$$

表 4-3　常用的 30 种机理函数计算结果

机理函数序号	相关系数 R^2	斜率	活化能 $E/(\text{kJ} \cdot \text{mol}^{-1})$
1	0.994 0	5 814	105.84
2	0.946 9	6 449.6	117.41
3	0.949 9	1 706.2	31.06
4	0.952 4	1 797.4	32.72
5	0.952 4	7 189.6	130.88
6	0.948 9	6 695.2	121.88
7	0.938 0	5 176.6	94.24
8	0.961 1	8 790.5	160.03
9	0.957 0	995.21	18.11
10	0.957 0	1 326.9	24.16
11	0.957 0	1 592.3	28.99
12	0.957 0	1 990.4	36.24
13	0.957 0	2 653.9	48.31
14	0.957 0	2 985.6	54.35
15	0.957 0	3 980.8	72.47
16	0.957 0	5 971.3	108.71
17	0.957 0	7 961.7	144.94
18	0.957 0	11 943	217.41
19	0.941 5	968.99	17.64
20	0.941 5	1 453.5	26.46
21	0.941 5	4 360.5	79.38
22	0.953 6	3 688.7	67.15
23	0.952 4	3 594.8	65.44
24	0.949 9	3 412.4	62.12
25	0.920 3	2 075.3	37.78
26	0.893 7	1 455.8	26.5
27	0.862 7	1 008.6	18.36
28	0.983 0	2 401.3	43.72
29	0.967 6	5 308.2	96.63
30	0.983 0	4 802.5	87.43

根据 Ozawa 方程,在 $G(\alpha)$ 已知的前提下,在同一个升温速率热分析曲线上,选择不同 α 值计算一系列 A 值,将其平均,可得到指前因子(见表 4-4),$A=9.726\ 3\times10^{14}\ \mathrm{s}^{-1}$。

综上所述,TI502A 绝热材料热分解动力学方程为

$$\frac{\mathrm{d}\alpha}{\mathrm{d}T}=9.726\ 3\times10^{14}\frac{1}{\beta}\mathrm{e}^{\frac{-230\ 570}{RT}}\cdot\frac{(1-\alpha)\left[-\ln(1-\alpha)\right]^{-2}}{3} \tag{4-32}$$

采用相同的方法,得到的 EPDM 基础配方绝热材料的热分解动力学方程为

$$\frac{\mathrm{d}\alpha}{\mathrm{d}T}=9.413\times10^{13}\frac{1}{\beta}\mathrm{e}^{\frac{-229\ 540}{RT}}\cdot(1-\alpha) \tag{4-33}$$

表 4-4 指前因子计算结果

$\beta/(\mathrm{K}\cdot\mathrm{min}^{-1})$	α	A/s^{-1}
30	0.30	$1.854\ 8\times10^{15}$
30	0.35	$1.371\ 4\times10^{15}$
30	0.40	$1.110\ 3\times10^{15}$
30	0.45	$9.117\ 1\times10^{14}$
30	0.50	$7.416\ 4\times10^{14}$
30	0.55	$5.676\ 3\times10^{14}$
30	0.60	$2.508\ 8\times10^{14}$
平均值		$9.726\ 3\times10^{14}$

4.3　炭化层特性

绝热材料烧蚀时会在表面形成炭化层,炭化层能够将高温燃气与绝热材料基体隔离,对基体起到重要的保护作用。炭化层的组成、结构和性能与绝热材料的配方和烧蚀条件等密切相关,并且直接影响绝热材料的烧蚀性能。炭化层是绝热材料抵御烧蚀的重要屏障,是烧蚀发生的重要场所,因此它是烧蚀机理研究的核心和纽带;其孔隙结构特性也是烧蚀模型建立的重要依据,所以对炭化层的分析和表征至关重要。这里主要介绍炭化层的物理、化学、力学和结构特性。

4.3.1　炭化层的制备

绝热材料烧蚀后形成的炭化层大多很薄,而且易碎,很难获得形状规则的样品,虽然可以用于成分或微观结构的分析,但对于一些物理和力学性能的测试就不太合适。

高温加压法是一种专门的炭化层制备方法,能够制备尺寸较大、形状较为规则的炭化层,可以满足炭化层导热系数、抗压缩等力学特性测试的要求。高温加压法是采用高温加热设备(如马弗炉)、利用模具加压的方法,使绝热材料在高温、高压条件下完全炭化,从而形成具有一定规则外形的炭化层。高温加压法进行炭化层制备的主要工艺是:对硫化后的绝热材料进行裁片,加入模具,并施加 0.5 MPa 左右的压强;高温炉预热到 300 ℃时入料,并通氮气保护,加热到 650 ℃时保温 2 h 即可实现完全炭化。

4.3.2　炭化层的物理特性

1. 密度和孔隙率

孔隙率的定义是多孔材料内部所有孔洞体积占总体积的百分比,在多孔材料骨架密度已知的情况下,孔隙率和密度是可以相互转换的。

$$\rho = \rho_1(1-\delta) \tag{4-34}$$

式中:ρ 为多孔材料的密度;ρ_1 为骨架密度;δ 为孔隙率。

炭化层的密度和孔隙率可以采用全自动密度仪进行测试,该方法以气体为介质,基于理想气体状态方程、气体分子动力学和固-气吸附与解析理论,通过测定仪器样品室放入样品所引起的气体容积的减少来确定样品的真实体积。该方法可测定样品的开孔、闭孔和骨架的体积,特别适合于炭化层密度和孔隙率的测试。全自动密度仪采用氦气或氮气作为介质,供气压力 0.13 MPa。

表 4-5 列出了采用全自动密度仪针对 3 种绝热材料的炭化层密度和孔隙率测试数据。3 种绝热材料分别为三元乙丙、丁腈和硅橡胶绝热材料,均采用高温加压法制备。可以看出,3 种绝热材料炭化层的密度和孔隙率有一定差别,孔隙率从小到大依次为硅橡胶、丁腈、三元乙丙绝热材料。为了对比不同环境下的炭化层孔隙特性,表中还针对三元乙丙绝热材料给出了氧-乙炔和烧蚀发动机环境下炭化层的孔隙率数据,其中烧蚀发动机试样还测试了开孔率和闭孔率。对比三元乙丙绝热材料在 3 种环境下的孔隙率数据,可以看出高温加压法与氧-乙炔的孔隙率很接近,而烧蚀发动机环境的孔隙率略小。此外还可以看出炭化层中闭孔所占比例并不是很高,在烧蚀建模的时刻可以当作开孔处理,这为建模提供了很重要的依据。

表 4-5　炭化层密度和孔隙率测试数据

序号	绝热材料类型	炭化层来源	密度 /(g·cm^{-3})	孔隙率 /(%)	开孔率 /(%)	闭孔率 /(%)
1	三元乙丙	高温加压法	0.417	81.85	—	—
2	三元乙丙	氧-乙炔法	0.316	81.69	—	—
3	三元乙丙	烧蚀发动机法	0.380	74.4	69.2	5.2
4	丁腈(9621)	高温加压法	0.557	76.94	—	—
5	硅橡胶	高温加压法	0.659	69.44	—	—

2. 炭化层的黑度

燃烧室中燃气温度很高、流速较小,辐射换热是不可忽视的。黑度是进行辐射换热计算的一个重要参数,因此进行炭化层表面黑度测试是非常必要的。

采用红外测温仪对炭化层表面黑度进行测试。按照红外测温仪的测温原理,用热电偶或温度计标定炭化层试样的表面温度后,通过设定红外测温仪的发射率值,测量试样表面温度,当测量值与标定值一致时对应的发射率即为试样在该温度下的黑度值。

表 4-6 是 3 种绝热材料炭化层常温条件下的黑度数据,可以看出,三元乙丙和丁腈绝热材料炭化层的黑度较大,而硅橡胶绝热材料炭化层的颜色相对较浅,因此黑度值较小。

表 4 - 6 炭化层常温黑度测试数据

序号	绝热材料类型	黑度
1	三元乙丙	0.92~0.97
2	丁腈	0.90~0.96
3	硅橡胶	0.74~0.89

3.炭化层导热系数和比热容

目前导热系数测试的方法主要有热板法、热线法和激光闪射法等,激光闪射法具有测量精度高、测试周期短和测试温度范围广等优点,得到了广泛的研究和应用。图 4 - 12 是激光闪射法测试得到的几种绝热材料炭化层导热系数随温度的变化曲线,测试范围为 0~1 600 ℃,可以看出,EPDM 炭化层导热系数随温度的变化幅度比较大。

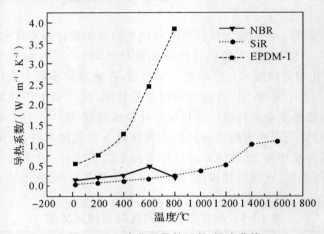

图 4 - 12 炭化层导热系数-温度曲线

差示扫描量热法是目前测试比热容数据最常用的测试方法,但其温度范围不是很广。激光闪射法也能获得材料的比热容数据,虽然精度不高,但是范围比较大。图 4 - 13 为采用激光闪射法获得的炭化层比热容测试结果。

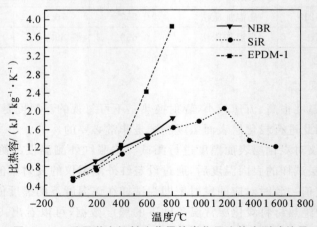

图 4 - 13 采用激光闪射法获得的炭化层比热容测试结果

4.3.3　炭化层化学特性

炭化层化学特性的主要表征参数是绝热材料残炭率和炭化层的化学组成,这些性能对于绝热材料热化学烧蚀机理的研究非常重要。残炭率定义为绝热材料炭化后剩余质量占原始质量的百分数。残炭率可采用高温加压法和热重分析法进行测定,表 4-7 列出了采用高温加压法获得的 3 种绝热材料的残炭率数据,从表中可看出,硅橡胶绝热材料的残炭率最高,丁腈次之,三元乙丙最低。

化学组成的分析方法很多,有元素分析法、电镜能谱法(EDS)、光电子能谱法(XPS)、X 射线荧光元素分析(XRF)、X 射线衍射(XRD)和红外分析等方法。炭化层的化学组成比较复杂,采用单一的测试方法分析的结果比较片面,往往需要采用多种方法进行对照。

表 4-7　绝热材料残炭率测试结果(高温加压法)

序号	绝热材料类型	残炭率/(%)
1	三元乙丙	23.6
2	丁腈	38.4
3	硅橡胶	56.3

根据烧蚀发动机环境下炭化层中 EDS 测试结果发现,其主要元素为 C、O 和 Si,此外还含有 Al、S 和 Zn 等。Si 主要来自绝热材料中的 SiO_2 填料,Al 则来自燃气中的 Al_2O_3 粒子,S 和 Zn 来自绝热材料的硫化剂和阻燃剂。

图 4-14 为炭化层中不同位置元素分布,实验条件是:采用燃温为 3 289 K 的改性双基推进剂,燃气中固相颗粒含量很少;试件为三元乙丙基础配方绝热材料,分为低速段、过渡段和高速段;燃烧室平均压强为 5.9 MPa,工作时间为 9.1 s。图 4-14 的横坐标为测试位置,对于每个炭化层试件的表面,断面上、中、下和背面共 5 个特征部位,测点位置如图 4-15 所示。

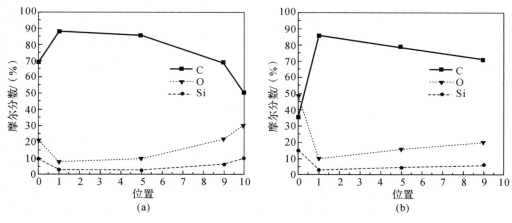

图 4-14　炭化层中不同位置元素分布

(a)低速段;(b)变速段

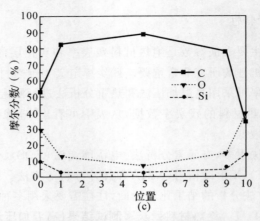

续图 4-14　炭化层中不同位置元素分布

（c）高速段

图 4-15　炭化层能谱分析测点位置

从图 4-14 可以看出，炭化层中的主要元素是 C、Si、O，各试件主要成分的摩尔分数有相同的变化趋势：即炭化层表面 Si、O 元素的含量最多，炭化层内部由上至下，C 元素的分数减少，Si、O 的含量增加。Si、O 元素中间低、两端高的分布特征是 SiO_2 迁移造成的。

炭化层中的 Si、O 元素应该是绝热材料中的 SiO_2 填料。SiO_2 的熔点是 1 923 K，沸点是 2 503 K。典型烧蚀环境下炭化层从底部到表面的温度区间为 800～2 500 K，1 923 K（SiO_2 熔点）温度线必然位于炭化层中间部位。1 923 K 线以下 SiO_2 还未熔化，保持初始炭化层中的组分比例。1 923 K 线以上 SiO_2 开始熔化，从炭化层骨架中析出。热解气体逸出过程会驱动孔隙中的液态 SiO_2 向上迁移，这样就会造成中间的 SiO_2 减少，靠近表面的 SiO_2 含量增加。

4.3.4　炭化层力学特性

炭化层的力学特性直接影响绝热材料的烧蚀性能，也是烧蚀建模需要重点考虑的内容。炭化层在烧蚀过程中处于高温状态，其力学特性与冷态时可能存在差别。高温时的炭化层硬度、抗压缩、耐磨耗等性能难以测试，只能建立冷态的测试方法。研究表明，热态的炭化层骨架也基本处于固体状态，冷态的结果在一定程度上也能反映热态时炭化层的力学特性。

1. 炭化层硬度

炭化层硬度采用邵氏 A 硬度计进行测试。硬度计的原理是：采用一定形状的钢制压头,在试验力作用下垂直压入试样表面,当压足表面与试样表面完全贴合时,压针尖端面相对压足平面有一定的伸出长度 L,以 L 值来表征邵氏硬度的大小。L 值越大,表示邵氏硬度越低,反之越高。计算公式为:$HA=100-L/0.025$。

邵氏硬度计主要分为 3 类,即 A 型、C 型和 D 型,它们的测量原理完全相同,所不同的是测量针的尺寸。其中 A 型的针尖直径为 0.79 mm,邵氏 A 型硬度计用来测量软塑料、橡胶、合成橡胶、毡、皮革。D 型的针尖直径为 0.2 mm,邵氏 D 型硬度计用来测量硬塑料和硬橡胶的硬度,例如地板材料、保龄球等现场测量硬度。C 型的测针是一个圆球,直径为 5 mm,邵氏 C 型硬度计用来测量泡沫材料和海绵等软性材料。

3 种绝热材料炭化层硬度测试数据见表 4-8,可以看出丁腈和硅橡胶绝热材料的硬度比较接近,并且明显高于三元乙丙绝热材料的硬度。

2. 炭化层抗压缩性能

目前针对炭化层的抗压缩性能还没有现成的仪器和标准可以应用,因此采用了一种自制的专用测试装置。该装置主要由支架、压缩杆、压力传感器、显示仪表和专用软件等组成,其中压缩杆固定在压力传感器上,以一定底面积($\Phi 5$ mm)与炭化层接触,以炭化层破坏时的压力值对压缩性能进行表征。

表 4-8　炭化层硬度测试数据

序号	绝热材料类型	邵氏 A 硬度(HA)
1	三元乙丙	33.1～49.0
2	丁腈	73.2～74.4
3	硅橡胶	72.2～73.2

表 4-9 为采用对高温加压法制备的 3 种绝热材料炭化层试样进行测试的结果,可以看出硅橡胶绝热材料的抗压缩强度最高,而三元乙丙和丁腈绝热材料的抗压缩强度都很低。

表 4-9　炭化层抗压缩强度测试数据

序号	绝热材料类型	抗压缩强度/MPa
1	三元乙丙	0.12
2	丁腈	0.12
3	硅橡胶	17.26

3. 炭化层耐磨耗性能

气流剥蚀和粒子侵蚀对炭化层的机械作用在一些情况下体现为破坏,但在另一些情况下会体现为对炭化层的磨耗,因此表征炭化层的耐磨耗性能也是很有必要的。这里利用线性磨耗仪对炭化层的耐磨耗性能进行测试,其磨头采用橡胶材料制成,磨头以一定的压力作用在试件表面,试件按照一定速度进行旋转,试件在磨头作用下发生磨耗,测量一定时间内试件的磨耗量,用来表征其耐磨耗性能,磨耗量越小则耐磨耗性能越好。3 种绝热材料炭化层的测试结果见表 4-10。可以看出炭化层耐磨性能最好的是丁腈绝热材料,硅橡胶绝热材料次之,三元乙丙绝热材料炭化层的耐磨性最差。

表 4-10 炭化层耐磨耗性能测试数据

序号	绝热材料类型	磨耗量/g
1	三元乙丙	0.067
2	丁腈	0.003
3	硅橡胶	0.007

4.3.5 炭化层结构特性

1. 炭化层微观形貌

观察炭化层微观形貌的常用设备是扫描电子显微镜(SEM),采用 SEM 可以获得炭化层微观形貌和结构图像,通过对图像进行处理和分析还可以获取孔隙分布等信息。图 4-16 是三元乙丙绝热材料炭化层表面的扫描电镜照片。

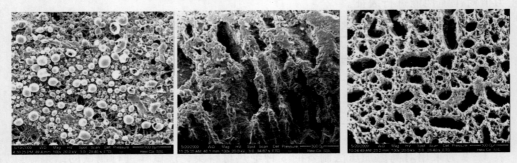

图 4-16 三元乙丙绝热材料炭化层表面扫描电镜图片

2. 炭化层微观结构及孔径分布

炭化层是一种多孔疏松结构,表面和内部含有大量的空洞,获得炭化层微观结构特征以及孔径分布对于认识炭化层特性和烧蚀建模有很大帮助。微计算机断层扫描技术(Micro Computed Tomography,CT)在炭化层微观结构测试方面有很多传统方法无可比拟的优点。显微 CT 与工业 CT 的原理类似,主要特点是其分辨率能够达到微米级别。采用显微 CT 对炭化层试件进行无损扫描,通过 3D 处理软件对图像进行 3D 重建,不仅能够得到各个切面的微观图像,而且通过软件能够统计给出沿各个方向的孔隙率和孔径分布数据。

采用显微 CT 对 EPDM 绝热材料炭化层进行分析,图 4-17 是进行 3D 重建的图片,图 4-18 是各层平均孔径和孔隙率沿厚度方向分布的曲线,图中横坐标左侧为炭化层表面,右侧为炭化层背面。可以看出,靠近炭化层表面的孔隙率约为 58.5%,而靠近背面的孔隙率约为 89%,相差较大。平均孔径变化也较大,炭化层上部 3/4 区域都小于 2 μm,下部 1/4 区域陡然增大,背面约为 10.8 μm。

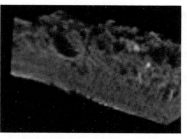

图 4 - 17   3D 重建的炭化层显微 CT 图像

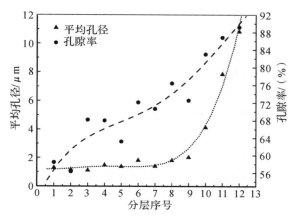

图 4 - 18   炭化层各层平均孔径和孔隙率分布曲线

3. 炭化层比表面积

比表面积的定义是物体全部表面积与物体的质量之比,对于多孔材料来说,其包含了所有孔洞的内表面积。比表面积在热化学烧蚀中是一个很重要的参数。传统的热化学烧蚀模型是假定热化学反应只发生在炭化层表面,实际上由于炭化层是多孔疏松结构,表面燃气中的氧化性组分会向炭化层内部扩散,热解气体经过炭化层孔隙时有些组分也会与炭化层发生反应。如果要考虑炭化层孔隙内部的热化学反应,就必须获得比表面积参数。

多孔介质的比表面积可以采用压汞法进行测量,压汞法只能测量开口孔隙,测试孔径的范围为 2 nm～1 mm。表 4 - 11 列出了 3 种绝热材料炭化层压汞法的测试结果,可以看出炭化层的比表面积是很大的,3 种绝热材料中硅橡胶绝热材料的比表面积最大,三元乙丙绝热材料次之,丁腈绝热材料最小。

表 4 - 11   炭化层比表面积测试数据

序号	绝热材料类型	比表面积/$(m^2 \cdot g^{-1})$
1	三元乙丙	126.22
2	丁腈	61.17
3	硅橡胶	149.13

4.3.6　炭化层中的致密/疏松结构

1.炭化层孔隙结构对烧蚀的影响

绝热材料种类不同,炭化层的特性会有所差别。EPDM 和丁腈等橡胶基绝热材料的炭化层一般属于多孔、疏松的脆性物质。炭化层孔隙结构对烧蚀过程有很大的影响,主要体现在以下几个方面:

(1)对传热的影响。孔隙率大的炭化层,导热系数就相对较小,隔热的效果相对更好。

(2)对热解的影响。孔隙尺寸和孔隙的连通情况都会影响热解气体的逸出,从而影响热解和烧蚀的进程。

(3)对热化学烧蚀的影响。炭化层是疏松且连通的孔隙结构,热化学烧蚀不可能只发生在表面,而是具有一定深度的,即体烧蚀。因此炭化层表面疏密程度会影响氧化性组分的扩散,比表面积会影响反应面积,并且都会影响热化学反应的进程。

(4)对剥蚀和侵蚀的影响。当炭化层疏松到一定程度时,不能抵挡气流和粒子的机械破坏,就会发生剥落。炭化层孔隙疏密程度在很大程度上决定了其自身的强度,也决定了绝热层抵御剥蚀和侵蚀的能力。

可见,炭化层孔隙结构直接影响烧蚀过程,是联系热解、热化学、剥蚀和侵蚀的纽带,只有合理描述炭化层的孔隙结构才能建立科学的烧蚀模型。

2.炭化层致密/疏松现象

针对炭化层结构的测试分析,发现了一个很有趣的现象:炭化层的致密/疏松结构,沿炭化层厚度方向表面致密,中下部疏松。

图 4-19 和图 4-20 分别为烧蚀发动机实验后炭化层表面和断面的扫描电镜图像,可以看出,炭化层表面相对比较致密,炭化层断面孔隙分布并不均匀,靠近表面的区域孔隙小、较致密,中、下部区域孔隙大、较疏松。低速段炭化层疏密分布最明显,致密层厚度约占炭化层总厚度的 1/3。

从图 4-18 的炭化层的孔隙率和平均孔径分布也能明显地看到表面致密、内部疏松的现象。采用显微 CT 获得的炭化层内部的孔隙数据表明,致密/疏松结构是存在于整个炭化层中的,而不仅仅是表面现象。

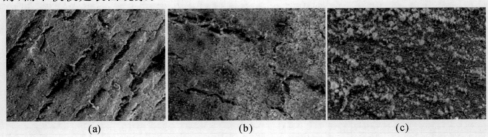

(a)　　　　　　　　　(b)　　　　　　　　　(c)

图 4-19　烧蚀发动机实验炭化层表面扫描电镜图像

(a)低速段;(b)过渡段;(c)高速段

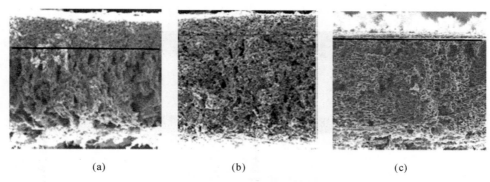

(a)　　　　　　　　(b)　　　　　　　　(c)

图 4 - 20　炭化层断面扫描电镜图像

(a) 低速段；(b) 过渡段；(c) 高速段

除了烧蚀发动机实验之外，激光烧蚀实验（见图 4 - 21）的炭化层也发现了致密/疏松结构。图 4 - 22 是激光烧蚀实验获得的炭化层表面和背面的电镜照片，可以明显看出表面致密，而背面疏松。激光烧蚀实验采用强激光作为加热源，通过调节激光功率和光斑尺寸，可以改变烧蚀部位的热流密度。该实验条件的热流密度为 4.1 MW/m^2，烧蚀时间为 10 s。

图 4 - 21　激光烧蚀实验装置

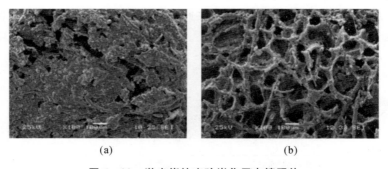

(a)　　　　　　　　(b)

图 4 - 22　激光烧蚀实验炭化层电镜照片

(a) 炭化层表面；(b) 炭化层背面

美国宾夕法尼亚大学的 Martin 利用 X 射线实时成像系统对烧蚀发动机内的绝热层烧蚀动态过程开展了内视研究。图 4 - 23 为其中两个典型时刻的 X 射线图像，从下边的图像中可以观察到炭化层存在高密度和低密度区，从上边的图像中可以观察到炭化层从表面脱落的现象。该结果进一步验证了观察到的炭化层致密/疏松结构现象。

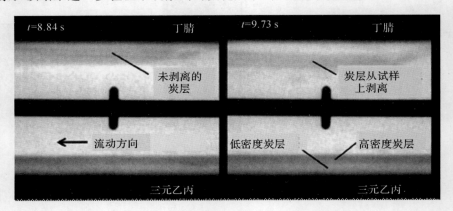

图 4 - 23　绝热层烧蚀过程的 X 射线图像

可以看出,炭化层的致密/疏松结构不是个案,而是具有一定的普遍性。表面致密、内部疏松的结构对于绝热材料抵御烧蚀有很好的帮助,表面致密能够提高炭化层抵御气流剥蚀和粒子侵蚀破坏的能力,而内部疏松又能提高炭化层的隔热效果。那么炭化层的致密/疏松结构是怎么形成的呢?

3.炭化层致密/疏松结构的形成机理

研究表明,炭化层中的致密层的形成机理是:烧蚀过程中热解气体流经炭化层内孔隙时,发生化学气相沉积,生成沉积炭,使得局部炭化层的孔隙变小。首先,表 4 - 1 给出的 EPDM 绝热材料的热解产物中,很多气体都可以发生化学气相沉积,其中的甲烷、丙烯等更是化学气相沉积法制备 C/C 复合材料常用的气体。其次,炭化层具有的疏松性、连通性和比表面积大的结构特征也非常适合发生气相沉积。最后,烧蚀时炭化层的高温也很适合发生化学气相沉积,烧蚀计算表明,典型烧蚀发动机环境中炭化层内的温度从底部到表面为 $800 \sim 2\,500$ K,符合气相沉积所需的温度。由前面对炭化层结构的分析可以看出,一般情况下越靠近表面越致密,气相沉积假说也能较好地解释这一点:因为通常气相沉积速率随温度呈指数变化,而且越靠近表面沉积的时间越长。图 4 - 24 给出了热解气体在炭化层上发生化学气相沉积形成表面致密结构的示意图。

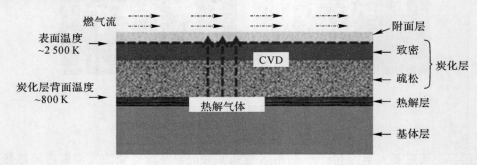

图 4 - 24　炭化层表面致密结构形成机理示意图

4.4　热化学烧蚀

热化学烧蚀指在高温下由化学反应造成的热防护材料的消耗。目前绝大多数固体发动机燃烧室的温度在 2 800 K 以上,热力计算表明,燃气中的主要气相产物有 CO、HCl、H_2O、N_2、CO_2 和 H_2 等。传统的热化学烧蚀理论认为炭化层主要活性成分为 C,高温条件下燃气中的氧化性组分 CO_2、H_2O 和 H_2 会与 C 发生氧化反应,其反应式为

$$\left.\begin{array}{l} C+CO_2 \rightarrow 2CO \\ C+H_2O \rightarrow CO+H_2 \\ C+2H_2 \rightarrow CH_4 \end{array}\right\} \qquad (4-35)$$

通常冲压发动机补燃室是富氧环境,氧化反应还包括 O_2 与 C 的反应:

$$C+O_2 = CO_2 \qquad (4-36)$$

由于反应生成物都是气体,因此氧化反应会消耗炭化层,造成热化学烧蚀。同时这些反应都是吸热反应,会带走大量的热量,保护绝热材料。

随着烧蚀机理研究的不断深入,研究人员发现除了燃气中的氧化性组分对炭化层的氧化反应,烧蚀过程中 SiO_2 等填料会与炭化层中的 C 发生反应,消耗炭化层。含铝推进剂的燃烧产物 Al_2O_3 沉积到绝热层表面,也会与炭化层中的 C 发生反应并消耗炭化层。这两类反应都是与 C 的还原反应,一般称为碳热还原反应。因此,从广义的角度看,绝热材料的热化学反应实际上包含 3 种类型:

(1)燃气中的 O_2、CO_2、H_2O、H_2 等氧化性组分与 C 的氧化反应。

(2)SiO_2 与 C 的碳热还原反应。

(3)Al_2O_3 与 C 的碳热还原反应。

下面将重点介绍前两种热化学烧蚀,对第三种进行简要介绍。

4.4.1　SiC 的原位生成与消耗反应

目前大多数绝热材料中都添加了白炭黑作为补强填料,白炭黑的主要成分是 SiO_2。研究表明,高温条件下 SiO_2 会与 C 发生碳热还原反应生成 SiC,这个反应称为 SiC 的原位生成反应。

如何证明高温条件下炭化层中发生了 SiC 的原位生成反应呢?首先,通过分析不同温度下绝热材料炭化产物中的 SiO_2 含量变化,可以证明确实存在消耗 SiO_2 的反应;其次,通过对发动机实验炭化层的组分进行测试,来获得 SiC 生成的证据。

高温管式炉是用来开展高温条件下热反应的实验装置,其最高温度、升温速率可预先设定,反应气氛可控,实验结束后可以对产物质量进行测量,对产物组分进行分析。针对 EP-DM 绝热材料开展不同温度的高温管式炉实验,图 4 - 25 为高温管式炉实验获得的炭化产物中 SiO_2 含量随温度的变化曲线。可以看出,炭化物中 SiO_2 的含量随着温度的升高逐渐增多,在 1 400 ℃达到最大值。但随着温度的进一步升高,SiO_2 含量有明显的减少,这说明

发生了某种消耗 SiO_2 的反应。

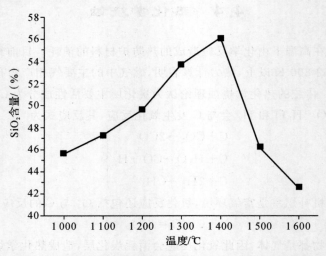

图 4－25　不同温度下 EPDM 绝热材料炭化物中 SiO_2 含量

化学反应的相关理论表明，1 400 ℃以上 SiO_2 会与 C 自发地发生碳热还原反应，其反应式为

$$3C+SiO_2 \rightarrow SiC+2CO \uparrow \qquad (4-37)$$

一般的绝热材料本身不含有 SiC，可以通过检测烧蚀后的炭化层中是否存在 SiC 来证实是否发生了上述反应。图 4－26 为对烧蚀发动机实验和固体发动机地面试车后绝热层的炭化层进行 XRD 测试获得的曲线，图中圆圈标出的是 SiC 的特征峰，说明在两种条件下的炭化层中均原位生成了 SiC。

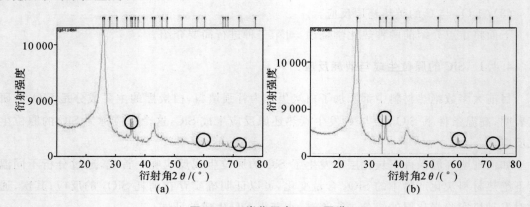

图 4－26　炭化层中 XRD 图谱
(a)烧蚀发动机实验；(b)固体发动机试车

SiC 原位生成反应会产生气体，对炭化层有一定的消耗，这对抗烧蚀是不利的。但是反应生成的 SiC 属于无机陶瓷，其高熔点、高硬度、高耐磨等特点均有助于提高炭化层的抗烧蚀和抗冲刷性能。此外，SiC 的原位生成反应为吸热反应，这对热防护也是有利的。总体而言，SiC 原位生成反应对抗烧蚀是有利的。

研究发现,在更高温度条件下,SiC 会与 SiO_2 发生进一步的反应:

$$SiC + 2SiO_2 \rightarrow CO\uparrow + 3SiO\uparrow \tag{4-38}$$

把这个反应称为 SiC 的消耗反应,高温条件下反应生成物 SiO 和 CO 都是气态,这对于抗烧蚀不利,但是 SiC 的消耗反应也是吸热反应,这对热防护是有利的。综合来看,认为 SiC 的消耗反应对抗烧蚀是不利的。

4.4.2　热化学主导反应式

根据 EPDM 绝热材料及其炭化层的组成,并依据化学反应的基本原理,确定了固体发动机 EPDM 绝热材料热化学烧蚀的 4 个主导反应。

(1)C 与 CO_2 的氧化反应(可自发进行):

$$C + CO_2 \rightarrow 2CO \tag{4-39}$$

(2)C 与 H_2O 的氧化反应(可自发进行):

$$C + H_2O \rightarrow CO + H_2 \tag{4-40}$$

(3)SiC 的原位生成反应:

$$3C + SiO_2 \rightarrow SiC + 2CO \tag{4-41}$$

该反应高温可自发进行,转化温度约为 1 875 K。

(4)SiC 的消耗反应:

$$SiC + 2SiO_2 \rightarrow CO\uparrow + 3SiO\uparrow \tag{4-42}$$

该反应高温可自发进行,转化温度约为 2 160 K。

4.4.3　热化学反应热力学分析

根据以上可能发生的高温反应式,由热力学关系式计算出反应的吉布斯自由能,进而判断反应是否可以自发进行。若反应存在吉布斯自由能由大于零到小于零的转变,则可求出转变温度。还可计算出绝热材料炭化层主导的热化学反应在不同温度下的平衡常数。

在 EPDM 绝热材料热化学主导反应中,可自发进行反应的自由能和反应平衡常数见表 4-12,高温可自发进行反应的热力学参数见表 4-13。表中 ΔH 为反应生成焓,$\Delta G(T)$ 为吉布斯自由能,K 为反应平衡常数,T_{tr} 为转变温度。

表 4-12　可自发进行的热化学反应热力学参数

反应式	温度/K	$\Delta H/(J \cdot mol^{-1})$	$\Delta G(T)/(J \cdot mol^{-1})$	K
C+CO_2→2CO	1 000	136 403.3	−4 688.5	1.758×10^{0}
	2 000	147 618.2	−176 752	4.156×10^{4}
	3 000	139 906.5	−342 021	9.082×10^{5}
C+H_2O→CO+H_2	1 000	171 559.3	−762 1.5	2.502×10^{0}
	2 000	173 889.0	−151 050	8.852×10^{4}
	3 000	159 547.5	−291 865	1.215×10^{5}

表 4-13　高温可自发进行的热化学反应热力学参数

反应式	温度/K	ΔH /(J·mol^{-1})	$\Delta G(T)$ /(J·mol^{-1})	K	T_{tr}/K
$3C+SiO_2 \rightarrow SiC+2CO\uparrow$	1 000	46 020.0	72 944.8	1.541×10^{-4}	
	2 000	49 971.9	$-39\ 002.3$	1.045×10^{1}	1 875
	3 000	51 971.6	$-151\ 983$	4.443×10^{2}	
$SiC+2SiO_2 \rightarrow CO\uparrow+3SiO\uparrow$	1 000	247 955.1	658 700	3.760×10^{-35}	
	2 000	291 803.2	$-17\ 933$	2.942	2 160
	3 000	292 047.4	$-645\ 233$	1.739×10^{11}	

两表的计算结果表明:尽管 EPDM 绝热材料热化学烧蚀主导反应的类型不同,但在高温区域均为自发反应,而且 4 个主导反应均随温度升高而进行得更完全;在 EPDM 绝热材料热化学烧蚀的主导反应中,C 与 CO_2、H_2O 的氧化反应,SiC 的生成和消耗反应均是吸热的,而且随着温度的升高,后两个反应的吸热量增加,这对绝热材料的抗烧蚀和隔热是有利的。

此外,EPDM 绝热材料热化学反应产生的气态产物向外流出时,会带走大量热量,并在一定程度上隔离燃气的直接接触,这对减缓高温燃气对绝热材料的热化学烧蚀也是有利的。

4.4.4　热化学反应动力学分析

要进行烧蚀建模计算,就要获得热化学反应的速率,这需要通过反应动力学分析获得。可以采用单反应实验的方法来获得热化学烧蚀主导反应的动力学方程和动力学参数。

1. **实验方法**

本书采用的实验装置是气氛可控的高温管式炉,所谓气氛可控就是按照一定的浓度(分压)来提供反应的气体,温度和升温速率也是可控的。对于氧化性组分 CO_2 和 H_2O 与 C 的反应,可以通过改变反应温度和氧化性组分的分压开展热化学反应实验,获得不同温度和氧化性组分分压条件下固相反应物实验前后的质量,经过数据处理,获得反应动力学的参数。对于 SiO_2 与 C 的反应,由于两者都是固相,所以采用惰性的气氛开展实验,测量反应前后的质量。

由于炭化层的组分比较复杂,为了进行对比,先采用主要成分是 C 的炭黑粉末来进行实验,然后针对炭化层开展实验。

2. **炭黑与 CO_2 的反应动力学**

反应气体为 CO_2,固相反应物采用炭黑粉末,在高温管式炉中进行 1 000～1 600 ℃的反应实验,获得各温度下炭黑粉末的质量变化规律。在假设该反应为一级反应的基础上,在实验控制的 CO_2 分压条件下,得到的 CO_2 消耗炭黑粉末反应的动力学方程:

$$r_C = 1\ 883e^{-\frac{1.256\times10^5}{RT}}p_{CO_2} \tag{4-43}$$

式中：r_C 为炭黑的反应速率，单位为 g/(s·kg·MPa)，表示 1 kg 质量的反应物在 1 MPa 气体分压条件下 1s 时间内消耗反应物的质量(g)；p_{CO_2} 为 CO_2 的分压，单位为 MPa。

3. 炭黑与 H_2O 的反应动力学

反应物为水蒸气和炭黑粉末，其他条件和处理方法与炭黑和 CO_2 的反应实验相同，在实验控制的 H_2O 分压条件下，得到的 H_2O 消耗炭黑粉末反应的动力学方程：

$$r_C = 10\,783 e^{-\frac{1.345 \times 10^5}{RT}} p_{H_2O} \tag{4-44}$$

式中：p_{H_2O} 为 H_2O 的分压，单位为 MPa。

4. 炭化层与 CO_2 的反应动力学

这里固相反应物为炭化层，其他条件和处理方法与炭黑和 CO_2 的反应实验相同，在实验控制的 CO_2 分压条件下，得到的炭化层与 CO_2 的反应动力学方程为

$$r_{char} = 10.12 e^{-\frac{3.865 \times 10^4}{RT}} p_{CO_2} \tag{4-45}$$

式中：r_{char} 为炭化层的反应速率。

炭黑、炭化层与 CO_2 的反应动力学参数见表 4-14。与炭黑和 CO_2 的反应动力学参数相比，炭化层与 CO_2 反应的活化能和指前因子都显著降低。依据两个动力学方程，得到炭黑与 CO_2、炭化层与 CO_2 的反应速率随温度的变化，如图 4-27 所示，气体分压为常压。可以看出：在低温段两个反应速率相差无几，炭化层与 CO_2 的反应速率略高于炭黑与 CO_2 的反应速率；但在高温段，炭黑与 CO_2 的反应速率以类似指数的方式增大，而炭化层与 CO_2 的反应速率升高非常缓慢，炭黑与 CO_2 的反应速率显著高于炭化层与 CO_2 反应。

5. 炭化层与 H_2O 的反应动力学

在实验控制的 H_2O 分压条件下，得到 H_2O 与炭化层中 C 的反应动力学方程为

$$r_{char} = 56.57 e^{-\frac{4.822 \times 10^4}{RT}} p_{H_2O} \tag{4-46}$$

将炭黑、炭化层与 H_2O 的反应动力学参数列于表 4-15 中。与炭黑和 H_2O 的反应动力学参数相比，炭化层和 H_2O 反应的活化能和指前因子降低。依据两个动力学方程，得到的炭黑与 H_2O、炭化层与 H_2O 的反应速率随温度的变化规律如图 4-28 所示。可以看出，与 CO_2 反应规律类似：在低温段两个反应速率相差无几，炭化层与 H_2O 的反应速率略高于炭黑与 H_2O 的反应速率；但在高温段，炭黑与 H_2O 的反应速率显著高于炭化层与 H_2O 反应。

表 4-14　炭黑和炭化层与 CO_2 反应动力学参数

反应物	$A/(s^{-1} \cdot MPa^{-1})$	$E_a/(J \cdot mol^{-1})$	R^2
炭黑	1 883.3	1.256×10^5	0.970
炭化层	10.117	3.865×10^4	0.983

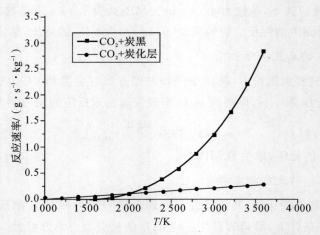

图 4 - 27　炭黑、炭化层与 CO_2 的反应速率随温度变化

表 4 - 15　炭黑和炭化层与 H_2O 反应动力学参数

反应物	$A/(s^{-1} \cdot MPa^{-1})$	$E_a/(J \cdot mol^{-1})$	R^2
炭黑	10 783	1.345×10^5	0.928
炭化层	56.57	4.822×10^4	0.954

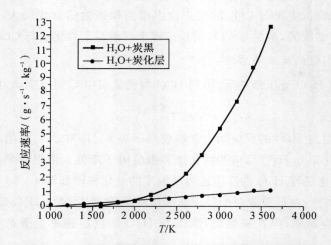

图 4 - 28　炭黑、炭化层与 H_2O 的反应速率随温度变化

　　高温条件下炭黑、炭化层与氧化性组分反应速率差异巨大的原因还不是很清楚,但是可以推测炭化层中可能存在某些物质或者某种机制,对高温条件下 C 与氧化性组分的反应速率有很强的抑制作用,这需要开展进一步的研究。

　　6. SiC 生成反应动力学

　　在惰性气氛中,采用高温炉(1 400～1 950 ℃)针对 SiO_2 和炭黑固相混合物进行反应,获得各温度下固相物质质量的变化规律,采用 Coats-Redfern 法得到 SiC 的生成反应速率为

$$r_C = 48\,942e^{-\frac{2.283\times10^4}{T}} \tag{4-47}$$

式中:r_C 为固相混合物的反应速率,单位为 g/(s·kg)。

7.SiC 消耗反应动力学

在惰性气氛中,采用高温炉(1 700~1 950 ℃)获得各温度下固相物质的变化规律,得到 SiC 的消耗反应速率为

$$r_C = 4\,800e^{-\frac{2.245\times10^4}{T}} \tag{4-48}$$

8.炭化层中 SiC 反应速率

SiC 形成和消耗的反应速率、SiC 的净生成速率和炭化层中 SiC 的净生成速率如图 4-29 所示。

从图 4-29 中可以看出,在同一温度下,就单反应的反应速率而言,SiC 的形成反应速率大于其消耗反应速率,尤其在高温下差距变大。SiC 形成的净反应速率大于零,说明高温有利于 SiC 的原位生成。EPDM 绝热材料炭化层中 SiC 形成的净反应速率小于单反应中 SiC 形成的净反应速率,说明炭化层中其他组分的存在对原位生成 SiC 有一定的抑制作用。但 EPDM 绝热材料炭化层中 SiC 形成的净反应速率仍大于零,而且随着温度升高而增加,这也进一步说明了 EPDM 绝热材料炭化层原位生成 SiC 反应的存在。

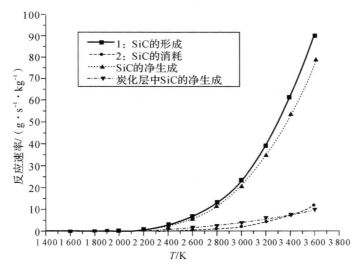

图 4-29　SiC 的形成和消耗反应速率

综上所述,与单反应速率相比,在 EPDM 绝热材料炭化层中 C 与 H_2O、CO_2 的反应较为减缓,高温下还可以原位生成 SiC,这均有利于提高绝热材料的抗烧蚀性能。

4.4.5　高温氧化铝沉积条件下的热化学烧蚀

现代大型固体火箭助推器大多采用分段式结构和潜入喷管,如美国的大力神系列运载火箭助推器、航天飞机助推器、欧空局的阿里安-5 火箭助推器、日本的 H-2 运载火箭助推

器等。然而,分段结构和潜入喷管往往会带来氧化铝的沉积(也称熔渣沉积),不仅影响发动机的比冲性能,而且对发动机的热防护产生危害。

我国的固体火箭运载也得到了快速发展,然而,在分段装药发动机地面试车中遇到了熔渣沉积带来的烧蚀异常问题。某型直径 2 m、二分段式固体发动机地面试车后,从燃烧室后段收集到 210 kg 的熔渣沉积物,明显大于同等规模整体式发动机的熔渣沉积量,且沉积区域绝热层已基本耗尽,该区域的烧蚀量大大超出了预期。传统的烧蚀理论和模型均无法解释这种异常烧蚀现象,分析认为这与氧化铝沉积与绝热层的强化传热以及热化学反应有关。一方面,氧化铝沉积与绝热层直接接触,热流密度大大增强,可以形象地称为"烫伤";另一方面,高温氧化铝沉积会与炭化层发生碳热还原反应,消耗炭化层,这个则属于热化学烧蚀。

图 4-30 为采用实验发动机开展的氧化铝沉积实验,获得氧化铝沉积条件下的热流密度随时间的变化曲线。可以看出,最大热流密度达到 30 MW/m²,这远远高于无沉积条件下的热流密度。但是其持续的时间并不长。

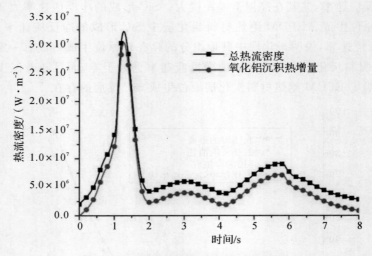

图 4-30 氧化铝沉积实验得到热流密度

针对 Al_2O_3 与 C 的反应机理和动力学开展研究,确定了反应式和动力学参数。总反应为

$$Al_2O_3 + 3C = 2Al + 3CO\uparrow \qquad (4-49)$$

总反应的动力学参数为:反应活化能 $E_a = 254.5$ kJ/mol;指前因子 $A = 5.5 \times 10^6$/min。

第一步反应:

在 Al_2O_3 - C 体系反应起始阶段,其反应式为

$$Al_2O_3 + 3C = Al_2OC + 2CO\uparrow \qquad (4-50)$$

起始温度为 1 939.5 ℃,反应活化能 $E_a = 107.9$ kJ/mol,指前因子 $A = 625.9$/min。

第二步反应:

Al - O - C 体系化合物是不稳定的,即使反应体系有 Al - O - C 化合物的生成,也会进一步与 C 反应生成 Al_4C_3,第二步反应方程式为

$$2Al_2OC + 3C = Al_4C_3 + 2CO\uparrow \qquad (4-51)$$

起始温度为 2 033.2 ℃,反应活化能 $E_a = 240.3$ kJ/mol,指前因子 $A = 8.3 \times 10^5$/min。

第三步反应:

生成物 Al_4C_3 与残余 Al_2O_3 继续反应生成单质 Al,反应方程式为

$$Al_2O_3 + Al_4C_3 = 6Al + 3CO \uparrow \tag{4-52}$$

起始温度为 2 087.0 ℃,反应活化能 $E_a = 567.5$ kJ/mol,指前因子 $A = 1.6 \times 10^{14}$/min。

目前国内学者已经针对高温氧化铝沉积条件下 EPDM 绝热材料的烧蚀过程建立烧蚀计算模型,想了解这部分内容的读者可查阅相关文献。

4.5　气流剥蚀

气流剥蚀是指气流流动所导致的烧蚀行为,主要指在气流作用下炭化层的机械剥落,广义的还包括气流带来的其他物理化学效应,例如气流速度变化造成的对流换热变化,横向气流对热解气体和 SiO_2 的抽吸(引射)效应,气流剪切造成表面液体层的流失等。本节先通过烧蚀发动机实验了解燃气速度对烧蚀的影响,然后基于冷态剥蚀实验获得对气流机械剥蚀机理的认识并建立机械剥蚀关系式。

4.5.1　燃气速度对烧蚀的影响

剥蚀是气体流动造成的,那么燃气速度肯定是最重要的影响参数。本节通过改变燃气速度开展烧蚀实验,分析燃气速度对烧蚀的影响,获得对于气流剥蚀规律的认识。

由于常规烧蚀发动机一次实验可以获得低速、变速和高速 3 种气流速度,因此非常适合用来开展燃气速度影响的研究。为了避免粒子侵蚀的影响,采用含铝 1% 的复合推进剂,其燃温为 2 707 K。表 4-16 为针对 EPDM 绝热材料常规烧蚀发动机实验的工况和烧蚀结果,3 次实验的平均压强和工作时间都比较接近,通过改变高速段的通道面积,3 次实验获得了 4 种不同的燃气速度。可以看出,绝热材料的炭化烧蚀率随着燃气速度的增大而增大。

表 4-16　EPDM 绝热材料常规烧蚀发动机实验结果

序号	工作时间/s	平均压强/MPa	气流流速/(m·s⁻¹)		炭化烧蚀率/(mm·s⁻¹)
1	6.68	4.4	低速段	0.8	0.090
2			高速段	20	0.127
3	6.67	4.5	高速段	60	0.133
4	6.81	4.1	高速段	90	0.190

图 4-31 为不同燃气速度条件下 EPDM 绝热材料炭化层表面扫描电镜照片。可以看出,当燃气速度很小时(0.8 m/s),表面有一些裂纹,但整体较为平整、致密。当燃气速度为 20 m/s 和 60 m/s 时,炭化层表面变得粗糙,有很多块状突起。当燃气速度增大到 90 m/s 时,炭化层表面又变得相对较为平整。

产生这种现象的原因与燃气的抽吸效应和机械剥蚀效应有关。当燃气速度较小时

(0.8 m/s),燃气对炭化层内的液态 SiO_2 的抽吸作用较小,析出表面的 SiO_2 较少,表面较为平整。随着燃气速度增大(20 m/s 和 60 m/s),对液态 SiO_2 的抽吸作用逐渐增强,表面析出的 SiO_2 增多。虽然表面燃气对液态 SiO_2 也有剥蚀作用,但此时速度并不是很大,留在表面的 SiO_2 相对较多,冷却后就形成表面粗糙的形貌。当燃气速度较大时(90 m/s),燃气流对表面液态 SiO_2 的剥蚀作用变强,大部分液态 SiO_2 被燃气吹走,滞留在表面的 SiO_2 量很少,加上燃气对炭化层表面的机械剥蚀作用也变强,一些突起的炭化层会被剥蚀掉,这样炭化层表面整体就显得较为平整。

不同燃气速度下 EPDM 绝热材料炭化层断面电镜照片如图 4-32 所示,所有工况上表面为燃气侧。从图中可以看出,所有工况的炭化层断面均呈现出上部相对较为致密、中下部较为疏松的结构,随燃气速度增大,炭化层厚度整体呈现减小的趋势。

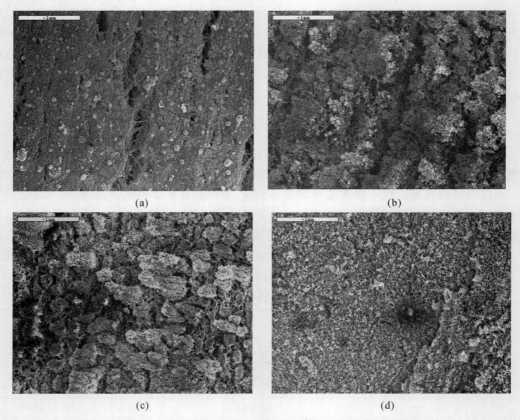

(a)   (b)

(c)   (d)

图 4-31　不同燃气速度下 EPDM 绝热材料炭化层表面电镜照片

(a)0.8 m/s;(b)20 m/s;(c)60 m/s;(d)90 m/s

表 4-17 给出了不同燃气速度下 EPDM 绝热材料炭化层的厚度,表中炭化层厚度是从炭化层断面扫描电镜上进行统计得到的平均值。可以看出:燃气速度从 0.8 m/s 增大到 20 m/s,炭化层厚度变化很小;但是随着燃气速度从 20 m/s 增大到 90 m/s,炭化层厚度减小幅度就比较大。炭化层厚度的减少主要体现了气流的机械剥蚀效应造成的影响。在气流速度较小时,还不足以造成炭化层的显著剥蚀,此时炭化层厚度随气流速度的变化不明显;

当气流速度超过某个临界值以后,炭化层表面强度不再能抵御气流的机械剥蚀,此时炭化层厚度随气流速度增大而显著减小。

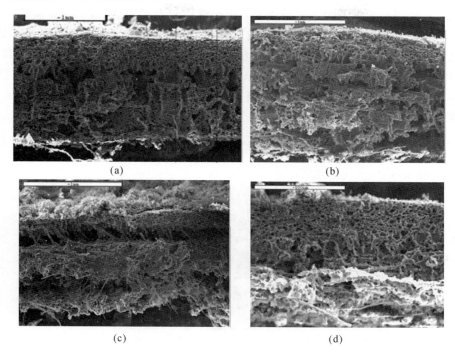

图 4 - 32　不同燃气速度下 EPDM 绝热材料炭化层断面电镜照片

(a)0.8 m/s;(b)20 m/s;(c)60 m/s;(d)90 m/s

表 4 - 17　不同燃气速度下 EPDM 绝热材料炭化层厚度

燃气速度/(m·s^{-1})	0.8	20	60	90
炭化层厚度/mm	1.48	1.47	1.04	0.6

4.5.2　气流的机械剥蚀效应

气流对炭化层的机械剥蚀效应是气流剥蚀最重要的效应,也是烧蚀建模的关键之一。虽然采用少铝推进剂可以减少粒子侵蚀的影响,但烧蚀发动机实验中绝热材料的烧蚀仍然包含热分解和热化学烧蚀等因素的影响,也同时包含了传热、抽吸、机械剥蚀和对 SiO$_2$ 的剥蚀等多种效应。为了研究气流机械剥蚀规律,需要将其从复杂的耦合烧蚀中抽离出来,通过冷流剥蚀实验可以实现这一目的。

首先采用高温加压法针对 EPDM 绝热材料制备形状较为规整的炭化层试件,其规格为 10 mm×14 mm×24 mm,测试得到孔隙率平均值为 81.0%。图 4 - 33 为炭化层冷流剥蚀实验装置,主要由整流段、实验段和喷管等组成。剥蚀炭化层的气流采用压缩空气,由气源供应系统提供;整流段的作用是让进入实验段的气流保持均匀稳定;炭化层试件通过 T 形槽安装在实验段中;实验段设有两个石英玻璃观察窗,通过高速摄像机来记录剥蚀过程;实验过程中通过测量静压和总压获得气流的速度等参数。通过更换不同喉径的喷管、调节减压阀,可以改变气流的总压和速度。

气流对炭化层的机械剥蚀主要是通过动压和剪切应力实现的,由于冷态实验气流温度与真实发动机差别很大,无法同时保证气流压强、流速、动压和剪切应力与发动机一致,因此需要调整压强和流速来保证动压和剪切应力尽量与发动机接近。根据典型发动机的工作参数,通过计算确定了冷流剥蚀实验的参数范围,压强为 0.2~1.3 MPa,气体流速为 20~100 m/s,工作时间均为 6 s。表 4-18 给出了 6 个工况的静压、总压、流速,还给出了气流的动压和理论剪切应力,其中动压为

$$q = \frac{1}{2}\rho v^2 \tag{4-53}$$

式中:ρ 为气流密度;v 为气流速度。

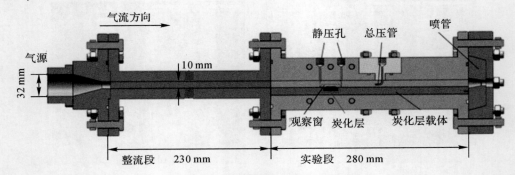

图 4-33 炭化层冷流剥蚀实验装置

理论剪切应力采用管流壁面的剪切应力公式:

$$\tau = \frac{\lambda}{8}\rho v^2 \tag{4-54}$$

式中:λ 为沿程阻力系数,采用尼古拉兹计算公式获得,即

$$\lambda = 0.003\,2 + 0.221 Re^{-0.237} = 0.003\,2 + 0.221 \left(\frac{\rho v l}{\mu}\right)^{-0.237} \tag{4-55}$$

式中:Re 为雷诺数;l 为特征长度,取流道边长 10 mm;μ 为气体动力黏度,采用萨瑟兰公式计算。

表 4-18 冷流剥蚀实验工况

序号	静压/MPa	总压/MPa	流速/(m·s⁻¹)	动压/kPa	理论剪切应力/Pa
1	0.253	0.254	26.00	1.35	5.24
2	0.683	0.686	27.41	2.60	12.80
3	1.204	1.208	23.84	3.45	15.73
4	0.254	0.268	97.10	13.4	56.68
5	0.607	0.627	75.08	19.3	72.17
6	0.829	0.862	82.52	32.3	110.57

　　根据炭化层的破坏情况,可以将 6 个工况的冷流剥蚀实验分为无显著剥蚀和层状剥蚀两种模式。图 4-34 为无显著剥蚀模式实验前后的图像,炭化层基本上没有明显的厚度变化;图 4-35 为层状剥蚀模式典型的剥落图像,可以看出炭化层在气流作用下发生了明显的层状剥落。

图 4-34　无显著剥蚀模式实验前后图像(工况 2)

(a) 实验前;(b) 实验后

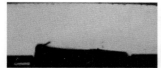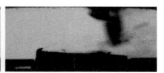

图 4-35　层状剥蚀模式炭化层剥落过程(工况 6)

(a)t_0;(b) $t_0+0.34$ ms;(c) $t_0+0.68$ ms

　　工况 1~4 为无显著剥蚀模式,此模式下炭化层表面主要发生颗粒吹除和块状剥落两种现象:前者只是对炭化层表面附着的微粒或碎屑的吹除,不会对炭化层结构起到破坏作用;后者是对炭化层表面毛刺、凸起等异形突出结构的破坏,不会对炭化层整体结构和厚度产生实质性的影响。

　　工况 5 和 6 为层状剥蚀模式,此模式下炭化层表层部分在气流持续作用下逐渐被掀起,使炭化层表面出现层状剥落,炭化层厚度减薄。随着气流动压增大,层状剥落现象会更早出现,次数增多,且单次剥落过程的破坏效果也更明显。

　　可以看出,气流对炭化层的机械剥蚀存在临界效应:当气流动压较低时,气流对绝热材料炭化层无显著剥蚀;当气流动压高于某个界限时,炭化层会出现明显的层状剥蚀。冷态剥蚀实验条件下这个界限在 13~19 kPa 之间。

　　要建立炭化层的机械剥蚀关系式,不仅需要知道气流的剪切应力,还需要知道炭化层的抗剪强度。本实验采用的炭化层进行了抗剪强度的测试,其平均值为 10.43 kPa。

　　工况 5 和 6 中炭化层在气流剥蚀下出现了层状剥蚀现象,尤其工况 6 中炭化层整体结构都遭到了破坏,但是这两个工况的气流理论剪切应力仅为 72.17 Pa 和 110.57 Pa,远小于炭化层的抗剪强度。分析认为当气体流过炭化层表面时,炭化层表面的裂纹、凸起、翘曲等不规则结构会增加气流的剪切作用,是炭化层发生层状剥蚀的主要原因。因此采用理论剪切应力表征气流对炭化层的作用力并不适合。引入与气流动压相关的等效剪切应力来表征气流对炭化层的剥蚀作用力,即

$$\tau_{eq} = D \cdot \frac{1}{2}\rho v^2 \qquad (4-56)$$

式中：τ_{eq} 为气流等效剪切应力，单位为 Pa；D 为常数，根据冷态剥蚀实验结果反推出的 D 为 0.54。

实验测得的 10.43 kPa 是孔隙率为 81% 的炭化层抗剪强度，而炭化层的抗剪强度与炭化层骨架强度和孔隙率有关。借鉴多孔材料的相关理论，建立炭化层的抗剪强度公式：

$$\tau_{\max} = \frac{0.015}{\left[2\sqrt{6\sqrt{3}\pi} + (1-\varepsilon)^{\frac{1}{2}}\right]}(1-\varepsilon)^{1.5}\sigma_{fs} \qquad (4-57)$$

式中：$\tau_{\max}$ 为炭化层的抗剪强度；ε 为炭化层的孔隙率；σ_{fs} 为炭化层骨架的抗拉强度，这里取石墨的抗拉强度 $\sigma_{fs} = 100$ MPa。

在绝热层烧蚀过程中，其表面形成的炭化层会在热化学烧蚀作用下变得疏松，炭化层抗剪强度 $\tau_{\max}$ 会随着孔隙率的增大而逐渐减小，当炭化层抗剪强度 $\tau_{\max}$ 低于气流等效剪切应力 τ_{eq} 时便会发生剥蚀现象，该部分炭化层发生脱落，这样就可以实现对气流剥蚀过程的模拟。

4.5.3 气流剥蚀机理总结

（1）气流剥蚀主要包含 4 个方面的效应——热效应、机械破坏效应、抽吸效应和液体层剪切效应，通常这 4 种效应都会随着气流速度的增大而增强。

（2）气流对炭化层的机械剥蚀存在临界效应：当气流动压较低时，气流对绝热材料炭化层无显著剥蚀；当气流动压高于某个界限时，炭化层会出现明显的层状剥蚀；冷流剥蚀实验条件下动压临界范围为 13～19 kPa。

（3）炭化层表面的裂纹、凸起、翘曲等不规则结构会加强气流的剪切作用，这是炭化层发生层状剥蚀的主要原因，引入与气流动压相关的等效剪切应力来表征气流对炭化层的剥蚀作用，建立等效剪切应力和炭化层剪切强度计算式，当炭化层抗剪强度小于气流等效剪切应力时便会发生机械剥蚀。

4.6 粒 子 侵 蚀

粒子侵蚀一般包含热效应和机械效应两部分。热效应主要指粒子与壁面碰撞过程带来的附加热流（热增量），通常包含粒子碰撞和黏附时对壁面的热传导以及粒子碰撞过程中动能转换成热能。机械效应是指粒子碰撞导致的炭化层破坏或者剥落。随着粒子浓度和速度的增大，粒子对绝热层的侵蚀作用会显著加剧。飞行过载条件下固体发动机内的粒子会发生偏转，形成稠密粒子流，会严重加剧绝热层的烧蚀。因此，本节重点讨论稠密粒子侵蚀条件下绝热材料的烧蚀机理。

形成稠密粒子流的主要条件包括飞行过载和通道的汇聚效应等。飞行过载尤其是横向过载会造成发动机内的粒子向一侧发生偏转，局部高浓度聚集（见图 4-36）。采用翼柱型装药的发动机，翼型通道也会造成粒子的聚集和加速，在翼出口正对的部位会出现烧蚀加剧的现象。随着粒子速度的增大，对绝热层的侵蚀也会加剧。大部分固体发动机后封头部位的粒子速度都比较大，因此后封头绝热层的侵蚀通常也比较严重。

稠密粒子冲刷条件下绝热层的烧蚀率往往会成倍提高，其烧蚀行为与正常的烧蚀有很大差别,需要针对其烧蚀规律和烧蚀机理开展深入的研究。下面介绍采用过载模拟烧蚀发动机针对 EPDM 绝热材料开展不同冲刷状态的烧蚀实验,获得稠密粒子侵蚀条件下的烧蚀特性。

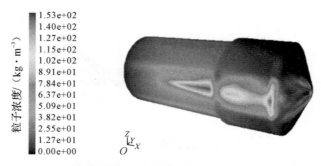

图 4 - 36　过载条件下发动机壁面粒子浓度云图

1. 过载模拟烧蚀发动机实验

地面过载模拟常用的实验方法是旋转实验,但是由于科氏加速度的影响,旋转实验的冲刷状态往往比飞行过载严酷很多,而且该方法一般用于发动机考核实验,很难直接对冲刷状态参数进行调节,不太适合烧蚀规律的研究。过载模拟烧蚀发动机结构如图 4 - 37 所示,该发动机采用固体推进剂作为燃气源,通过收敛通道产生的聚集效应,使燃气中的 Al_2O_3 粒子聚集,形成稠密粒子射流,来模拟飞行过载条件下固体发动机内的粒子聚集状态。收敛通道末端有一个可更换的调节环,可以获得不同的聚集效果。烧蚀实验段与射流形成一定角度,来模拟粒子流与绝热层的冲刷角度。通过更换不同直径的调节环和不同角度的偏转烧蚀段,可获得不同的冲刷状态(粒子浓度、速度和角度)。图 4 - 38 给出了过载模拟烧蚀发动机与飞行过载条件下发动机冲刷状态的对应关系。

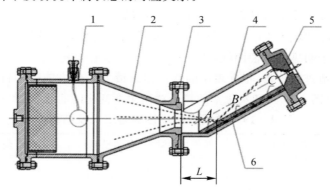

图 4 - 37　过载模拟烧蚀发动机结构图

1—燃气发生器;2—收敛通道;3—调节环;4—烧蚀实验段;5—喷管;6—绝热层试件

过载条件下发动机绝热层的烧蚀,不仅与过载大小和方向有关,还与发动机结构和过载作用的历程有关,对某一发动机的研究结果很难推广到其他发动机上去。通过上面的分析可以知道过载条件下的烧蚀实际上包含了两个问题:一个是对过载条件下冲刷状态的预示,一个是稠密粒子侵蚀条件下绝热材料的烧蚀规律和机理。这两个问题是相对独立的:第一个问题可以通过建立适合的两相流数值模型来解决;第二个问题则需要开展不同冲刷状态的绝热层烧蚀实验解决。

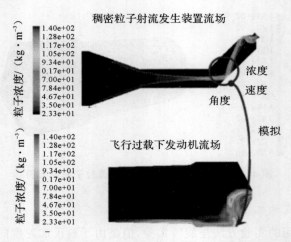

图 4 - 38   过载模拟烧蚀发动机与飞行过载条件下冲刷状态的对应关系

稠密粒子冲刷状态参数主要包括粒子浓度、冲刷速度和角度。考虑到稠密粒子侵蚀与过载的密切关系,在选择工况时,参考典型过载条件下发动机两相流数值模拟得到的冲刷状态参数范围,并进行适当延展。开展的有效实验工况和烧蚀结果见表 4 - 19。实验采用的推进剂为含铝 17% 的丁羟复合推进剂,燃温 3 420 K,设计工作压强为 6 MPa,工作时间为 6 s,绝热材料为 EPDM 基础配方。

2.稠密粒子冲刷参数对炭化速率的影响

实验后绝大部分绝热层试件表面都有侵蚀造成的凹坑,粒子速度越大侵蚀凹坑越明显,粒子速度很小的工况凹坑不太明显。图 4 - 39 为工况 6 实验后绝热层试件的照片,可以看到绝热层表面有一个明显的侵蚀凹坑,凹坑周围的炭化层有起翘和开裂的现象。

为了便于直观地进行分析,根据表中的数据作出最大炭化烧蚀率(简称炭化率)随冲刷速度变化的曲线(见图 4 - 40)和炭化率随粒子冲刷角度变化的曲线(见图 4 - 41)。

表 4 - 19   过载模拟烧蚀实验工况及结果

序号	发动机状态参数		粒子冲刷状态(数值模拟)		烧蚀结果	
	转折角 /(°)	调节环 直径/mm	速度 /(m·s⁻¹)	角度/(°)	浓度 /(kg·m⁻³)	最大炭化率 /(mm·s⁻¹)
1	10	40	43	8	123.69	0.717
2	30	40	44	30	70.97	0.970
3	30	45	36	24	54.91	0.570
4	30	50	31	29	49.58	0.385
5	30	80	15	18	14.26	0.294

续表

序号	发动机状态参数		粒子冲刷状态(数值模拟)		烧蚀结果	
	转折角 /(°)	调节环 直径/mm	速度 /(m·s⁻¹)	角度/(°)	浓度 /(kg·m⁻³)	最大炭化率 /(mm·s⁻¹)
6	45	40	42	45	63.6	1.516
7	45	50	30	43	42.95	0.395
8	45	60	28	42	20.95	0.292
9	45	80	13	40	17.72	0.285
10	60	40	39	62	58.79	1.578
11	60	50	26	60	39.42	0.349
12	60	60	20	58	29.67	0.279
13	60	80	11	57	22.66	0.225
14	90	40	38	87	117.75	1.392

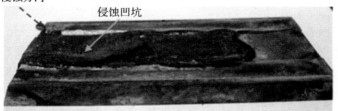

图 4-39　过载模拟烧蚀发动机实验后的绝热层试件

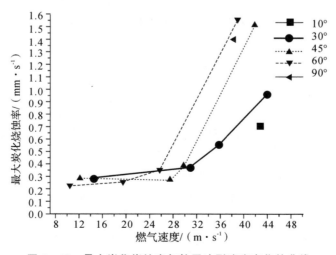

图 4-40　最大炭化烧蚀率与粒子冲刷速度变化的曲线

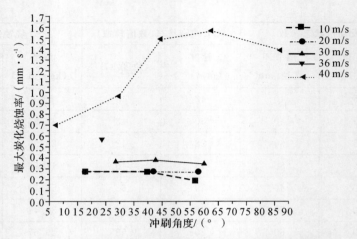

图 4 - 41　最大炭化烧蚀率随粒子冲刷角度变化的曲线

从图 4 - 40 可以看出,冲刷速度对炭化率的影响存在临界速度效应:当冲刷速度小于临界速度时,炭化率随速度增大变化得很缓慢;当冲刷速度大于临界速度时,炭化率随速度急剧增大。随着冲刷角度的增大,临界速度有所减小。实验条件下 EPDM 绝热材料的临界速度在 $26 \sim 32$ m/s 之间。

从图 4 - 41 可以看出,当冲刷速度小于临界速度时,角度变化对炭化率影响不大;当冲刷速度大于临界速度时,角度变化对炭化率的影响非常显著。冲刷速度为 40 m/s 时,冲刷角度从 $10° \sim 60°$ 变化,炭化率随角度增大而增大,但从 $60° \sim 90°$,炭化率随角度的增大有所下降。

下面分析图 4 - 40 中的临界速度效应产生的原因。虽然炭化层是多孔疏松的脆性材料,但其表面存在致密结构,有一定的抵御粒子机械破坏的能力。当冲刷速度小于临界速度时,炭化层表面能够抵抗稠密粒子的机械破坏,炭化层结构保持相对完整,冲刷状态参数(速度、角度)的变化对炭化率的影响不显著。在冲刷速度超过临界速度以后,炭化层表面已经不能抵抗稠密粒子的破坏,因而炭化率随粒子速度的增加而快速增大。此外,由于粒子侵蚀热增量的增大,炭化层的形成速率显著增加,也导致炭化率迅速增大。

3. 稠密粒子侵蚀条件下炭化层特征

利用扫描电镜(SEM)分析不同实验条件下炭化层表面和断面的微观形貌。通过对大量 SEM 图像的分析、比较,发现有 3 种典型的侵蚀模式——弱侵蚀模式、氧化铝沉积模式和强侵蚀模式。

(1)弱侵蚀模式。调节环直径为 $\phi 80$ mm 的实验一般为弱侵蚀模式,粒子冲刷速度范围为 $11 \sim 15$ m/s。图 4 - 42 为典型弱侵蚀条件下炭化层表面和断面电镜照片,可以看出炭化层表面较平整、致密,致密层位于炭化层表面,存在致密/疏松结构。

在弱侵蚀模式下,粒子的冲刷速度相对较小,粒子侵蚀引起的机械作用不足以完全破坏炭层的致密结构,因此仍然存在致密/疏松的结构,炭化率随冲刷速度的增大而缓慢增大。

(2)氧化铝沉积模式。调节环直径为 $\Phi 50$ mm、$\Phi 60$ mm 的实验大多为氧化铝沉积模式,粒子冲刷速度为 20～31 m/s。图 4-43 为典型氧化铝沉积模式下炭化表面和断面的电镜照片,可以看出,炭化层表面有大量氧化铝沉积,炭化层上部和底部是疏松的,而中部是致密的,呈现出"疏松-致密-疏松"的结构。

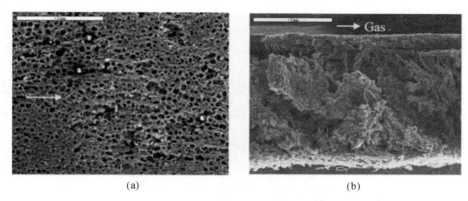

(a)   (b)

图 4-42　弱侵蚀模式炭化层扫描电镜
(a)表面;(b)断面

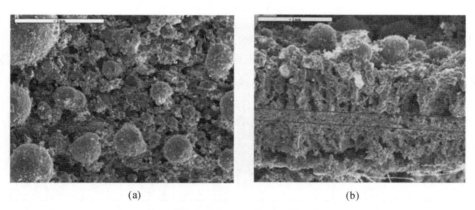

(a)   (b)

图 4-43　氧化铝沉积模式炭化层扫描电镜
(a)表面;(b)断面

　　氧化铝沉积模式下为什么出现疏松-致密-疏松现象呢? 这与炭化层中液态 SiO_2 位置有很大关系。图 4-44 所示为沉积模式下中间致密层形成机理的示意图。沉积模式下炭化层表面有很多液态 Al_2O_3 沉积物,使得正常情况下以对流和辐射为主的换热方式,变成了液态 Al_2O_3 沉积物与绝热层表面直接的热传导。由于液态 Al_2O_3 沉积物的温度很高(3 400 K 左右),大幅提高了表面的热流密度,从而提高了炭化层内部温度分布。炭化层中上部区域温度将超过 SiO_2 的气化温度(2 503 K),在该区域 SiO_2 将会发生气化。虽然 SiO_2 气化会带走一些热量,但相对于高温 Al_2O_3 沉积物带来的高热流密度,气化潜热对温度分布的影响很小。

　　由于沉积物的直接导热作用,炭化层底部到表面的温度分布变为 800～3 400 K,SiO_2 熔化温度线 1 923 K 以上 SiO_2 开始融化,在热解气体的驱动下向上迁移,使得紧邻 SiO_2 气化温度线 2 503 K 下部的区域液态 SiO_2 含量较高,对热解气体阻滞作用增强,加上该区域温度也较高,因此热解气体的气相沉积速率较大,沉积量相对较大,形成了中部的致密结构。2 503 K 温度线向上 SiO_2 开始气化,液态 SiO_2 含量急剧减少,对热解气体的阻滞下降,加上相当的热解气体被中部沉积所消耗,虽然该区域温度很高,气相沉积量却相对较小,保持较为疏松的状态。

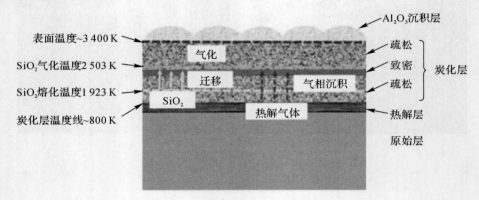

图 4-44 炭化层中间致密层形成机理示意图

(3)强侵蚀模式。调节环直径为 $\Phi 40$ mm 的实验为强侵蚀模式,粒子冲刷速度为 35～43 m/s。图 4-45 为强侵蚀模式下炭化层表面和断面的扫描电镜照片。在这种模式下,炭化层整体结构更加致密,表面没有明显的氧化铝沉积。

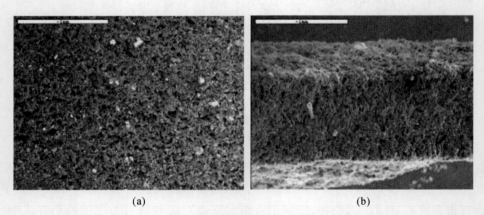

(a)   (b)

图 4-45 强侵蚀模式下炭化层扫描电镜
(a)表面;(b)断面

强侵蚀模式下,粒子冲刷超过临界速度,此时气流速度也较大,粒子很难在表面沉积,由于缺少沉积层的保护,加上粒子速度较大,粒子对炭化层的机械破坏显著增强,较为疏松的结构都被破坏掉了,此时剩余的是那些较为致密的炭化层,而且厚度也变薄了。在这个模式下,炭化率随粒子冲刷速度的增大而快速增大。

4. 炭化率的经验公式

针对不同粒子冲刷状态下的炭化率实验数据,可以通过数据拟合的方法来建立炭化率与冲刷状态参数之间的经验关系式。粒子的冲刷状态参数主要包括粒子浓度、速度和角度,采用以下的公式形式:

$$r_{max} = a \cdot n_p^{\ b} \cdot v_p^{\ c} \cdot (\cos\alpha)^d \tag{4-58}$$

式中:r_{max} 为实验条件下绝热材料的最大炭化率;n_p 为粒子浓度;v_p 为粒子速度;α 为粒子冲刷角度;a、b、c、d 为待定系数;所有变量的单位与表 4-19 中的一致。

针对所有工况,采用统一的公式进行拟合效果不理想,考虑到存在临界速度效应,对实验数据分两段进行拟合,即一段为小于临界速度,另一段为大于等于临界速度。对表 4-19中数据最终得到的拟合公式如下。

当冲刷速度 $v_p < 35$ m/s 时:

$$r_{max} = 0.096\ 9n_p^{\ 0.209}v_p^{\ 0.187}(\cos\alpha)^{0.247} \tag{4-59}$$

当冲刷速度 $v_p \geq 35$ m/s 时:

$$r_{max} = 1.057 \times 10^{-5} n_p^{\ -4.096} v_p^{\ 7.615} (\cos\alpha)^{-0.967} \tag{4-60}$$

首先,可以看出,冲刷速度小于临界速度的公式中冲刷速度的幂次比较小,而冲刷速度大于临界速度的公式中冲刷速度的幂次非常大,这体现了临界速度效应的影响。其次,冲刷速度大于临界速度的公式中粒子浓度的幂次是负值,这表明在大于临界速度的条件下炭化率随粒子浓度增大而下降,这主要是由于当粒子浓度较大时,粒子间相互碰撞增强,碰壁的粒子会对后面的粒子产生阻碍作用。最后,小于临界速度的公式中角度余弦的幂次是正数,炭化率与角度是负相关的,大于临界速度的公式中角度余弦的幂次是负数,炭化率与角度是正相关的。

该经验公式是针对过载模拟烧蚀实验数据拟合的,因此有一定的适用范围,其适用范围为:EPDM 绝热材料基础配方,粒子浓度为 10~80 kg/m³,粒子冲刷速度为 10~65 m/s,冲刷角度为 15°~70°。

4.6.2　稠密粒子侵蚀热增量

粒子侵蚀除了机械破坏外,还会带来热增量,即增加表面的热流密度。粒子侵蚀热增量指粒子侵蚀造成的热流密度的增加量,主要包括两部分:一部分是高温粒子与壁面接触时直接传递给壁面的热量;另一部分是粒子与壁面碰撞过程中粒子动能转换成的热能。这两种热流均与粒子浓度有关,浓度越高则热流越大。在浓度一定的情况下,接触导热热流与粒子和壁面的温差及粒子碰撞速度有关,温差越大、粒子速度越小,接触导热热流也越大。动能转热能与粒子质量和速度有关,粒子质量越大、速度越大,则这部分热流也越大。

粒子侵蚀热增量是绝热材料烧蚀机理分析的基础数据,是绝热层烧蚀预示的两相流边界参数,也是发动机热防护设计重要的依据。传统的固体发动机传热分析主要针对的是气相燃气对壁面的传热,对于粒子侵蚀传热的认识还不够深入,建立的粒子热增量模型大多借鉴再入飞行器气动热的研究成果,主要考虑粒子撞击后的动能转热能。因此在固体发动机真实工作条件下,获得氧化铝粒子对壁面的侵蚀热增量的测试结果,对于建立或验证粒子热增量模型,以及指导发动机热防护设计都具有重要的意义。

1. 粒子侵蚀热增量的测试方法

前面介绍的过载模拟烧蚀发动机采用固体推进剂,与真实发动机很接近,通过改变调节件内径和实验段角度,可以获得不同的粒子冲刷状态参数,如果采用不同含铝量的推进剂,可以在更大范围内调节粒子参数。在过载模拟烧蚀发动机侵蚀部位安装热流测试装置,就可以获得两相流燃气侵蚀时的总热流,通过扣除对流和辐射传热的热流,就可以得到粒子侵蚀热增量。

粒子侵蚀热增量实验研究的总体方案如图 4-46 所示。首先基于过载模拟烧蚀发动机来获得不同的粒子侵蚀状态,设计一种适合高温侵蚀环境下的热流测试装置用于测量热流,并建立相应热流计算方法。通过开展两相流场数值模拟获得各实验工况的两相流冲刷状态参数。开展不同工况的热流测试实验,获得各工况的总热流密度等测试数据。利用两相流数值模拟获得的相关参数,计算对流和辐射换热的热流,进而获得粒子侵蚀热增量。最终拟合出粒子热增量与粒子冲刷状态之间的经验关系式。

2. 实验装置

针对发动机中高温强侵蚀的严酷环境,设计一套适用于过载模拟烧蚀发动机环境的热流测量装置,如图 4-47 所示。热流测量装置的基本原理是利用冷却剂的强迫对流将传入的热量带走,这样既能保证表面不被高温两相流烧坏,同时利用冷却剂的焓值变化可以计算出表面的热流密度。该装置主要由铜质换热试件、绝热板、背板、冷却剂进出口、热电偶和冷却剂组成。其中与高温燃气接触的换热试件采用铜质材料,以提高其导热能力。换热试件背面加工出环形冷却铣槽,保证冷却剂分布均匀和流动顺畅。测量装置主通道上下及环侧均布置绝热件,主要作用是防止热流的损失,同时尽量使热量沿轴向接近一维传热,便于参数的计算。在冷却剂出口处安装 K 型热电偶,用来测量冷却剂的温升。

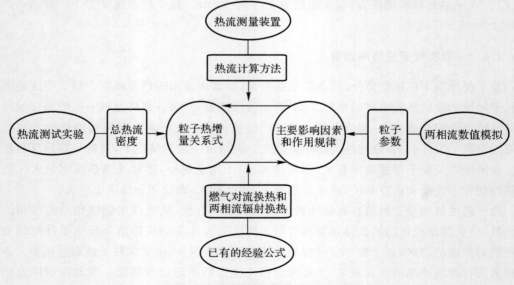

图 4-46 粒子侵蚀热增量研究方案

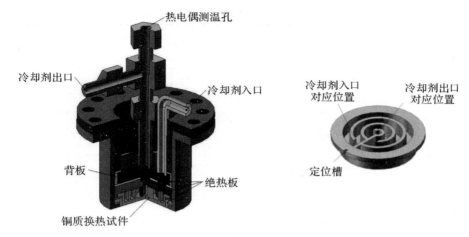

图 4 - 47　热流测量装置结构示意图

为了能安装热流测量装置,需要对过载模拟烧蚀发动机进行必要的改造。主要是在烧蚀实验段正对粒子射流的部位开孔并设置与热流测量装置匹配的接口,实验前将热流测量装置安装于这个位置,其结构如图 4 - 48 所示。通过改变推进剂含铝量、调节件内径及实验段的转折角,实现对两相流燃气冲刷状态参数的调节。

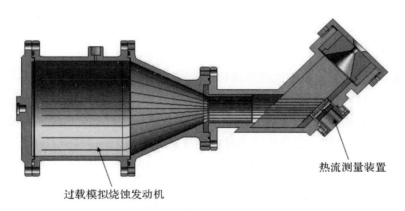

图 4 - 48　粒子侵蚀热流实验发动机示意图

3.稠密粒子侵蚀热增量经验公式

表 4 - 20 为实验获得的热增量以及数值计算得到的粒子冲刷状态参数,采用经验公式对该数据进行拟合。参照炭化率经验公式的形式,浓度和速度依然采用幂函数形式,角度则采用正弦函数关系,拟合公式的形式为

$$\dot{q}_p = a' \cdot n_p^{b'} \cdot v_p^{c'} \cdot \sin\alpha \qquad (4-61)$$

式中:$\dot{q}_p$ 为粒子热增量;n_p 为粒子浓度;v_p 为粒子冲刷速度;α 为粒子冲刷角度;a'、b'、c' 为要拟合的常数;单位都是国际制。

表 4 - 20 粒子热增量关系式拟合参数

实验工况	粒子热增量 /(W·m⁻²)	粒子浓度 /(kg·m⁻³)	粒子冲刷速度 /(m·s⁻¹)	粒子冲刷 角度/(°)
1	9.136×10^5	0.025	11.2	45
2	1.022×10^6	0.807	16.6	45
3	1.176×10^6	1.53	26.7	45
4	1.116×10^6	4.11	12.3	45
5	3.645×10^6	12.7	18.0	45
6	4.494×10^6	23.5	30.0	45
7	1.220×10^6	3.36	15.8	45

使用 Levenberg-Marquardt 方法(L - M 方法)进行拟合,拟合出的粒子热增量经验关系式为:

$$\dot{q}_p = 7.160\times10^5 n_p^{0.50} v_p^{0.18} \sin\alpha \tag{4-62}$$

可以看出,浓度的幂次比速度的幂次高,表明粒子侵蚀条件下浓度对热增量的影响更大。这里需要注意的是,该公式比较适合粒子稠密状态,不太适合粒子浓度极低的情况。

习 题

1. 简述氧-乙炔烧蚀实验方法的原理和优缺点。
2. 简述烧蚀发动机实验方法的原理和特点。
3. 质量烧蚀率、线烧蚀率和炭化速率的定义是什么?工程上常用哪种烧蚀率?
4. 什么是热分解?请简要描述绝热材料热分解的过程。
5. 什么是 TG 和 DSC?简述其原理。
6. 什么是热解温度和炭化温度?如何根据 TG 和 DSC 曲线确定?
7. 热分解反应动力学研究要得到的动力学三因子是什么?
8. 什么是热化学烧蚀?
9. 绝热材料烧蚀中主要有哪些热化学反应?绝热材料的热化学反应有什么特点?
10. 简述 SiC 生成与消耗反应对烧蚀的影响。
11. 高温氧化铝沉积导致绝热层烧蚀加剧的主要原因是什么?
12. 为什么要研究炭化层的特性?
13. 炭化层孔隙率的定义是什么?炭化层密度与孔隙率之间的关系是什么?
14. 炭化层表面致密、内部疏松的结构对绝热层抗烧蚀有什么好处?
15. 炭化层的致密/疏松结构是如何形成的?
16. 什么是气流剥蚀,通常包含哪些效应?

17. 什么是粒子侵蚀，通常包含哪些效应？

18. 飞行过载为什么会造成发动机烧蚀异常增加？

19. 简述过载模拟烧蚀发动机的原理和冲刷状态参数的调节方法。

20. 什么是稠密粒子侵蚀的临界速度效应？对发动机设计有什么启示？

第 5 章　绝热材料烧蚀模型

在对绝热材料烧蚀机理有了深刻认识,并获得了相关定量关系和参数以后,就可以针对绝热材料建立烧蚀理论预示模型(简称烧蚀模型),有了烧蚀模型就可以对绝热材料的传热和烧蚀过程进行预示。传统的基于分层结构的热化学烧蚀模型将绝热层简化为原始层、热解层和炭化层,主要考虑高温条件下燃气氧化性组分对绝热材料表面的热化学烧蚀,分层建立方程,通过数值方法进行求解,从而得到不同时刻绝热材料的温度分布和烧蚀率等参数。随着对绝热材料烧蚀机理认识的不断深入,人们发现炭化层是一种多孔介质,其内部会发生很多与烧蚀相关的复杂物理化学过程,真实的烧蚀是体烧蚀,而非面烧蚀,传统的热化学烧蚀模型不仅无法反映体烧蚀特征,而且也很难描述气流剥蚀、粒子侵蚀、炭化层的内压、热解气体沉积等复杂过程。针对这些问题,国内外学者借鉴多孔介质的理论和方法,发展了基于多孔介质的热化学烧蚀模型。该模型能够描述炭化层孔隙结构中的流动和传热过程,可以采用统一的方法描述和处理燃气、炭化层、热解层和原始层,而且具有很好的扩展性,能够描述剥蚀、侵蚀和沉积等过程。

下面简要介绍传统的基于分层结构的热化学烧蚀模型和基于多孔介质的体烧蚀模型。这里主要介绍模型的建模思想、主要控制方程、计算方法的主要思路,详细的计算方法读者可以参考相关文献。

5.1　基于分层结构的热化学烧蚀模型

固体发动机绝热层的烧蚀机理比较复杂,而且不同体系的绝热材料烧蚀也存在差别,但从气动热化学烧蚀这一点上来讲,又有共同之处。所谓气动热化学烧蚀是指这样的过程:高温燃气流过绝热层内壁面,在壁面附近形成边界层(附面层)。主流中具有氧化性的组分通过边界层扩散到壁面,与绝热层中可氧化的组分发生热化学反应。热化学反应使绝热材料消耗,形成壁面的烧蚀退移。绝热材料的烧蚀带走了大量的热,因此有效保护了发动机结构。研究表明,在气流剥蚀、粒子侵蚀或沉积不严重的部位,以气动热化学烧蚀为基础来考虑烧蚀问题是比较恰当的。

绝热层的烧蚀与传热是紧密结合、相互影响的,但又是范畴不同、相对独立的研究课题。通常采用的研究方法是:在烧蚀计算中以详细解决烧蚀问题为重点,传热计算粗糙一些;在传热计算中,传热模型比较细致,烧蚀计算粗糙一些。然后,以耦合的办法将它们有机地结合起来,使问题更好地得到解决。

下面从物理模型、控制方程组、计算方法和算例等几个方面介绍基于分层结构的绝热层热化学烧蚀模型。

5.1.1　物理模型

当燃气流经绝热层表面时,燃气与绝热层表面之间发生能量和质量的传递。在加热初期,传到绝热层表面的能量只是单纯地升高材料表面的温度,此时材料起吸热作用。所发生的能量传递有燃气与材料表面之间的热辐射、对流换热以及材料内部的热传导。当材料表面被加热到热解温度时,表面材料开始分解,此时高聚物裂解会吸收大量的热量。随着热交换过程的进一步进行,材料表面温度达到炭化温度时,材料中极大部分高聚物分解成低相对分子质量气体逸出表面,留下多孔焦炭状残渣,并和原先加入基体的不分解的填料一起形成炭化层。随着热解炭化过程的进行,炭化层与热解层之间的交界面和热解层与材料基体之间的交界面就向材料内部深处推移,推移的速度由加热的激烈程度决定。在材料形成炭化层、热解层和基体 3 层结构以后,热解层产生的气体通过多孔炭化层扩散并进一步裂解成简单分子进入附面层。在炭化层表面,来流气体中的氧化组分(CO_2、H_2O 等)与碳发生热化学反应,消耗炭化层质量,表面向内移动。当炭化层内移速度刚好等于内部两交界面的内移速度时,就达到稳态的烧蚀状态。根据上述描述,建立图 5-1 所示的绝热层烧蚀模型。

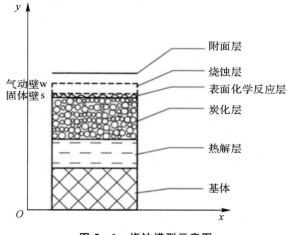

图 5-1　烧蚀模型示意图

图 5-1 中各层的意义如下:

(1)基体:也叫原始层,此层中没有任何化学反应,仅有热传导。

(2)热解层:高聚物在此层发生裂解,放出热解气体并流向炭化层。在此层中存在高聚物的裂解、热解气体流动和热传导。

(3)炭化层:炭化层是疏松多孔体,热解气体流经此层时发生二次分解,成为简单分子。分解气体的最终产物主要为 CO、H_2、N_2、H_2O、CO_2 及简单的烃类气体。在此假设氧化性气体流过炭化层时不与碳发生反应,但与炭化层发生对流换热,换热热量由气体温升所增加的焓带走。

(4)表面化学反应层:在此层中,来流气体中的氧化组分和材料中高聚物的最终裂解产物中氧化组分与表面碳发生化学反应。由于炭化层的多孔性,化学反应渗入炭化层,消耗了部分次表面的积碳并吸收部分热量。因此可以认为化学反应是在表面的一薄层内进行的。

(5)烧蚀层:表面及次表面碳的质量损耗,烧蚀表面下移形成烧蚀层。

(6)附面层:表面附面层可以认为是 2D 冻结附面层层流流动,在此层中有质量引射和附面层与表面反应层之间的能量传递。

在实际烧蚀过程中,各层的物理化学过程是十分复杂的。要准确地对所有情况进行数学描述是不可能的。因此,在保持事物本质的前提下,对绝热层烧蚀的物理模型做一些合理的简化,得到上述简化的烧蚀模型。

在物理模型的基础上,从质量守恒和能量守恒这两条基本原则出发,对材料的质量损失与环境参数、材料性能参数之间的关系,环境给材料的气动加热、辐射加热、反应吸热及各种热传递之间的关系加以数学描述。为了简化问题,作了如下基本假设:

(1)绝热层表面气流流动按 2D 冻结流计算,成分的定压比热容 c_p、定容比热容 c_v 和比热比 k 等物性参数都不随温度变化。

(2)表面化学反应均为一级反应。

(3)组元气体服从理想气体关系式。

(4)忽略体积力。

(5)除高聚物的裂解反应外,所有组元的化学反应都发生在表面反应层内。

(6)附面层内垂直于表面的压力梯度为零,即 $\dfrac{\partial p}{\partial y}=0$。

(7)附面层中温度场与浓度场相似,即普朗特数 $Pr=1$,刘易斯数 $Le=1$。

(8)低速流动的燃气具有的静焓大于其动能,忽略流动方向的压降。

(9)忽略粒子侵蚀或沉积、气流剥蚀等效应。

5.1.2 表面能量和质量守恒方程

图 5-2 展示了绝热层烧蚀过程中形成炭化层之后的控制体能量守恒关系。图中各项分别是:

$\dot{q}_{int}$——传入炭化层内部的热流率。

$(\dot{q}_{rad})_{net}$——燃气与气动壁之间的净热辐射热流率。

$(\rho v)_w h_w$——气体喷射总体运动时带走的焓。

$\dot{q}_a$——单位时间单位面积内的化学反应热效应。

$-\sum\limits_{i=1}^{16}\left(\rho D h_i \dfrac{\partial Y_i}{\partial y}\right)_w$——由分子扩散带走的焓,上标 16 表示考虑燃气中的 16 种组分。

$-k_g \dfrac{\partial T}{\partial y}\Big|_w$——层流附面层与炭化层表面气动壁之间的热传导热流率。

$\dot{m} h_s$——热分解气体物质流带入控制体的焓。

上述各项的单位都为 kJ/(m²·s)。其中:ρ 为密度;T 为温度;v 为 y 方向的速度分量;h 为燃气静焓;D 为气体分子的扩散系数;Y_i 为摩尔浓度;k_g 为混合气体导热系数;下标 g 表示气体,下标 s 表示固体,下标 w 表示气动壁,下标 i 表示第 i 种气体组分。

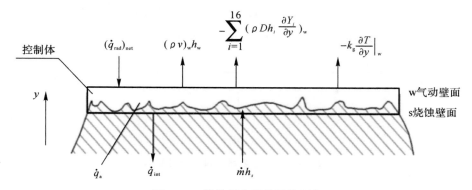

图 5 - 2　炭化层表面能量控制体

根据上述能量关系得到如下守恒方程式：

$$\dot{m}h_s + \dot{q}_a + (\dot{q}_{rad})_{net} = \dot{q}_{int} + (\rho v)_w h_w - k_g \frac{\partial T}{\partial y}\Big|_w - \sum_{i=1}^{16} \left(\rho D h_i \frac{\partial Y_i}{\partial y}_w \right) \tag{5-1}$$

现对式(5-1)右端的热传导项和分子扩散带走的焓这两项进行变换：

$$k_g \frac{\partial T}{\partial y}\Big|_w + \sum_{i=1}^{16} \left(\rho D h_i \frac{\partial Y_i}{\partial y} \right)_w = \left(\frac{k_g}{c_p} \right)_w \cdot \left[\left(c_p \frac{\partial T}{\partial y} \right)\Big|_w + Le \sum_{i=1}^{16} h_i \frac{\partial Y_i}{\partial y}\Big|_w \right] \tag{5-2}$$

式中：无量纲参数 $Le = \dfrac{\rho D c_p}{k_g}$，表示组分扩散速率与热扩散速率的比值。

$$c_p = \sum_{i=1}^{16} c_{p i} \cdot Y_i \tag{5-3}$$

$$h = \sum_{i=1}^{16} h_i \cdot Y_i \tag{5-4}$$

再由假设知 $Le = 1$，得

$$\frac{\partial h}{\partial y}\Big|_w = \sum_{i=1}^{16} \left(Y_i \frac{\partial h_i}{\partial y} \right)\Big|_w + \sum_{i=1}^{16} \left(h_i \frac{\partial Y_i}{\partial y} \right)\Big|_w \tag{5-5}$$

把式(5-5)代入式(5-2)得

$$k_g \frac{\partial T}{\partial y}\Big|_w + \sum_{i=1}^{16} \left(\rho D h_i \frac{\partial Y_i}{\partial y} \right)\Big|_w = \left(\frac{k_g}{c_p} \cdot \frac{\partial h}{\partial y} \right)\Big|_w \tag{5-6}$$

表示传热传质问题的最常用的系数为斯坦顿数 C_H，定义如下：

$$C_H = \left(\frac{k_g}{c_p} \cdot \frac{\partial h}{\partial y} \right)\Big|_w / \left[\rho_e u_e (h_r - h_w) \right] \tag{5-7}$$

式中：下标 e 表示燃气流；ρ_e、u_e 分别为燃气流密度和速度；h_r 为恢复焓，其表达式为

$$h_r = c_p T_e \left(1 + \frac{k-1}{2} M_e^2 \right) \tag{5-8}$$

式中：M_e 为燃气流的马赫数；T_e 为燃气流的温度。

把式(5-6)、式(5-7)代入式(5-1)得

$$\dot{m}h_s + \dot{q}_a + (\dot{q}_{rad})_{net} = \dot{q}_{int} + (\rho v)_w h_w - \rho_e u_e C_H (h_r - h_w) \tag{5-9}$$

现在来考虑上述控制体中的质量守恒关系，根据扩散的概念，扩散是相对平均流速度而

言的,因此各组元的扩散通量总和为零,得到图5-3所示的质量守恒关系。

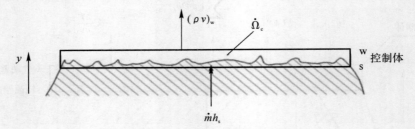

图5-3 炭化层表面质量守恒控制体

其质量守恒方程为

$$\dot{\Omega}_c + \dot{m} = (\rho v)_w \tag{5-10}$$

式中:$\dot{\Omega}_c$为由化学反应产生的气体质量增加率,即消耗的碳量;$\dot{m}$为由高聚物分解气体产生的物质流;$(\rho v)_w$为气体喷射总体运动物质流。

令无因次烧蚀率为

$$B = \frac{\dot{m}}{\rho_e u_e C_H} \tag{5-11}$$

将式(5-10)、式(5-11)代入式(5-9),得

$$\dot{q}_{int} = \dot{m}(h_s - h_w) + \dot{q}_a + (\dot{q}_{rad})_{net} - \dot{\Omega}_c h_w + \frac{\dot{m}}{B}(h_r - h_w) \tag{5-12}$$

式(5-12)和式(5-10)分别为烧蚀表面发生化学反应时的能量和质量守恒方程。

在绝热层的烧蚀过程中,当表面温度低于材料初始热解温度时,烧蚀表面无质量引射,不发生化学反应。此时气动壁与烧蚀壁面合二为一,即$T_s = T_w$。传入表面的能量关系为

$$\dot{q}_{int} = (\dot{q}_{rad})_{net} + k_g \frac{dT}{dy}\bigg|_w \tag{5-13}$$

在层流流动中,各层中的流体微团保持一定的顺序流动而不互相超越。在流体中和流体与壁面的交界面上热量将以分子导热的方式在层与层之间传递。式(5-13)中的对流换热项$\left(k_g \dfrac{dT}{dy}\bigg|_w\right)$可以通过求解层流附面层微分方程的数值解获得。

当烧蚀表面温度高于热解温度而低于炭化温度时,即$T_F < T_s < T_C$(T_F是绝热材料开始热解时的温度,T_C为绝热材料开始炭化时的温度)时,表面无化学反应发生,气膜厚度为零,即$T_s = T_w$,外边界能量方程变为

$$\dot{q}_{int} = (\dot{q}_{rad})_{net} + \frac{\dot{m}}{B}(h_r - h_w) \tag{5-14}$$

当表面发生化学反应时,气动壁温度T_w与烧蚀壁面温度T_s存在一定的温差。这一温差主要由质量喷射和表面化学反应吸热引起。因此,可以利用气膜分析法来找出T_w和T_s的关系。具体分析推导过程见相关文献,下面直接给出关系式:

$$T_w - T_s = \frac{12\sqrt{3}\,a}{\pi k_g} \cdot \left[\frac{\dot{m}}{B} c_p (T_e - T_w) - \dot{q}_a \right] \qquad (5-15)$$

可以看出,温差和气膜厚度 a、气体喷射率 $\dot{m}$、化学反应吸热 $\dot{q}_a$ 成正比,其中气膜厚度 a 为经验参数,可由炭化层的扫描电镜测得。

5.1.3　材料内部热响应

材料内部热响应计算是烧蚀计算中的主要环节。通过此项计算,可以得到烧蚀壁面温度 T_s 的变化情况和材料内部炭化线和热解线的退移情况。在烧蚀过程中,材料炭化后留下的残渣,虽然在低流速下没有被气流剥蚀掉,起着一定的隔热作用,但此时炭化层已失去了力学性能,因此当以后计算烧蚀率时,把炭化层厚度计入总烧蚀厚度之内。在热传导计算中,仍认为其热性能有效。

5.1.3.1　材料热响应控制方程

由物理模型知,绝热层在烧蚀过程中会形成炭化层、热解层和基体 3 层。为便于数学分析,认为绝热层烧蚀时的内部热传导是 1D 的,其控制方程如下:

(1)炭化层:

$$k_1 \frac{\partial^2 T}{\partial y^2} + \dot{m} c_{1g} \frac{\partial T}{\partial y} = \rho_1 c_1 \frac{\partial T}{\partial t} \qquad (5-16)$$

(2)热解层:

$$k_2(T) \frac{\partial^2 T}{\partial y^2} + \rho_2(T) \cdot H_P = \rho_2(T) c_2(T) \frac{\partial T}{\partial t} \qquad (5-17)$$

(3)基体:

$$k_3(T) \frac{\partial^2 T}{\partial y^2} = \rho_3(T) c_3(T) \frac{\partial T}{\partial t} \qquad (5-18)$$

式(5-16)～式(5-18)中下标 $m=1$、2、3 分别表示炭化层、热解层和基体;k_m、ρ_m、c_m 分别为各层的导热系数、密度和比热容;c_{1g} 为炭化层内气体的比热容;H_P 是绝热材料热解吸热量。

(1)初始条件:

$t=0$ 时,$T=T_0$,T_0 为绝热层的初温。

(2)外边界条件:

$y=0$ 处,即绝热层背面,$\left. \dfrac{dT}{dy} \right|_{y=0} = 0$,按绝热壁处理。

$y=L$ 处,即烧蚀表面,当 $T_s < T_F$ 时:

$$\dot{q}_{int} = (\dot{q}_{rad})_{net} + \dot{q}_f \qquad (5-19)$$

式中:壁面气体分子间的导热项 $\dot{q}_f$ 为

$$\dot{q}_f = k_g \left. \frac{dT}{dy} \right|_w$$

当 $T_F \leqslant T_s < T_C$ 时：

$$\dot{q}_{int} = (\dot{q}_{rad})_{net} + \frac{\dot{m}}{B}(h_r - h_w) \qquad (5-20)$$

式中：$h_r - h_w = c_p(T_r - T_w)$。

当 $T_s \geqslant T_C$ 时：

$$\dot{q}_{int} = \dot{m}(h_s - h_w) + \dot{q}_a + (\dot{q}_{rad})_{net} - \dot{\Omega}_c h_w + \frac{\dot{m}}{B}(h_r - h_w) \qquad (5-21)$$

（3）内边界条件：

在炭化线上：$T_{C1} = T_{C2}$，$\dot{q}_{C1} = \dot{q}_{C2}$。

在热解线上：$T_{F2} = T_{F3}$，$\dot{q}_{F2} = \dot{m}H_P + \dot{q}_{F3}$。

5.1.3.2　数值处理

对于上述各区的控制方程，建立图 5-4 所示的差分网格。

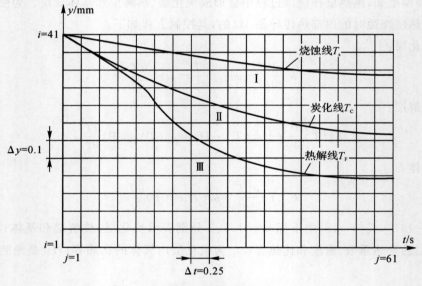

图 5-4　差分网格

应用 Crank-Nicolson 方法把各区的控制方程离散化，并进行低松弛迭代，以求得材料内部温度场的分布情况。

5.1.4　表面化学反应热效应和组分方程

通过热力计算，可以得到燃烧室内燃气的温度和燃气组分。忽略那些浓度很低的组分之后，得到 16 种组分：H、Cl、O、S、Ca、CO、CO_2、HCN、HCl、H_2、H_2O、NO、N_2、Cl_2、$AlCl_3$、AlO。为了便于计算，认为炭化层表面仅是碳组分，其他各组分之间的反应不予考虑。绝热层热分解产物主要考虑 N_2、H_2、CO、H_2O、CO_2 等简单分子。在气膜中，上述各种组分间可

能会发生多种化学反应。为了便于数值处理,取炭化层表面的主要化学反应为(上标 * 表示固相)

$$C^* + H_2O \rightarrow CO + H_2$$

$$C^* + CO_2 \rightarrow 2CO$$

$$C^* + O \rightarrow CO$$

气膜的温度比较高,上面 3 个化学反应的速率主要由附面层内和热解气体中的氧化性组分扩散到气膜内的浓度决定。

5.1.4.1　表面化学反应热效应

表面消耗积碳的量为

$$\dot{\Omega}_c = \left[\sum_{n=1}^{3} \alpha_n \cdot \frac{(K_n)_e + B \cdot f_n}{1 + f \cdot B} \right] \cdot M_c \tag{5-22}$$

式中:$n = 1, 2, 3$,分别代表 H_2O,CO_2,O;α_n 为各组元气体的反应分数;$(K_n)_e$ 为表面化学反应平衡常数;f_n 为第 n 种气体在炭化层表面的气化分数;f 为炭化层表面热解气体的总气化分数;M_c 为碳的摩尔质量。

因此得到表面碳层的退推移速率为

$$v_{re} = \frac{\dot{\Omega}_c}{\rho_{cha}} \tag{5-23}$$

式中:ρ_{cha} 为处于气膜中多孔疏松积碳的密度。

表面化学反应的平衡常数可由反应式两边物质的自由能变化关系获得,其计算公式为

$$\lg K_n = \frac{-\Delta F_T^\circ}{2.303RT} \tag{5-24}$$

式中:ΔF_T° 为反应式两端物质的自由能之差;R 为气体常数;T 为化学反应时的定性温度。

对于 $C^* + CO_2 \rightarrow 2CO$ 反应,有

$$(\Delta F_T^\circ)_1 = 2(F_T^\circ)_{CO(g)} - (F_T^\circ)_{C(gra)} - (F_T^\circ)_{CO_2(g)} \tag{5-25}$$

式中:下标 g 表示气相;下标 gra 表示石墨。

对于 $C^* + H_2O \rightarrow CO + H_2$ 反应,有

$$(\Delta F_T^\circ)_2 = (F_T^\circ)_{CO(g)} + (F_T^\circ)_{H_2(g)} - (F_T^\circ)_{C(gra)} - (F_T^\circ)_{H_2O(g)} \tag{5-26}$$

对于 $C^* + O \rightarrow CO$ 反应,有

$$(\Delta F_T^\circ)_3 = (F_T^\circ)_{CO(g)} - (F_T^\circ)_{C(gra)} - (F_T^\circ)_{O(g)} \tag{5-27}$$

其中:

$$F_T^\circ = H_T^\circ - T S_T^\circ \tag{5-28}$$

求解式(5-24)~式(5-28),并利用参考文献所给出的 H_T°、S_T° 值,可得表面化学反应平衡常数 K_1、K_2、K_3 和烧蚀表面化学反应热效应:

$$\dot{q}_a = \sum_{n=1}^{3} \dot{m}_n \cdot (\Delta F_T^\circ)_n = \sum_{n=1}^{3} \left[\alpha_n \frac{(K_n)_e + B \cdot f_n}{1 + f \cdot B} M_c (\Delta F_T^\circ)_n \right] \tag{5-29}$$

其中:

$$\{n = H_2O, CO_2, O\}$$

5.1.4.2 表面组分守恒方程

根据前面的分析,气膜内存在的气体有 H、Cl、O、S 等 16 种组分,按冻结附面层考虑,气膜内组分守恒关系如图 5-5 所示,其中:

$\dot{m}f_i$——第 i 种气体组分流入气膜的质量,其中 f 为炭化层表面热解气体的气化分数。

$(\rho v)_w (Y_i)_w$——总体物质流带走的第 i 种气体组分的质量。

$\rho D \dfrac{\partial Y_i}{\partial y}\bigg|_w$——由浓度梯度引起的分子扩散。

$\dot{\Omega}_i$——由化学反应产生的第 i 种组分的质量。

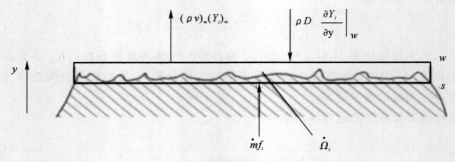

图 5-5 气膜内组分守恒关系

对于 H、Cl、S、Ca、HCN、HCl、NO、Cl_2、$AlCl_3$、AlO 十种气体组分,有如下的控制方程:

$$(Y_i)_w = \frac{1}{1+f \cdot B} \cdot (Y_i)_e, \quad i=1,2,\cdots,10 \qquad (5-30)$$

对于 O、N_2、CO、CO_2、H_2O、H_2 六种气体,其组分控制方程的形式分别为

$$(1+f \cdot B) \cdot (Y_O)_w = (Y_O)_e + B \cdot f_O - \frac{B}{\dot{m}} M_O \frac{(Y_O)_e + B \cdot f_O}{1+f \cdot B} \cdot \alpha_O \qquad (5-31)$$

$$(Y_{N_2})_w = \frac{1}{1+f \cdot B} \cdot \left[(Y_{N_2})_e + B \cdot f_{N_2}\right] \qquad (5-32)$$

$$(1+f \cdot B) \cdot (Y_{CO})_w - \frac{B}{\dot{m}} M_{CO} \frac{(Y_{H_2O})_e + B \cdot f_{H_2O}}{1+f \cdot B} \cdot \alpha_{H_2O} - 2\frac{B}{\dot{m}} M_{CO} \frac{(Y_{CO_2})_e + B \cdot f_{CO_2}}{1+f \cdot B} \cdot$$

$$\alpha_{CO_2} - \frac{B}{\dot{m}} M_{CO} \frac{(Y_O)_e + B \cdot f_O}{1+f \cdot B} \cdot \alpha_O = (K_{CO})_e + B \cdot f_{CO} \qquad (5-33)$$

$$(1+f \cdot B) \cdot (Y_{CO_2})_w + \frac{B}{\dot{m}} M_{CO_2} \frac{(Y_{CO_2})_e + B \cdot f_{CO_2}}{1+f \cdot B} \cdot \alpha_{CO_2} = (Y_{CO_2})_e + B \cdot f_{CO_2}$$

$$(5-34)$$

$$(1+f \cdot B) \cdot (Y_{H_2O})_w + \frac{B}{\dot{m}} M_{H_2O} \frac{(Y_{H_2O})_e + B \cdot f_{H_2O}}{1+f \cdot B} \cdot \alpha_{H_2O} = (Y_{H_2O})_e + B \cdot f_{H_2O}$$

$$(5-35)$$

$$(1+f \cdot B) \cdot (Y_{H_2})_w - \frac{B}{\dot{m}} M_{H_2} \frac{(Y_{H_2O})_e + B \cdot f_{H_2O}}{1+f \cdot B} \cdot \alpha_{H_2O} = (Y_{H_2})_e + B \cdot f_{H_2}$$

$$(5-36)$$

再由前面 3 个化学反应平衡常数与各组分浓度之间的关系得：

$$K_1 = \frac{(Y_{CO})_w^2}{(Y_{CO_2})_w} \qquad (5-37)$$

$$K_2 = \frac{(Y_{CO})_w \cdot (Y_{H_2})_w}{(Y_{H_2O})_w} \qquad (5-38)$$

$$K_3 = \frac{(Y_{CO})_w}{(Y_O)_w} \qquad (5-39)$$

式（5-9）、式（5-10）、式（5-15）、式（5-30）～式（5-39）中所含未知量有壁面浓度 $(Y_i)_w$，$i=1,2,\cdots,16$，反应分数 α_{CO_2}、α_{H_2O}、α_O，无因次质量烧蚀率 B、热解气体质量流率 $\dot{m}$、气动壁面温度 T_w 和烧蚀壁面温度 T_s，其中烧蚀壁面温度 T_s 可通过材料内部热响应数值解获得。

5.1.5　计算方法

前面已经构建了一组完整的非线性方程组，利用梯度法和拟牛顿法联合求解，可以降低对未知量初值的要求。通过计算（包括材料内部温度场计算），可获得表面烧蚀参数、炭化线和热解线变化情况。

在整个绝热层烧蚀率计算中需要进行下列工作：

（1）发动机装药燃烧组分和输运参数的计算，以求得燃气中各组分的摩尔浓度和燃气的物性参数。

（2）用最小自由能法计算绝热层烧蚀时喷射气体中各组分的摩尔浓度。

（3）炭化层表面化学反应的平衡常数和热效应计算。

（4）在层流情况下求解附面层与烧蚀壁面的热传导热流率。

（5）在上述计算的基础上，对材料内部的温度场、烧蚀率、炭化线及热解线的移动情况进行计算。

（6）用梯度法和拟牛顿法求解烧蚀表面组元的控制方程组。

绝热层烧蚀计算主程序流程、绝热层内部温度场计算流程分别如图 5-6 和图 5-7 所示。

5.1.6　算例

算例的绝热材料是以炭黑为填料的丁腈橡胶绝热材料，烧蚀实验装置采用透明窗发动机。透明窗发动机与烧蚀发动机类似，只是在烧蚀实验段安装了透明窗，可以采用高速摄影拍摄绝热层烧蚀的实时退移过程。实验燃烧室压强为 6 MPa，推进剂燃温为 3 070 K。烧蚀计算的主要结果如图 5-8～图 5-12 所示。

图 5-8 所示为绝热层表面各热流率随时间的变化，可以看出，在燃烧室低速层流边界层对流传热的情况下，对流热流率 $\dot{q}_f$ 是比较小的，化学反应热流率 $\dot{q}_a$ 也很小，主要的热流

是净辐射热流率$(\dot{q}_{\text{rad}})_{\text{net}}$。这与喷管中很不相同,在喷管中对流热流率起主导作用。

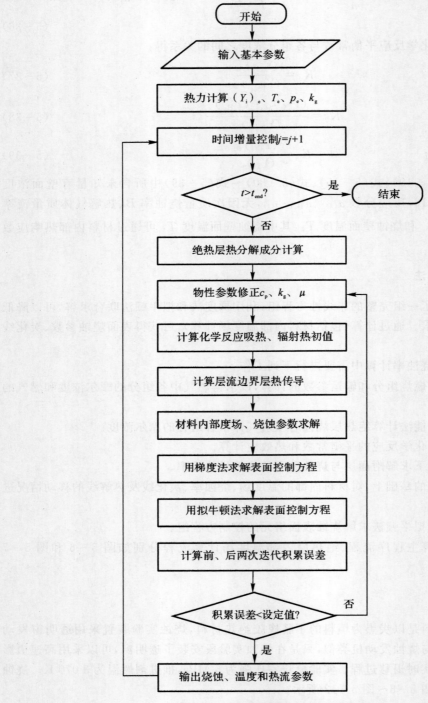

图 5-6 绝热层烧蚀计算主程序流程

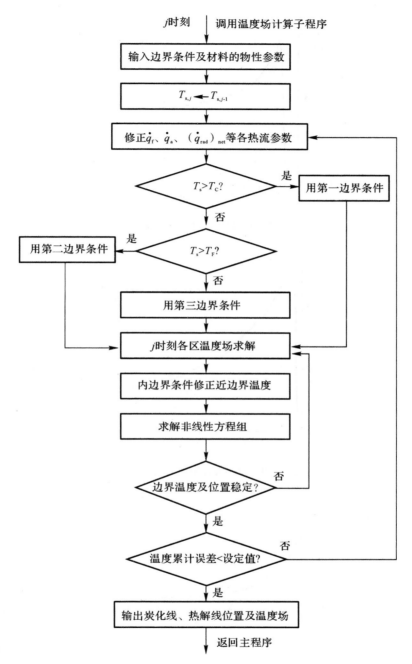

图 5-7　绝热层内部温度场计算流程

　　图 5-9 为炭化烧蚀率随时间的变化,图中实验点是透明窗发动机实验得到的结果,可以看出计算结果与实验结果是比较吻合的。

　　图 5-10 为炭化线和热解线退移随时间的变化,由图可见,开始的 3 s 炭化线和热解线退移较快,随着时间的推移热解层厚度趋于稳定。

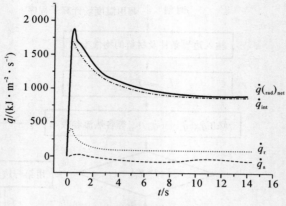

图 5 - 8　热流率随时间的变化

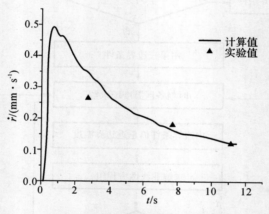

图 5 - 9　炭化烧蚀率随时间的变化

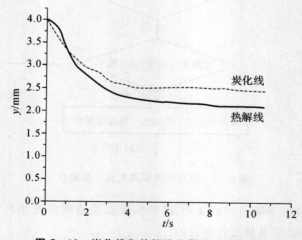

图 5 - 10　炭化线和热解线位置随时间的变化

图 5-11 为壁温随时间的变化,可以看出开始 3 s 温度上升速率很快,随着时间推移温度趋于恒定。

图 5-12 为材料内部温度随时间的变化。

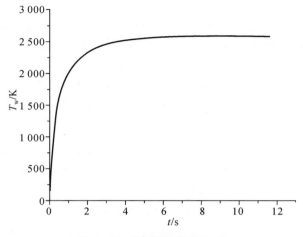

图 5-11　壁温随时间的变化

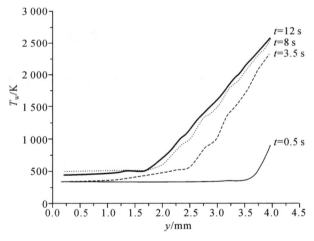

图 5-12　材料内部温度随时间的变化

5.2　基于多孔介质的体烧蚀模型

5.1节建立的基于分层结构的热化学烧蚀模型,虽然能够描述绝热层烧蚀中的传热、热分解和热化学烧蚀等基本过程,但是,如果想考虑炭化层内部复杂的流动、相变、化学反应过程(例如 SiO_2 相变和迁移、热解气体的沉积、粒子侵蚀或气流剥蚀与热化学烧蚀的耦合作用等)就比较困难。造成这种局限性的主要原因是该模型对炭化层结构作了比较大的简化。从结构上看炭化层属于多孔介质,绝热层烧蚀时炭化层表面和内部会发生很多复杂的物理化学现象,因此在建模时需要考虑这种孔隙结构。实际上炭化层也可以看作是一种多孔介质,可以借用多孔介质的一些理论和方法,来描述炭化层内部的流动、传热和反应等过程。

5.2.1 炭化层多孔介质物理模型

多孔介质的定义为多孔固体骨架构成的孔隙空间,孔隙中充满多相流体。整个固体骨架遍及多孔介质所占据的体积空间,而孔隙则相互连通,其内可以是气相、液相或气液两相流体。多孔介质的主要物理特征是孔隙尺寸极其微小,比表面积很大。通过对多种绝热材料炭化层进行分析,认为炭化层是结构复杂的非均质疏松材料,其结构性能满足多孔介质的定义。所以将炭化层描述为一种多孔介质,以便于描述炭化层内的流动、传热和化学反应。

5.2.1.1 多孔介质基本假设

炭化层是非均质的多孔结构,为了便于对炭化层中热解气体流动和燃气扩散过程进行描述,需要对多孔炭化层的几何特性作一些限制,现作如下基本假设:

(1)炭化层中的孔隙空间是相互连通的。

(2)孔隙的尺寸与流体分子平均自由量程相比要大得多。

(3)孔隙的尺寸必须足够小,这样流体的流动才会受到流体和固体界面上的黏附力以及流体与流体界面上的黏着力(对多相系而言)的控制。

5.2.1.2 多孔介质表征参数

炭化层的结构可通过多孔介质的主要表征参数(主要包括孔隙率和比表面积)来描述。

1.孔隙率

孔隙率指多孔介质内孔隙的总体积与该多孔介质总体积的比值,其表达式为

$$\varepsilon = \frac{V_f}{V} \times 100\%$$ (5-40)

式中:V_f为多孔介质孔隙总体积;V为多孔介质的总体积,包含骨架和孔隙。

本书所用的为有效孔隙率,即多孔介质内相互连通的微小孔隙的总体积与该多孔介质总体积的比值,不包括闭孔。孔隙率与多孔介质固体形状、结构和排列有关。为简化模型,本书讨论的孔隙率通过统计取平均值得到。

2.比表面积

通常采用的比表面积为体积比表面积,即多孔介质内部固体骨架的总表面积与多孔介质的总体积之比,其表达式为

$$\Omega_v = \frac{A_s}{V}$$ (5-41)

式中:Ω_v为体积比表面积;A_s为多孔介质内部骨架的总表面积,也是孔隙的总表面积。

本书采用的是质量比表面积,是多孔介质内部固体骨架的总表面积与多孔介质的总质量之比,即单位质量多孔介质中骨架的总表面积,其表达式及与体积比表面积的关系为

$$\Omega = \frac{A_s}{m} = \frac{A_s}{\rho V} = \frac{\Omega_v}{\rho}$$ (5-42)

式中:Ω为质量比表面积;m为多孔介质的质量;ρ为多孔介质的密度。

5.2.2　烧蚀模型

在炭化层物理模型和烧蚀物理模型的基础上,从质量守恒、能量守恒两条基本原则出发,对绝热材料特别是炭化层内的传热、流动、组分扩散和热化学反应控制方程进行数学描述。

5.2.2.1　基本假设

为分析问题的主要因素,进行如下假设:

(1)计算对象为 2D 轴对称。

(2)附面层内垂直于表面的压力梯度为零。

(3)组元气体服从理想气体关系式。

(4)炭化层孔隙内部固体和流体之间满足热平衡状态。

(5)炭化层内的化学反应均为一级反应。

(6)不考虑炭化层中 C 元素之外的其他反应。

(7)忽略烧蚀过程绝热材料的热膨胀。

(8)主要针对纯气相烧蚀环境,不考虑粒子侵蚀效应。

(9)炭化层的剥蚀采用临界孔隙率的方式处理,即孔隙率大于临界孔隙率的炭化层被剥落。

5.2.2.2　体平均控制方程

当定义炭化层物理模型时,认为炭化层为多孔可渗透介质,所以炭化层是由固体骨架和扩散进去的气相共同构成的,这一复合体系的控制方程描述需要综合考虑固相和气相因素,此处引入体积平均的概念,简称体平均。体平均方法自 Whitaker 和 Slattery 创立以来,已经成为从微观方程精确推导多孔介质内部能量方程的基础。利用体平均方法推导宏观方程,可以根据模型的假设条件,得到严谨的数学描述。

(1)体平均简介。图 5-13 为多孔结构的微观示意图,图中圆形区域为固体部分,而其周围为气体区域。

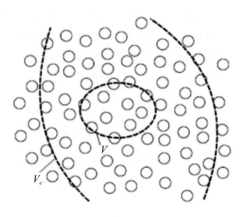

图 5-13　多孔介质微观结构示意图

为了使体平均有意义,在多孔介质中取一个控制体 V,如图 5 - 13 所示,它的特征长度 $V^{1/3}$ 比宏观特征长度 $V_c^{1/3}$ 更小,比微观(多孔结构)的特征长度更大。在这种情况下,某一变量 φ 的体积平均定义为

$$\langle \varphi \rangle \equiv \frac{1}{V} \int_{V_f} \varphi \mathrm{d}V \tag{5-43}$$

固有平均定义为

$$\langle \varphi \rangle^f \equiv \frac{1}{V_f} \int_{V_f} \varphi \mathrm{d}V \tag{5-44}$$

式中:V_f 是流体占据的体积空间。显然,这两个平均数之间的关系为

$$\langle \varphi \rangle = \varepsilon \langle \varphi \rangle^f \tag{5-45}$$

这里 $\varepsilon = V_f/V$ 是孔隙率。将一个变量分解为两部分:

$$\varphi = \langle \varphi \rangle^f + \varphi' \tag{5-46}$$

式中:φ' 为物理量与其固有平均值之间的偏离。

在推导炭化层内部流动和传热宏观方程时需要用到如下体平均理论关系:

$$\langle \varphi_1 \varphi_2 \rangle^f = \langle \varphi_1 \rangle^f \langle \varphi_2 \rangle^f + \langle \varphi_1' \varphi_2' \rangle^f \tag{5-47}$$

$$\langle \nabla \varphi \rangle = \nabla \langle \varphi \rangle + \frac{1}{V} \int_{A_{\text{int}}} \varphi \mathrm{d}\boldsymbol{A} \tag{5-48a}$$

$$\langle \nabla \varphi \rangle^f = \frac{1}{\varepsilon} \nabla \varepsilon \langle \varphi \rangle^f + \frac{1}{V_f} \int_{A_{\text{int}}} \varphi \mathrm{d}\boldsymbol{A} \tag{5-48b}$$

$$\left\langle \frac{\partial \varphi}{\partial t} \right\rangle = \frac{\partial \langle \varphi \rangle}{\partial t} \tag{5-49}$$

式中:A_{int} 是固体和气体之间的总界面;$\mathrm{d}\boldsymbol{A}$ 是它的矢量单元面积,其方向为气固界面指向固相的法向。利用上述关系式可通过多孔介质微观控制方程推导其宏观控制方程。

(2)能量方程。能量方程的求解是整个烧蚀计算过程的主要环节,通过能量方程求解获得温度场的分布,进而得到绝热材料内部炭化层、热解层的推移情况。为描述炭化层、热解层和基体层的能量方程,传统模型采用 3 个不同的热传导方程分别进行描述。这里定义的炭化层为多孔介质,内部存在固体、气体两相物质,与传统模型中炭化层的能量方程有本质的区别,需要在有限控制体内采用体平均方法推导多孔炭化层内部能量方程。

在炭化层中既存在气体的能量传递,也同时存在固体相的热传导,为统一描述炭化层内部能量传递,要对气相能量方程和固相能量方程通过体平均概念进行推导。具体推导过程见相关文献,这里给出推导得到的能量方程的统一形式:

$$\zeta \frac{\partial \langle T \rangle^f}{\partial t} + \langle \boldsymbol{u} \rangle \cdot \nabla \langle T \rangle^f = \nabla \cdot (\alpha_e \nabla \langle T \rangle^f) + \frac{S_h}{\rho_c c_c} \tag{5-50}$$

式中:ζ 为多孔介质与流体的热容比;α_e 为多孔介质的有效热扩散系数;S_h 为热源,通常是热化学反应的吸热或放热,所以 $S_h = \dot{q}_{ch}$,$\dot{q}_{ch}$ 的计算方法将在后面介绍;ρ_c 和 c_c 分别为炭化层骨架的密度和热容。

ζ 的表达式为

$$\zeta = \frac{\varepsilon \rho_f c_{pf} + (1-\varepsilon) \rho_c c_c}{\rho_f c_{pf}} \tag{5-51}$$

式中：ε 为孔隙率；ρ_f 和 c_{pf} 是气相的密度和定压比热容。

α_e 的表达式为

$$\alpha_e = \frac{k_e}{\rho_f c_{pf}} \approx \frac{\varepsilon k_f + (1-\varepsilon)k_c}{\rho_f c_{pf}} = \alpha_f \left[\varepsilon + (1-\varepsilon)\frac{k_c}{k_f} \right] \qquad (5-52)$$

式中：α_f 为流体的热扩散系数，$\alpha_f = \dfrac{k_f}{\rho_f c_{pf}}$。

虽然式(5-50)是针对多孔介质推导出来的，但其适用范围可以扩展至热解层、原始层，甚至是燃气。

对于热解层方程仍然采用式(5-50)，其参数为

$$\zeta = 1, \alpha_e = \frac{k_j}{\rho_j c_j}, \quad S_h = \dot{h}_j \cdot \dot{m}, \quad \varepsilon = 0 \qquad (5-53)$$

式中：$\dot{h}_j$ 是绝热材料的热解潜热；$\dot{m}$ 是热解气体质量流率。

热解层的密度、比热容和导热可以近似认为是随温度线性变化的，即

密度：

$$\rho_j(T) = \rho_o + \frac{\rho_c - \rho_o}{T_C - T_F}(T - T_F) \qquad (5-54)$$

导热系数：

$$k_j(T) = k_o + \frac{k_c - k_o}{T_C - T_F}(T - T_F) \qquad (5-55)$$

比热容：

$$c_j(T) = c_o + \frac{c_c - c_o}{T_C - T_F}(T - T_F) \qquad (5-56)$$

式中：ρ_o、c_o、k_o 为基体层的密度、比热容和导热系数；ρ_c、c_c、k_c 为炭化层的密度、比热容和导热系数；T_C 和 T_F 为炭化温度和热解温度；T 为计算点处的温度。

原始层也可采用式(5-50)，其参数为

$$\zeta = 1, \quad \alpha_e = \frac{k_o}{\rho_o c_o}, \quad S_h = 0, \quad \varepsilon = 0 \qquad (5-57)$$

这样，对于烧蚀过程各层的能量方程可以统一采用式(5-50)，通过温度场判断分层后，定义其孔隙率和物性参数，即可得到不同分层的能量方程，这样可以简化编程。对于烧蚀过程炭化层消失的部分，可定义孔隙率为1，即为单纯的气相能量方程，这样可以不需要采用动网格技术来处理动边界问题。可见通过孔隙率判断分层可以大大简化烧蚀过程的计算。

（3）连续方程和动量方程。由于炭化层内引入了气体的流动，所以需要引入多孔炭化层的连续方程和动量方程。经过推导最终得到的多孔介质的连续方程为

$$\nabla \cdot \langle \boldsymbol{u} \rangle = 0 \qquad (5-58)$$

多孔介质的动量方程为

$$\varepsilon \frac{\partial u_i}{\partial t} + \frac{\partial}{\partial x_j}\left[u_j u_i - (\varepsilon \nu)\frac{\partial u_i}{\partial x_j} \right]$$
$$= -\frac{\varepsilon^2}{\rho_f}\frac{\partial p}{\partial x_i} + \varepsilon^2 g_i + \frac{\partial}{\partial x_j}(\varepsilon \nu)\frac{\partial u_j}{\partial x_i} - \left[\frac{(\varepsilon \nu)}{K/\varepsilon} + \frac{C_F}{(K/\varepsilon)^{1/2}}(u_j u_i)^{1/2} \right] u_i \qquad (5-59)$$

式中：

$$K = \frac{\varepsilon^3}{150(1-\varepsilon)^2} d^2 \qquad (5-60a)$$

$$C_F = C\varepsilon^{3/2} = 1.75/\sqrt{150} = 0.143 \qquad (5-60b)$$

5.2.2.3　气体组分扩散模型

多孔介质炭化层内存在气体扩散作用，内部的热解气体经炭化层扩散流出，外部的燃气也会扩散到炭化层表面和内部，其中的氧化性组分会与炭化层发生热化学反应，消耗炭化层。热化学烧蚀过程中的化学反应主要由气体扩散到炭化层中的浓度控制，所以需要建立各气体组分扩散的数学模型来计算各组分的浓度分布。以上的模型是建立在不可压的基础上的，这里的模型也是不可压的，所以将密度的方程转换成组分浓度的方程。

$$\frac{\partial f_i}{\partial t} + \nabla \cdot (f_i \boldsymbol{u}) = \nabla \cdot [D \nabla (f_i)] + \dot{Y}_i^c/Y \qquad (5-61)$$

式中：f_i 表示 i 组分的摩尔分数；$Y = \sum Y_i$ 为混合气体的摩尔浓度；$\boldsymbol{u}$ 为混合气体的速度；$\dot{Y}_i^c$ 是化学反应的摩尔质量源项，此处可以引入热化学反应消耗质量；D 为组分扩散系数，根据菲克扩散定律可得

$$D = \frac{\mu}{\rho S_c} \qquad (5-62)$$

式中：μ 为气体的动力黏性系数；S_c 是 Schmidt 数。

这里需要注意的是，菲克扩散定律确定的 D 为气体中的扩散系数，气体在炭化层内扩散时需要用孔隙率对 D 进行修正。

当已知来流燃气和热解气体的组分时，在热化学烧蚀过程中，这些气体通过扩散作用进入炭化层的孔隙内，式(5-61)可以用来计算各主要组分在炭化层内的分布。

5.2.2.4　定解条件

定解条件主要包括初始条件和边界条件，初始条件比较简单：$t = 0$，$T_0 = $ 室温。边界条件要复杂一些，特别是烧蚀界面的边界条件。对于固体发动机内绝热层的侧壁、背壁和受热的烧蚀界面定义如下。

(1) 下边界：$r = 0$ 处为绝热材料与壳体相接的界面，认为此处为绝热边界，即

$$\left. \frac{\partial T}{\partial r} \right|_{r=0} = 0 \qquad (5-63)$$

(2) 与受热面相关的上边界：$r = H$ 为绝热材料受热面，烧蚀发生在此界面上，由于这里先不考虑粒子侵蚀的热增量作用，所以表面只受到来流的对流换热和辐射换热的作用，边界条件为

$$\left. \frac{\partial T}{\partial r} \right|_{r=H} = \dot{q}_{int} \qquad (5-64)$$

式中：热流密度为

$$\dot{q}_{int} = \dot{q}_{con} + \dot{q}_{rad} \qquad (5-65)$$

式中：$\dot{q}_{con}$ 和 $\dot{q}_{rad}$ 分别为对流换热热流密度和辐射换热流密度。

（3）左边界和右边界：$x=0$ 和 $x=L$，同样可以认为这两个边界为绝热边界，边界条件为

$$\left.\frac{\partial T}{\partial x}\right|_{x=0,x=L}=0 \qquad (5-66)$$

5.2.2.5　热化学烧蚀模型

热化学烧蚀模型主要描述热化学反应如何消耗炭化层，同时还需要确定热化学过程中的反应热，因此需要确定参与这一反应的组分和反应类型。由于炭化层中 C 元素含量是最多的，所以可以认为热化学烧蚀过程主要是对炭化层中 C 的消耗，这一消耗主要来源于热解气体和来流燃气中的氧化性组分。通过对边界层流场进行计算，可以得到扩散到炭化层孔隙中各种气体组分的浓度分布，同时热解气体也可以通过热解过程的研究得到。通过前面的气体扩散模型，可以计算出多孔炭化层内主要气体组分的浓度分布。而通过计算温度场则可以给出反应温度的条件。

在烧蚀计算中，需要确定氧化性气体在炭化层的孔隙内与 C 发生化学反应的放热量以及由化学反应消耗的 C 量，以获得炭化层新的孔隙率分布，算出质量烧蚀率。

（1）炭化层的质量消耗率计算。在炭化层中各种组分间可能会发生多种化学反应，为了简化数值计算同时又能抓住化学反应的主要因素，与 5.1 节的烧蚀模型一样，本节主要考虑如下 3 个化学反应。（当然也可以根据需要增加反应方程式，例如 SiC 的生成和消耗反应）：

$$C+O \rightarrow CO \qquad (5-67a)$$
$$C+CO_2 \rightarrow 2CO \qquad (5-67b)$$
$$C+H_2O \rightarrow CO+H_2 \qquad (5-67c)$$

当温度低于 2 100 K 时，化学反应速率主要由化学动力学控制。由 Arrhenius 公式可计算各气相组分的生成或消耗率。化学反应系统中存在的气体组分为 O、CO_2、H_2O、CO、H_2，分别用下标 $i=1,2,\cdots,5$ 表示。上述 3 个反应的反应速率为

$$\dot{m}_O=-A_1 p_1 \exp(-E_{a1}/RT) \qquad (5-68a)$$
$$\dot{m}_{CO_2}=-A_2 p_2 \exp(-E_{a2}/RT) \qquad (5-68b)$$
$$\dot{m}_{H_2O}=-A_3 p_3 \exp(-E_{a3}/RT) \qquad (5-68c)$$

由此可得 单位面积上炭化层孔隙内 C 的消耗率为

$$\dot{m}_C=M_C\left[\frac{A_1 p_1 \exp(-E_{a1}/RT)}{M_O}+\frac{A_2 p_2 \exp(-E_{a2}/RT)}{M_{CO_2}}+\frac{A_3 p_3 \exp(-E_{a3}/RT)}{M_{H_2O}}\right]$$
$$(5-69)$$

式中：A_1、A_2、A_3 和 E_{a1}、E_{a2}、E_{a3} 分别对应上面 3 个反应方程的指前因子和反应活化能；M_O、M_{CO_2} 和 M_{H_2O} 表示 O、CO_2、H_2O 气体的相对分子质量。由于此处所描述的反应为在多孔介质中的化学反应，所以式中 p_i 为气体组分 i 在炭化层孔隙内的分压。

推导得到

$$p_i=\frac{1}{\varepsilon}p_e Y_i \frac{1}{M_i}\frac{1}{\sum_i Y_i/M_i}, \quad (i=1,\cdots,5) \qquad (5-70)$$

式中：Y_i 为组分浓度；M_i 为 i 组分的相对分子质量；p_e 为流场中的压强。得出 p_i 后就可根据式（5-69）计算出炭化层内单位面积上 C 的质量消耗率 $\dot{m}_C$。

（2）孔隙率和比表面积更新计算。体烧蚀的热化学反应对炭化层的消耗发生在孔隙中，会造成炭化层孔隙率和比表面积的变化，因此需要建立炭化层孔隙率和比表面积随烧蚀过程更新的关系式。

在多孔介质中化学反应是在氧化性气体和其孔内壁接触面上发生的，其接触面的面积对反应消耗有很大影响。此处引入炭化层比表面积的概念，比表面积是指每千克质量炭化层的内外表面面积，记为 Ω。

经过简化，可以推导出新的孔隙率 ε' 与质量消耗率的关系为

$$\varepsilon' = 1 - (1-\varepsilon)(1 - \dot{m}_c f_c \Omega) \tag{5-71}$$

式中：f_c 为炭化层中 C 元素的质量分数。

新的比表面积的计算式为

$$\Omega' = \Omega_0 + (\varepsilon' - \varepsilon_0)(\Omega_1 - \Omega_0)/(\varepsilon_1 - \varepsilon_0) \tag{5-72}$$

式中：Ω_0 和 Ω_1 分别为炭化层比表面积的下界值和上界值；ε_0 和 ε_1 分别为炭化层孔隙率的下界值和上界值；Ω_0 和 ε_0 一般取炭化层初始比表面积和孔隙率。

（3）烧蚀率的计算。随着热化学反应的进行，炭化层的孔隙率逐渐增大，炭化层的强度逐渐减小。当达到某个孔隙率时，炭化层的强度将不足以抵抗气流的剥蚀作用而被剥蚀掉。被剥蚀掉的厚度为线烧蚀量，单位时间的线烧蚀量即为线烧蚀率。同样，如果只考虑热化学烧蚀，当炭化层表面达到一定疏松程度时，此时炭化层已经没有防热作用，认为其脱落，同样产生表面退移。可以看出，需要有一个临界参数来确定炭化层从哪里剥落。通过前面对于炭化层特性的分析，可以知道炭化层的强度与其疏松程度有很大关系，而疏松程度可以用孔隙率表征，因此可以采用临界孔隙率。当炭化层的孔隙率大于临界孔隙率时，认为失效或者被剥落。临界孔隙率与绝热材料和烧蚀环境等都有很大关系，是一个经验参数，实践中可以通过对烧蚀实验后炭化层表面孔隙率的测试统计来确定。有了临界孔隙率，就比较容易确定某个时刻炭化层表面的位置，从而获得线烧蚀量和线烧蚀率。

质量烧蚀量则包含了热化学体烧蚀消耗的质量和由于线烧蚀所剥除的那一部分炭化层的质量。沿烧蚀表面 x 方向上某点 i 处 y 方向各控制体内 C 消耗的总质量为

$$M_C^i = \left[\sum_{j=\text{炭化层下界}}^{\text{炭化层表面}} M_C(i,j) + \dot{r}_s(1-\varepsilon_{cr})\rho_c\right]\Delta t \tag{5-73}$$

式中：$\dot{r}_s$ 为线烧蚀率；ε_{cr} 为临界孔隙率；Δt 为计算的时间步长。式（5-73）等号右边第一部分为热化学烧蚀造成的质量损失；第二部分为线烧蚀造成的质量损失。

那么，烧蚀表面某点的单位面积平均质量烧蚀率为

$$\overline{M_C} = M_C^i/(\Delta t \cdot \Delta x) \tag{5-74}$$

（4）反应热的计算。当炭化层内有热化学反应时，存在化学反应热对炭化层内能量传递的影响，也就是式（5-50）中的源项 S_h。对于式（5-67a）~式（5-67c）的化学反应，其反应热由反应式两端物质的焓值变化关系获得：

$$C + O \rightarrow CO：$$
$$(\Delta H_T)_1 = (H_T)_{CO(g)} - H_{C(gra)} - (H_T)_{O(g)} \tag{5-75a}$$

$$C + CO_2 \rightarrow 2CO：$$
$$(\Delta H_T)_2 = 2(H_T)_{CO(g)} - H_{C(gra)} - (H_T)_{CO_2(g)} \tag{5-75b}$$

$$C+H_2O \rightarrow CO+H_2 :$$

$$(\Delta H_T)_3 = (H_T)_{CO\langle g \rangle} + (H_T)_{H_2\langle g \rangle} - H_{C\langle gra \rangle} - (H_T)_{H_2O\langle g \rangle} \tag{5-75c}$$

式中:下标 g 表示气相,下标 gra 表示石墨;$\Delta(H_T)_n$ 为 n 反应式两端物质的焓值之差($n=$ 1,2,3);$(H_T)_i$ 为 T 温度下物质 i 的每摩尔焓值($i=$ CO、O、H_2O、H_2、C、CO_2),在温度 T 确定后,$(H_T)_i$ 的值可以从焓温表中查出。

所以单位面积上热化学反应总的反应热为

$$\dot{q}'_{ch} = \frac{\dot{m}_O}{M_O} \cdot \Delta(H_T)_1 + \frac{\dot{m}_{CO_2}}{M_{CO_2}} \cdot \Delta(H_T)_2 + \frac{\dot{m}_{H_2O}}{M_{H_2O}} \cdot \Delta(H_T)_3$$

$$= A_1 p_1 \exp\left(-\frac{E_{a1}}{RT}\right)\frac{(\Delta H_T)_1}{M_O} + A_2 p_2 \exp\left(-\frac{E_{a2}}{RT}\right)\frac{(\Delta H_T)_2}{M_{CO_2}} + A_3 p_3 \exp\left(-\frac{E_{a3}}{RT}\right)\frac{(\Delta H_T)_3}{M_{H_2O}} \tag{5-76}$$

在一个控制体内热化学反应热总量为 $A_c\dot{q}'_{ch}$,其中 A_c 为控制体内参与热化学反应的总面积:

$$A_c = \rho_0(1-\varepsilon)Vf_C\Omega \tag{5-77}$$

式中:ρ_0 为炭化层骨架的密度;ε 为孔隙率;V 为控制体体积;f_C 为炭化层中 C 元素的质量分数;Ω 为比表面积。

则控制体单位体积上的反应热 $\dot{q}_{ch}$ 为

$$\dot{q}_{ch} = A_c\dot{q}'_{ch}/V = \rho_0(1-\varepsilon)Vf_C\Omega\dot{q}'_{ch}/V = \rho_0(1-\varepsilon)f_C\Omega\dot{q}'_{ch} \tag{5-78}$$

5.2.3　计算方法

通过体积平均法所得到的能量、连续、动量宏观方程和组分扩散方程表达式分别为式(5-50)、式(5-58)、式(5-59)和式(5-61),为简化数值计算过程,可以建立形式统一的一般输运方程:

$$\zeta\frac{\partial\varphi}{\partial t} + \frac{\partial}{\partial x_j}\left(u_j\varphi - \Gamma\frac{\partial\varphi}{\partial x_j}\right) = S \tag{5-79}$$

这样只需要通过设定一般输运性质 φ、时标 ζ、扩散系数 Γ 和源项 S 就可以计算连续方程、动量方程、能量方程和扩散方程。可以采用控制体积法对一般输运方程进行离散。具体计算方法这里就不再介绍,读者可以参考相关文献。

基于多孔介质的体烧蚀模型的计算流程如下:

(1)通过对固体发动机进行热力计算获得燃气组分和输运参数,得到边界层边燃气各组分的摩尔浓度和燃气的物性参数。

(2)通过边界层计算获得绝热层表面的燃气参数和对流换热系数,进而得到上表面初始的对流换热热流密度和热辐射热流密度。

(3)计算绝热材料内部的温度场、组分浓度分布。

(4)通过温度判断炭化层和热解层,并在形成的炭化层内进行热化学计算,修正其孔隙率分布,确定能量方程源项。

(5)在新的孔隙结构下修正炭化层物性参数,并在已知临界孔隙率的情况下确定质量烧蚀率和线烧蚀率。

5.2.4 算例

针对烧蚀发动机实验开展计算模型的验证。烧蚀发动机采用改性双基推进剂,燃温为 3 300 K,发动机工作时间为 9 s,燃烧室平均压强为 6 MPa。计算得到烧蚀发动机低速段燃气流速为 2.4 m/s,高速段为 45 m/s。烧蚀试件采用 EPDM 绝热材料基础配方,其主要参数见表 5-1。

表 5-1　EPDM 绝热材料参数

分类	参数与单位	数值
基体参数	基体密度/(kg·m⁻³)	1 050
	基体比热容/(kJ·kg⁻¹·K⁻¹)	1.19
	基体导热系数/(W·m⁻¹·K⁻¹)	0.32
热解参数	热解温度/℃	460
	炭化温度/℃	560
	热解潜热/(kJ·kg⁻¹)	900
炭化层参数	炭化层密度/(kg·m⁻³)	471
	炭化层比热容/(kJ·kg⁻¹·K⁻¹)	0.9
	炭化层导热系数/(W·m⁻¹·K⁻¹)	0.5

这里炭化层初始孔隙率取 31%,临界孔隙率取 83%。认为燃气中只有参与热化学反应的 H_2O、CO_2 和 O 3 种氧化性气体对烧蚀有影响,因此在组分扩散中只考虑这 3 种气体的扩散方程。

计算结果见图 5-14～图 5-18。图 5-14 为低速段绝热层质量烧蚀率随时间变化的曲线,可以看出,6.5 s 之前质量烧蚀率随时间增大比较快,6.5 s 后增大比较缓慢,计算得到的发动机工作结束时刻的质量烧蚀率与实验结果吻合较好。

图 5-15 为低速段绝热层烧蚀表面、炭化线和热解线的位置随时间变化的曲线。从图中可以看出,热解层是具有一定厚度的,稳态时厚度约为 0.025 mm,炭化层的厚度在 4 s 后基本维持在 1.3 mm 左右。

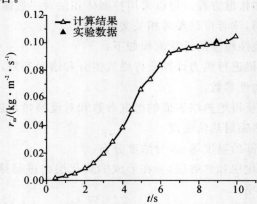

图 5-14　低速度段绝热层质量烧蚀率随时间变化

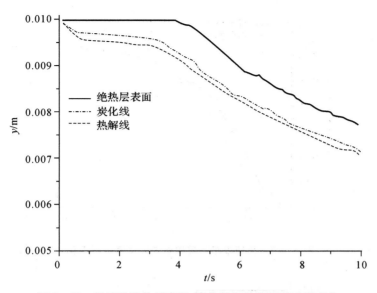

图 5 - 15　低速段绝热层表面、炭化线和热解线随时间变化

图 5 - 16 为 9 s 时低速段绝热层孔隙率随 y 方向的变化。计算中判断热解层和炭化层的位置时是以孔隙率为标准的,基体层孔隙率小于 0.01,孔隙率在 0.01~0.31 之间的属于热解层,孔隙率在 0.31~0.83 之间的为炭化层。

图 5 - 17 为高速段绝热层质量烧蚀率随时间变化的曲线,可以看出,质量烧蚀率随时间而增大,发动机工作结束时刻质量烧蚀率与实验结果吻合较好。图 5 - 18 为高速段绝热层烧蚀表面、炭化线和热解线位置随时间变化的曲线。与低速段相比,高速段烧蚀更严重,炭化层厚度也更薄。

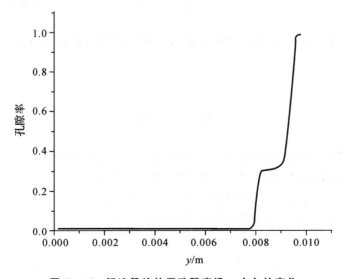

图 5 - 16　低速段绝热层孔隙率沿 y 方向的变化

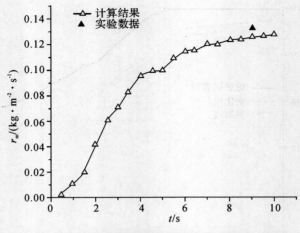

图 5-17 高速段绝热层质量烧蚀率随时间变化

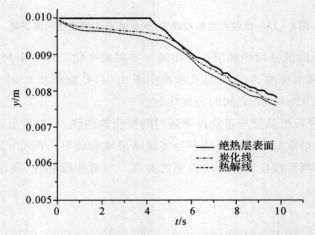

图 5-18 高速段绝热层表面、炭化线和热解线位置随时间变化

习 题

1. 简述基于分层结构的绝热材料热化学烧蚀模型的建模思想。
2. 基于分层结构的绝热材料热化学烧蚀模型的特点是什么？
3. 简述基于多孔介质的绝热材料体烧蚀模型的建模思想。
4. 基于多孔介质的绝热材料体烧蚀模型的特点是什么？

第 6 章　C/C 复合材料喉衬烧蚀机理与模型

　　固体发动机喉部的热环境和烧蚀环境都非常恶劣，是发动机热防护的重点。喉衬常用的热防护材料主要有难熔金属、石墨和 C/C 复合材料等。其中 C/C 复合材料以其轻质、耐高温、抗冲击和高温力学性能好等优点，在固体发动机喷管中得到越来越广泛的应用。与石墨等均相材料不同，C/C 复合材料是一种多尺度性很强的各向异性材料，各碳相的特征尺寸和反应活性均存在显著的差异，每种碳相的退移速度在烧蚀过程中又会相互影响，其作用关系复杂。为了研究 C/C 复合材料喉衬的烧蚀机理，就需要考虑材料的结构特点，从组成材料的各个碳相的热化学反应特点出发，分析其在不同尺度上的退移特性、形貌特征和烧蚀反应控制机制。而在建立烧蚀模型时，则要考虑多尺度特性，要既能反映材料微观结构对烧蚀的影响，同时又能避免计算量过大带来的问题。

　　本章主要针对多向编织的 C/C 复合材料喉衬，重点介绍热化学烧蚀机理以及基于多尺度的烧蚀模型。

6.1　喉衬烧蚀环境

　　目前，高能推进剂在固体发动机，尤其是大型发动机中得到越来越多的应用。与传统的丁羟等推进剂相比，高能推进剂的燃温更高，喉衬的热流密度更大。因此本书以 NEPE 推进剂为代表来分析喉衬的烧蚀环境。

6.1.1　推进剂的燃气参数

　　表 6-1 为一种含铝 18.5% 的 NEPE 推进剂热力计算的结果，表中给出了燃烧室和喉部的主要燃烧产物及摩尔分数。从表中可以看出，这种推进剂的绝热燃烧温度为 3 559 K，燃烧后的主要成分有 H_2O、CO_2、H_2、CO、HCl、N_2、O_2、O 和 Al_2O_3 等。由于压力和温度的变化，喉部主要燃气组分的摩尔分数与燃烧室内有所不同。

6.1.2　热化学主导反应式

　　表 6-1 中有许多组分都可以与碳材料发生反应，表 6-2 给出了在标准压强、不同温度下燃气中的主要组分与石墨材料反应的吉布斯自由能。

表 6 - 1　NEPE 推进剂的主要燃气组成及摩尔分数

位置		燃烧室	喉部
压力/MPa		6.31	3.62
燃气温度/K		3 559	3 375
燃气组分	H_2O	0.141 64	0.140 95
	CO_2	0.013 65	0.013 78
	CO	0.205 53	0.206 45
	H_2	0.255 02	0.261 09
	HCl	0.132 81	0.138 73
	N_2	0.080 33	0.080 66
	NO	0.000 86	0.000 59
	H	0.041 05	0.035 65
	Cl	0.014 03	0.012 55
	OH	0.011 59	0.008 86
	O_2	0.000 21	0.000 14
	O	0.001 01	0.000 66
	$Al_2O_3(l)$	0.083 88	0.087 35

从表 6 - 2 中可以看出，O_2、O、OH 和 NO 与 C 元素反应的活性非常大，但由表 6 - 1 可知这几种组分的摩尔分数非常小，对热化学烧蚀的贡献也相应较小，因此可以忽略不计。从表 6 - 2 中还能看出 $Al_2O_3(l)$ 在高温下对碳材料也具有较强的氧化性，但由于凝相的 Al_2O_3 与碳材料的反应必须二者相互接触才可以发生，研究发现 Al_2O_3 粒子在喉部壁面的分布非常少，因此可以忽略 Al_2O_3 粒子对热化学反应的贡献，将其看作一种惰性组分。$2C_{(s)}+H_2$ $\leftrightarrow C_2H_2$ 在发动机喉部条件下从正反应方向进行的阻力较大，反应量较小，因此可以忽略 H_2 对热化学烧蚀的影响。H_2O 和 CO_2 两种组分与石墨的反应较为强烈，且燃气中含量较多，所以对烧蚀影响较大。综合以上分析，认为燃气组分与喉衬材料发生的主导反应有两个：

$$C_{(s)}+H_2O \leftrightarrow H_2+CO-131.3 \text{ kJ/mol} \tag{6-1}$$
$$C_{(s)}+CO_2 \leftrightarrow 2CO-172.6 \text{ kJ/mol} \tag{6-2}$$

表 6 - 2　石墨与主要燃气组分反应的吉布斯自由能($\Delta G°$)　单位：kcal/mol

燃温/K	2 000	2 500	3 000	3 500
$C_{(s)}+O \rightarrow CO$	-97.44	-99.32	-100.09	-102.65
$C_{(s)}+NO \rightarrow CO+0.5N_2$	-83.91	-92.28	-100.49	-108.57
$C_{(s)}+OH \rightarrow CO+0.5H_2$	-70.64	-78.94	-87.07	-95.07
$C_{(s)}+0.5O_2 \rightarrow CO$	-68.36	-78.25	-87.96	-97.51
$C_{(s)}+CO_2 \rightarrow 2CO$	-41.97	-61.79	-81.30	-100.54

燃温/K	2 000	2 500	3 000	3 500
$C_{(s)} + H_2O \rightarrow CO + H_2$	−35.96	−52.81	−69.52	−86.10
$C_{(s)} + H \rightarrow 0.5C_2H_2$	−11.56	−7.42	−3.19	1.08
$C_{(s)} + 0.5H_2 \rightarrow 0.5C_2H_2$	13.98	10.89	7.84	4.78
$C_{(s)} + 0.33Al_2O_3 \rightarrow CO + 0.67Al$	25.72	−3.48	−32.14	−60.30
$C_{(s)} + 2H_2 \rightarrow CH_4$	31.19	44.49	57.74	70.95
$C_{(s)} + 4Cl \rightarrow CCl_4$	35.82	80.03	124.30	168.62
$C_{(s)} + HCl \rightarrow 0.5C_2H_2 + Cl$	40.71	30.97	21.19	11.36
$C_{(s)} + 0.5N_2 \rightarrow CN$	55.96	44.37	37.86	21.39

6.1.3　喉衬表面的燃气参数

C/C复合材料喉衬表面的热环境和组分分布对其烧蚀过程有显著的影响,要准确地模拟烧蚀过程,就需要获得准确的 C/C 复合材料喉衬边界条件参数。由于喉衬工作于高温和高压环境下,这些参数难以通过试验准确测量,因此目前经常采用流场数值模拟来获得热环境参数。

采用 FLUENT 软件对一种喉衬烧蚀发动机进行喷管流动的数值模拟。推进剂采用上文提到的含铝 18.5% 的 NEPE 推进剂,燃温为 3 559 K,计算工况的燃烧室压强为6.31 MPa,工作时间为 21.92 s。计算的核心在于要模拟出由喉衬烧蚀引起的喉衬表面燃气温度和组分的变化,因此在喉衬处的壁面设置为流-固耦合边界。此边界能实现固体与流体之间的传质与传热,并能模拟喉衬表面处的表面化学反应。模型中主要考虑的氧化性组分为 CO_2 和 H_2O,表面化学反应方程式为式(6-1)和式(6-2)。

计算结果表明,喉部燃气静压为 3.62 MPa,静温为 3 375 K。图 6-1 和图 6-2 分别是反应产物 H_2 和 CO 的质量分数随壁面距离变化的曲线。流场数值模拟得到的喉衬表面的燃气参数可以为热化学烧蚀研究提供温度和组分浓度等边界条件参数。

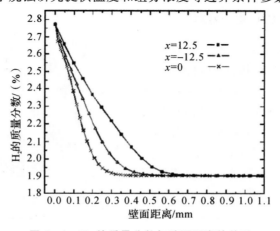

图 6-1　H_2 的质量分数与壁面距离的关系

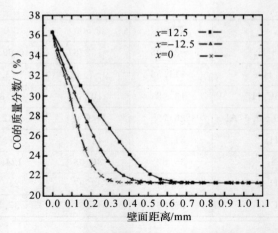

图 6-2   CO 的质量分数与壁面距离的关系

6.2   C/C 复合材料的微结构与多尺度特征

与石墨和耐高温金属不同,C/C 复合材料是一种在空间上具有多尺度特性的各向异性的材料。传统热化学烧蚀的基本出发点是认为喉衬材料是均质的,所以烧蚀过程也是均匀的。而实际上,不同的碳相(碳纤维和基体)在不同的尺度上其热化学烧蚀速率存在明显差异,在烧蚀过程中会造成表面粗糙度的变化,从而影响燃气对喉衬材料的对流换热。

每种碳相的退移并非是独立进行的,其速度在烧蚀过程中会与相邻碳相的退移相互影响,其作用关系复杂。为了研究 C/C 复合材料喉衬的烧蚀机理,必须考虑材料的结构特点,从组成材料的各个碳相的热化学反应特点出发,分析其在不同尺度上的烧蚀退移特性和形貌特征。

C/C 复合材料种类比较多,虽然其烧蚀性能不尽相同,但在烧蚀机理上却有很多共同之处。下面就以一种多向编织 C/C 复合材料为代表来介绍 C/C 复合材料喉衬的烧蚀机理。

6.2.1   多向编织 C/C 复合材料

本书研究的多向编织 C/C 复合材料使用轴棒法编织的三维四向结构的预制体,其结构特征如图 6-3 所示。采用拉挤的碳纤维刚性棒(轴向碳棒),构成轴向(Z 向)增强网络,棒间距为 3.2 mm;在垂直于轴向的平面(X-Y)上沿 60°、120° 和 180° 三向针织碳纤维纱,组成软硬混编三维四向预制体。预制体采用 T300 级 3K 的 PAN 碳纤维。

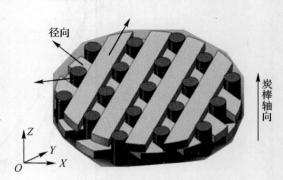

图 6-3   轴棒法编织的三维四向
预制体结构示意图

6.2.2　多向编织 C/C 复合材料的单元结构

　　轴棒法 C/C 复合材料采用液相浸渍碳化工艺。采用中温沥青浸渍剂,经预浸渍-碳化、高压浸渍-碳化致密化工艺及高温处理制成高密度的 C/C 复合材料。为了得到预期的密度与性能,制备过程中进行 3～5 次浸渍-碳化循环及石墨化处理。

　　多向编织 C/C 复合材料是由长碳纤维和基体碳复合而成的材料。其中大量的长碳纤维聚集成纤维束,基体碳填充在由不同方向的纤维束编织而形成的预制体内的空隙中。每组纤维束则是由大量处于同一方向的碳纤维单丝组成的,碳纤维单丝的空隙中还存在着纤维间基体和孔隙。在更小的尺度上来看,碳纤维单丝、纤维间基体和基体碳都是由众多石墨微晶组成的。由于多向编织 C/C 复合材料预制体的编织方式规律性较强,所以通常可以近似认为材料的单胞在空间是呈周期性排布的,表现为宏观均匀而细观不均匀,如图 6－4 所示。这样的周期性结构存在于复合材料的尺度上,即整个复合材料部件可以看作是大量由纤维束和基体组成的单胞的周期性集合,同样也存在于纤维束的尺度上,即可以将单组纤维束看作大量碳纤维单丝周期性排列的集合。

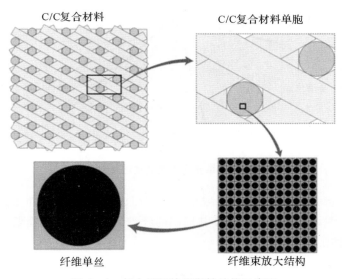

图 6－4　复合材料的周期性结构示意图

　　这里的多向编织 C/C 复合材料由碳棒、纤维束、碳基体和界面等几种碳相组成,其中轴向碳棒由多股 3K 的纤维经拉伸固化成型,呈正三角形排列;$X-Y$ 平面的纤维束由多股 3K 的纤维铺设在碳棒之间的通道中;碳棒与纤维束之间的间隙由沥青碳填充。预制增强体的编织结构可看作是由大量重复性单元组成的,其代表性的周期性单元如图 6－5 所示,根据碳棒和纤维束的尺寸和两者之间的几何关系可计算得到:1 个周期性单元的尺寸约为 5.5 mm×3.2 mm×2.4 mm,其中包含两根轴向碳棒和 3 个方向的纤维束各 1 组。

　　由于纤维束的方向为 30°、90°和 150°,所以取烧蚀表面任意位置处的材料单元,均有一组纤维束与烧蚀表面的夹角位于 0°～60° 之间,有一组位于 60°～120° 之间,另一组位于

120°～180°之间,如图 6-6 所示。为了表述便利,将 30°、90°和 150°定义为基准位置,烧蚀表面任意位置的材料单元中的纤维束方向均可用与基准位置的夹角 δ,即 30°$\pm\delta$、90°$\pm\delta$ 和 150°$\pm\delta$ 来表示。同样,纤维单丝的角度也可以用 30°$\pm\delta$、90°$\pm\delta$ 和 150°$\pm\delta$ 来表示。

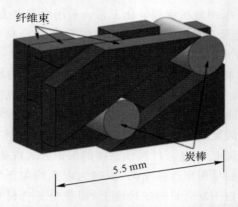

图 6-5 多向编织 C/C 复合材料预制体结构的周期性单元

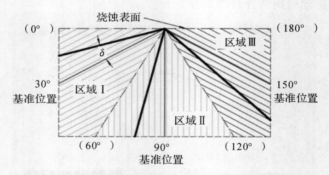

图 6-6 周期性单元内不同角度区域划分示意图

碳棒和纤维束都是由多股 3K 的纤维单丝集聚而成的,根据其排布方式,可将其在烧蚀模型中简化为由大量单根碳纤维单丝及其周围的纤维间基体组成的周期性重复单元(见图 6-7)形成的柱状体。

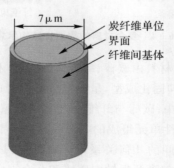

图 6-7 碳纤维单丝的周期性单元示意图

6.2.3　C/C 复合材料多尺度概念

根据 C/C 复合材料微结构、不同尺度下的烧蚀形貌以及烧蚀内在机理,可以将 C/C 复合材料划分为微观尺度、介观尺度和宏观尺度。这种划分不仅有利于阐释 C/C 复合材料喉衬的烧蚀机理,而且为建模提供了很大的便利。

6.2.3.1　微观尺度

对于 C/C 复合材料来说,微观尺度的研究对象为纤维单丝、纤维单丝间基体和两者之间的界面,这是模型中的最小尺度,其尺度在微米级别。图 6-8 是纤维单丝在烧蚀前后的扫描电镜照片。图 6-8(a)为烧蚀前原始 C/C 复合材料纤维单丝的微观形貌,可以看到大量的碳纤维单丝密集排布,碳纤维单丝之间被纤维间基体填充。碳纤维单丝的截面大致呈圆形,其直径小于 $10\ \mu m$。图 6-8(b)为烧蚀后的纤维单丝,可以看出,纤维单丝的头部变成了尖锥状,尖锥的高度为几十微米,尖锥周围的纤维间基体已经消失。

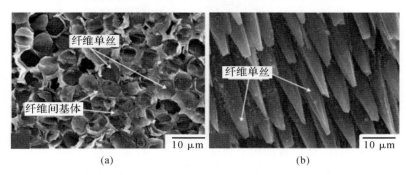

图 6-8　微观尺度下 C/C 复合材料烧蚀前后的形貌
(a)烧蚀前;(b)烧蚀后

6.2.3.2　介观尺度

介观尺度的研究对象是由碳棒、纤维束和基体组成的周期性重复单元,并认为这个尺度上的纤维束、碳棒和基体碳是均质的,其尺度为毫米级别。图 6-9 为多向编织 C/C 复合材料在不同环境下的表面烧蚀形貌。可以看出纤维束在垂直于其轴向的截面上的特征尺寸为 $1\sim3\ mm$,碳棒的直径约 $1\ mm$。从烧蚀形貌上看,可以认为在介观尺度,纤维束、碳棒和基体碳的氧化反应是各向同性的。

图 6-9　介观尺度下 C/C 复合材料的烧蚀形貌
(a)固体发动机喉部;(b)管式炉氧化试验

6.2.3.3 宏观尺度

宏观尺度的研究对象为大量周期性重复单元组成的复合材料结构,例如喉径、喉衬的型面以及烧蚀量都属于宏观尺度的参数。对于不同类型的发动机,喉衬的尺度可能会相差很大,例如,图 6-10(a)中的 C/C 复合材料喉衬的喉径为 20 mm,而图 6-10(b)的"阿里安 5"大型固体火箭推进器的喉衬其喉径达 900 mm,但只要包含足够多数量的周期性重复单元就可以看作宏观尺度。在厘米及其以上的尺度上来看,C/C 复合材料可以被视作一种均匀的材料。

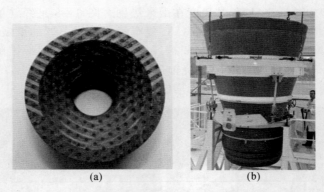

(a)   (b)

图 6-10 宏观尺度的 C/C 复合材料喉衬

(a)烧蚀试验发动机喉衬;(b)"阿里安-5"固体助推器喉衬

综合以上分析和描述,从组成结构上将多向编织 C/C 复合材料在空间尺度上分为 3 个层次(见图 6-11):微观尺度的主要研究对象包括碳棒和纤维束内的纤维单丝、单丝间基体和两者之间的界面等 3 种碳相;介观尺度的主要研究对象是碳棒、纤维束和碳基体等 3 种碳相组成的周期性重复单元;宏观尺度的主要研究对象是由大量周期性重复单元组成的复合材料结构。

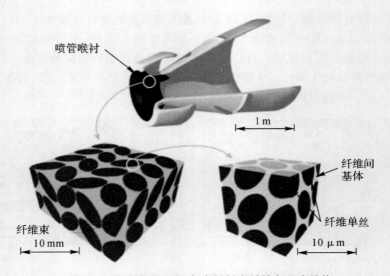

图 6-11 多向编织 C/C 复合材料喉衬的多尺度结构

6.3 C/C复合材料喉衬烧蚀机理

由于C/C复合材料具有非均匀和多尺度的特征,所以C/C复合材料喉衬的烧蚀也呈现出非均匀和多尺度的特征,下面从不同尺度下C/C复合材料喉衬烧蚀形貌特征、不同碳相的反应活性等方面介绍其烧蚀机理。

6.3.1 不同尺度下C/C复合材料喉衬烧蚀特征

下面针对多向编织C/C复合材料喉衬进行烧蚀发动机实验,通过对微观/介观的形貌分析,来阐述C/C复合材料喉衬烧蚀特征及烧蚀机理,并为建立多尺度烧蚀物理模型提供依据。

6.3.1.1 喉衬烧蚀发动机实验

烧蚀发动机实验能够较为真实地模拟固体发动机烧蚀环境,是烧蚀研究和材料考核常用的实验方法。与全尺寸发动机实验相比,烧蚀发动机具有较低的成本和更大的灵活性。利用喉衬烧蚀发动机可以研究各种因素对C/C复合材料喉衬烧蚀的影响规律,分析其在不同尺度上的烧蚀形貌。

实验采用一种外径为 $\Phi 300$ mm 的喉衬烧蚀发动机,其结构如图 6-12 所示。通过选用不同类型的推进剂、调整装药尺寸和喉径,可以改变燃温、含铝量、压强和工作时间,从而研究这些因素对烧蚀的影响规律。实验工况及结果见表 6-3。虽然有些因素并非独立的,但通过分析可以发现,烧蚀率基本上随着燃温、含铝量、流量、压强的增大而增大。下面重点对不同尺度的烧蚀形貌进行分析。

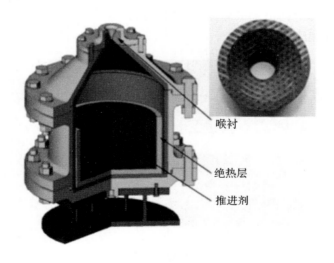

喉衬

绝热层

推进剂

图 6-12 喉衬烧蚀发动机结构

表 6 – 3　喉衬烧蚀发动机实验工况及结果

工况	压力/MPa	燃温/K	含铝量/(%)	流量/(kg·s⁻¹)	工作时间/s	线烧蚀率/(mm·s⁻¹)
1	7.12	3 559	18.5	1.406	20.55	0.097
2	6.32	3 559	18.5	1.276	21.37	0.060
3	6.31	3 559	18.5	1.275	21.93	0.061
4	10.04	3 313	17.0	0.976	12.47	0.073
5	9.00	3 313	17.0	0.455	6.79	0.012
6	9.73	3 104	1.0	0.492	11.73	0.066
7	7.86	3 104	1.0	0.448	13.05	0.018
8	7.88	2 879	1.0	0.375	14.44	0.007 3
9	5.52	2 620	1.0	0.342	16.71	0.006 9

6.3.1.2　宏观尺度的烧蚀形貌

图 6 – 13 为表 6 – 3 中工况 1 实验后的喷管喉衬整体照片。可以发现,喷管内轮廓有向六边形发展的趋势,这与纤维束互成 60°夹角有关。烧蚀后的喷管内表面粗糙不平,碳棒和纤维束比烧蚀前更加明显,在喉部可以看出部分碳棒已经裸露在表面。

图 6 – 14 是工况 1 烧蚀前、后喉部附近内表面的光学放大照片。可以看出:烧蚀前喉衬内表面较平整,碳棒、纤维束和基体之间结合紧密,无明显的裂纹和坑洞;烧蚀后内表面变得较为粗糙,碳棒与基体之间出现了缝隙,可以观察到大量尺寸不一的孔洞、凹陷和裂缝。

图 6 – 13　C/C 复合材料喉衬烧蚀后的宏观形貌

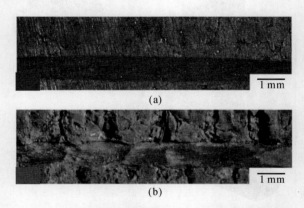

图 6 – 14　C/C 喉衬烧蚀前、后的局部宏观形貌

(a) 烧蚀前;(b) 烧蚀后

6.3.1.3　介观尺度的烧蚀形貌

采用扫描电子显微镜对烧蚀发动机 C/C 复合材料喉衬介观上的形貌进行观察。图 6-15 给出了工况 4 烧蚀前、后喉部附近介观尺度上的形貌。可以看出,烧蚀前整体较为平整,纤维束与基体间的界面不是很明显,但也能观察到一些残余微孔和缺陷。从烧蚀后的形貌可以看出,原本较为平整的喉衬内表面因烧蚀的作用显得粗糙不平,表面上出现了明显的裂缝和凸凹,碳棒、纤维束与基体的界面也变得更加明显。

6.3.1.4　微观尺度的烧蚀形貌

图 6-16 给出了工况 4 烧蚀前后微观尺度上的形貌,这里需要注意的是烧蚀前后图像位置并不完全对应。对比可以发现,烧蚀导致基体和纤维形貌发生了非常显著的改变。

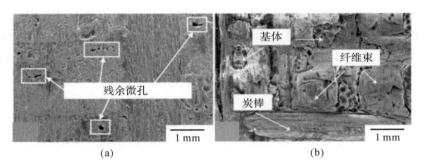

图 6-15　C/C 复合材料喉衬烧蚀前后的介观形貌

(a)烧蚀前；(b)烧蚀后

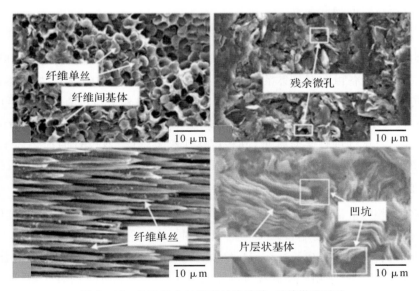

图 6-16　C/C 复合材料喉衬烧蚀前、后的微观形貌

(a)烧蚀前的纤维；(b)烧蚀前的基体；(c)烧蚀后的纤维；

(d)烧蚀后的基体

图 6-16(c)是碳棒中的纤维单丝烧蚀后的微观形貌,可以看到绝大多数纤维的端头都呈现针尖状,尖端的角度约为 $10°$,纤维间基体均已被完全消耗,在纤维单丝周围形成了较深的缝隙。之所以会出现这种形貌,主要是纤维与纤维间基体的反应活性不同造成的。由于纤维间基体与氧化性组分反应活性大,因此先被氧化消耗掉,形成了高度差。外露纤维的头部氧化性组分浓度较高,暴露时间长,被消耗得多,而底部浓度较低,暴露时间短,被消耗得少,这样就形成了从底部到头部逐渐变细的形态。

图 6-16(d)是烧蚀后基体的微观形貌,虽然基体在微观尺度上呈现出大量的分层、褶皱和微小空洞,但是与烧蚀前相比,其粗糙度没有显著增大,因此可以认为在微观尺度上基体的烧蚀和形貌变化是均匀的。这样就可以将基体视作物理化学特性分布均匀的物质,将其烧蚀计算放在介观尺度上进行。

在图 6-16 烧蚀后形貌中,没有明显观察到由于 Al_2O_3 粒子撞击形成的侵蚀迹象。大量的喷管两相流数值模拟也表明,由于喷管的收敛扩张效应,在喉部及其下游碰撞壁面的 Al_2O_3 粒子非常少,粒子侵蚀效应不明显,扫描电镜的观察结果也印证了这一观点。因此,可以认为在发动机的喉部热化学烧蚀占主导作用。

6.3.2 各碳相反应活性测试

材料的制备工艺决定了其显微结构,从而决定了材料的物理和化学特性。碳纤维和纤维间基体在微观尺度上的退移速率不同,纤维束和碳基体在介观尺度上的退移速率存在差异,这也说明 C/C 复合材料中不同的碳相其氧化反应活性不同。如果要准确模拟各尺度上的烧蚀退移过程并预示烧蚀速率,需要得到不同碳相与燃气中主要氧化组分之间的氧化反应动力学参数与材料的物性参数。

6.3.2.1 实验装置

采用动态氧化烧蚀实验系统对不同碳相的试件进行氧化试验。设备的工作原理示意图如图 6-17 所示。设备由数据采集系统、磁悬浮天平、竖直放置的陶瓷管、加热体、温度控制系统、压力传感器和尾气处理装置等组成。其中,气体管道外壁包覆有保温带,可对氧化气体进行保温,使得水蒸气在流经试件之前不会发生凝结。高精度磁悬浮天平位于设备顶部,可在试验过程中对试件进行实时称重,其精度达 1×10^{-5} g。该设备的加热体采用 SiC 材料,最高可使管内温度达到 1 673 K,并且升温速率在小于 10 K/min 的范围内可控。

6.3.2.2 C/C 复合材料及各碳相制备

要开展各碳相反应活性测试,就需要获得组成 C/C 复合材料的各碳相的试件,主要包括纤维和基体等,当然也需要制备 C/C 复合材料的试件。

C/C 复合材料试件加工成长方体,尺寸为 30 mm×9 mm×9 mm。C/C 复合材料中的纤维单丝无法提取,因此采用软质碳纤维纱作为 C/C 复合材料纤维的替代物。C/C 复合材料中碳基体的尺寸较小,并且与碳纤维束和碳棒紧密地结合在一起,利用常规工具极难将其从复合材料中剥离。实验所使用的碳基体的替代材料是经过与 C/C 复合材料类似的制备过程生产制得的块状碳,也称为碳基体。

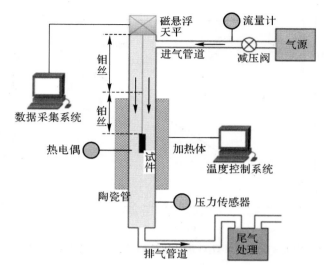

图 6-17　动态氧化烧蚀实验系统的工作原理示意图

6.3.2.3　动态氧化烧蚀实验

在固体发动机喉衬的热化学烧蚀计算中,需要知道喉衬材料与氧化性气体的氧化反应动力学参数,即 Arrhenius 公式中的指前因子 A 和活化能 E_a。除此之外,还需要知道求解反应速率时用到的气相压力指数 n。通过设计氧化烧蚀实验可以获得不同碳相与 CO_2 和 H_2O 反应的 A、E_a 和 n。

动态氧化烧蚀实验系统可以对试件进行实时称重,可以改变气相温度,获得同一氧化气体分压下不同温度时试件的失重量。经过对数据的拟合处理,可以得到指前因子 A 和活化能 E_a。当氧化气体的温度保持不变而气体分压发生变化时,可以获得同一温度不同分压下试件的失重量,通过数据拟合分析可以获得气相压力指数 n。图 6-18 和图 6-19 为典型实验的升温和氧化失重曲线。

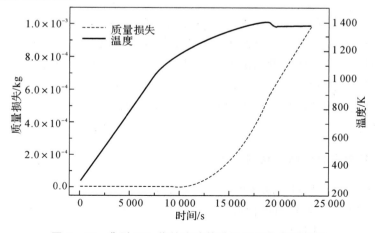

图 6-18　典型 CO_2 烧蚀实验的升温和氧化失重曲线

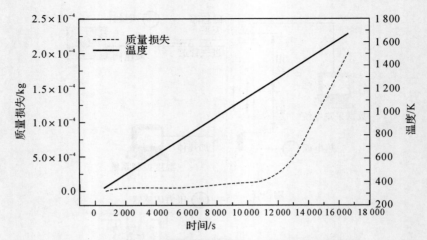

图 6-19 典型 H_2O 烧蚀实验的升温和氧化失重曲线

6.3.2.4 反应活性数据

表 6-4 为实验获得的 C/C 复合材料、碳基体和纤维的动力学参数。

表 6-4 各碳相与 CO_2 和 H_2O 反应的动力学参数

反应	材料	n	$A/(s^{-1} \cdot m^{-2} \cdot atm^{-n})$	$E_a/(kJ \cdot mol^{-1})$
$C_{(s)} + CO_2 \leftrightarrow 2CO$	C/C 复合材料	0.62	1.21×10^4	215
$C_{(s)} + CO_2 \leftrightarrow 2CO$	纤维	0.62	1.95×10^3	188
$C_{(s)} + CO_2 \leftrightarrow 2CO$	基体	0.62	9.21×10^1	173
$C_{(s)} + H_2O \leftrightarrow CO + H_2$	C/C 复合材料	0.59	1.25×10^4	193
$C_{(s)} + H_2O \leftrightarrow CO + H_2$	纤维	0.59	6.42×10^5	234
$C_{(s)} + H_2O \leftrightarrow CO + H_2$	基体	0.59	7.66×10^1	157

对各碳相进行反应动力学参数实验的温度范围是室温到 1 673 K,而固体发动机喉衬壁面温度会达到 2 600 K 以上。受到动态氧化烧蚀实验系统条件的限制,开展更高温度段的实验有很大困难。国外研究者测试了最高温度达到 2 873 K 的石墨氧化反应数据,其研究表明,碳的氧化反应活性数据外插数据具有较好的适用性,国外多个文献也采用外插数据开展氧化烧蚀研究。因此根据文献中的使用情况,认为表 6-4 中的数据在 1 673 K 以上范围可以外插使用。

6.3.3 C/C 复合材料喉衬烧蚀机理

对于 C/C 复合材料喉衬的烧蚀机理可以总结如下:

(1)一般情况下固体发动机喉衬的烧蚀以热化学烧蚀为主,热化学烧蚀中的主导反应是碳与 CO_2 和 H_2O 的氧化反应。

(2)根据 C/C 复合材料的结构特征和形貌特征,将其分为微观尺度、介观尺度和宏观尺度三种尺度。

（3）C/C 复合材料各碳相的氧化反应活性存在明显差异，高温条件下与 CO_2 和 H_2O 的反应活性顺序为：纤维间基体＞碳纤维＞C/C 复合材料＞碳基体。

（4）各碳相反应活性差异和各尺度下的反应控制机制共同决定了 C/C 复合材料各尺度下的烧蚀形貌。

在微观尺度上，由于纤维间基体的反应活性比纤维单丝更高，因此纤维间基体退移更快，使得纤维单丝头部暴露，并逐渐形成尖锥状。

在介观尺度上，基体（与纤维间基体不同）的化学反应活性比纤维束和碳棒的小，基体的退移速率更慢，基体的表面高度应该高于纤维束和碳棒。但由于退移控制机制的差别，在不同氧化环境下，高度差不同。在固体火箭发动机喉部的工作环境下，退移过程主要由扩散控制，基体与纤维束和碳棒的表面高度差较小，C/C 复合材料表面的粗糙度也较小；而在管式炉的氧化环境下，退移过程主要由化学动力学控制，基体与纤维束和碳棒的表面高度差较大，C/C 复合材料表面的粗糙度也大。

6.4　C/C 复合材料喉衬多尺度烧蚀模型简介

C/C 复合材料在空间组成上具有多尺度的特征，其烧蚀过程在空间和时间上也呈现出多尺度的特性，基于宏观尺度的传统烧蚀模型无法全面地反映 C/C 复合材料的烧蚀过程，而完全基于微观尺度建立模型，对于目前的计算能力又不具有实用性，因此有必要建立多尺度的烧蚀模型。

6.4.1　多尺度烧蚀物理模型

6.4.1.1　多尺度烧蚀模型概念

图 6-20 是不同尺度上热化学烧蚀物理过程的示意图。可以看出，C/C 复合材料大尺度上氧化反应的非均质性是小尺度上各碳相反应特性的不同引起的。因此，可以在每一个尺度上将每种碳相视为特性不同的均质材料，而其非均质的特性则在小一级尺度上进行描述。

在微观尺度上将纤维单丝和界面视为具有不同氧化特性的碳相，在得到这两种碳相的氧化反应特性之后进行模型化，则可将其作为介观尺度上碳棒和纤维束的氧化特性。通过前面的形貌观察发现，基体在微观尺度上烧蚀形貌无显著差异，因此在微观尺度上不需要对基体建模。

在介观尺度上将纤维束和基体视为具有不同氧化特性的碳相，进行烧蚀特性模型化后，则可将其作为宏观尺度上 C/C 复合材料喉衬各向异性的烧蚀结果。

总之，介观尺度模型中化学反应特性参数是微观尺度模型输出参数的函数，宏观尺度上的烧蚀退移又是介观尺度各碳相的退移参数函数。这种处理方法既抓住了 C/C 复合材料在各个尺度上的烧蚀特性不同的特征，又简化了模型的复杂度，有利于实现准确而快速的烧蚀计算模拟。

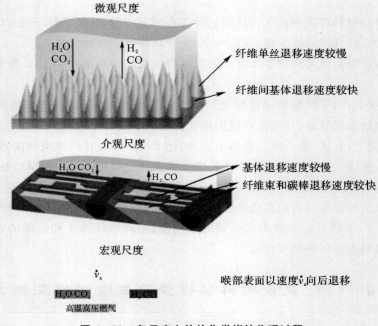

图 6 - 20   各尺度上的热化学烧蚀物理过程

6.4.1.2 简化假设

为了便于建立多尺度烧蚀模型,需要 SIE 一些简化和假设:

(1)燃气遵循理想气体状态方程。

(2)燃气中各组分遵循道尔顿分压定理。

(3)组分的扩散遵循菲克定律,扩散系数按照二元扩散系数计算方法得到,并适用于所有组分。

(4)不考虑气相之间的化学反应,即气相反应在计算位置处冻结。

(5)认为在发动机喉衬位置热化学烧蚀占主导,不考虑 Al_2O_3 粒子侵蚀的影响。

(6)在同一尺度上,增强相和基体的密度和反应特性均匀。

(7)忽略喷管喉衬型面曲率的影响。

6.4.1.3 微观尺度上的烧蚀模型

如图 6 - 21 所示,微观尺度的烧蚀形貌主要受到 5 类参数的影响,包括各碳相的反应特性参数 $\{K_\mu\}$、氧化性组分分布 $\{C_\mu\}$、各碳相的物性参数 $\{\Psi_\mu\}$、材料表面温度 T_s 和纤维单丝与基准位置的角度 δ。下标 μ 代表微观尺度。微观尺度模型的目标就是建立微观烧蚀形貌参数 $\{G_\mu\}$ 与上述五类参数的函数关系:

$$\{G_\mu\} = f(\{K_\mu\}, \{C_\mu\}, \{\Psi_\mu\}, T_s, \delta) \tag{6-3}$$

其中,各碳相的化学反应特性参数 $\{K_\mu\}$ 包含纤维单丝、界面和纤维间基体的反应活性,是微观尺度向介观尺度传递的重要参数。纤维单丝的活性数据已经通过动态烧蚀实验获得了,但界面和纤维间基体的几何尺寸较小,难以从复合材料中单独提取,因此无法对其活性进行直接测量。这里采用一种反向计算的方法,即通过扫描电镜照片测量,获得纤维单丝高度和纤维尖端角度等参数,通过反向计算获得界面的反应活性,纤维间基体的反应活性可以认为与界面一样。

在微观尺度模型中,将纤维束内的纤维单丝和纤维间基体处理为均质材料。微观尺度模型的输入参数为各碳相的化学反应特性、氧化组分分布、纤维单丝与基准位置的角度、燃气流动条件及热边界和各碳相物性参数,输出参数为纤维单丝和纤维间基体的烧蚀速率和形貌。

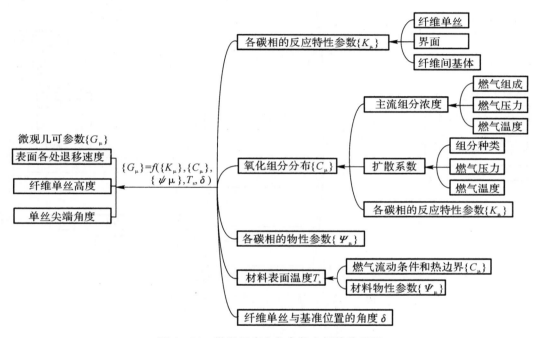

图 6 - 21　微观尺度上各参数之间的关系图

6.4.1.4　介观尺度上的烧蚀模型

与微观尺度模型相似,介观尺度模型的目标是建立起介观烧蚀形貌参数$\{G_M\}$与纤维束、碳棒和基体的化学反应特性参数$\{K_M\}$、氧化气体组分分布$\{C_M\}$、材料表面温度 T_s、纤维束与基准位置的角度 δ 和各碳相的物理性质参数$\{\Psi_M\}$之间的函数关系:

$$\{G_M\} = f(\{K_M\}, \{C_M\}, \{\Psi_M\}, T_s, \delta) \tag{6-4}$$

下标 M 代表介观尺度。其中,介观尺度上的化学反应特性参数$\{K_M\}$与微观尺度上材料化学反应特性参数$\{K_\mu\}$相关。各参数之间的关系如图 6-22 所示。

在介观尺度的计算中,将纤维束、碳棒和基体处理为均质材料。介观尺度模型的输入参数为各碳相的化学反应特性、氧化组分分布、纤维束与基准位置的角度、燃气流动条件及热边界和各碳相物性参数,输出参数为纤维束、碳棒和基体的烧蚀速率和形貌。

6.4.1.5　宏观尺度上的烧蚀模型

宏观尺度上复合材料的烧蚀形貌是不同位置处边界层内温度和组分分布的差异造成

的。因此,宏观尺度的烧蚀模型是在喉衬上选择多个典型位置,通过对介观尺度上材料的烧蚀形貌参数进行分析,选择合理的表示方法对 C/C 复合材料的当地退移速率进行计算,如图 6-23 所示。此外,结合喉衬热边界给出的宏观流动边界参数,沿喷管轴向选取若干特征点分别计算该位置处的烧蚀速率,最终得到喉衬烧蚀后的型面曲线和沿轴向各处的烧蚀速率。

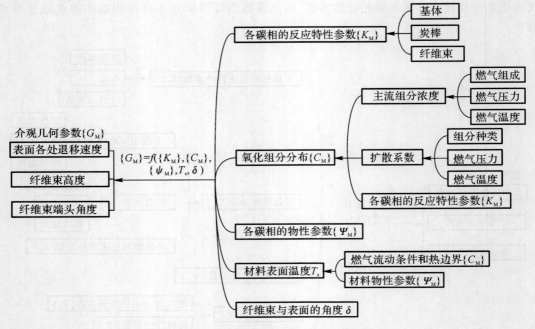

图 6-22 介观尺度上各参数之间的关系

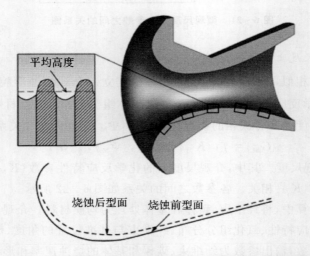

图 6-23 C/C 复合材料宏观尺度的退移速率计算示意图

6.4.1.6　多尺度模型参数传递关系

如图 6-24 所示,从微观尺度的烧蚀过程出发,建立从微观尺度至介观尺度,再由介观尺度到宏观尺度这两个过渡过程的参数关联模型,最终建立起多尺度烧蚀模型。在宏观尺度上为了提高烧蚀率的计算准确度,需要在喉衬的宏观尺度上选取多个典型的介观尺度进行计算。

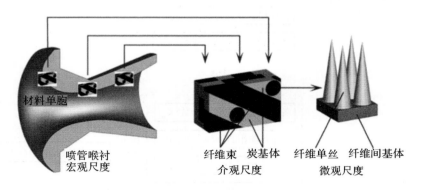

材料单胞

喷管喉衬
宏观尺度

纤维束　炭基体
介观尺度

纤维单丝　纤维间基体
微观尺度

图 6-24　多尺度计算模型中各尺度间的关系

传统热化学烧蚀模型的计算思路为:输入参数为氧化组分分布$\{C\}$,燃气流动条件$\{F\}$、材料的化学反应特性参数$\{K\}$,以及材料的物理性质$\{\Psi\}$ 4 个方面,根据固体碳在高温燃气中发生的两个氧化反应[(式 6-1)和式(6-2)],可由守恒定理计算出材料的表面几何结构$\{G\}$及烧蚀速率。而多尺度烧蚀模型也依然遵循以上核心思想,所不同的是将材料分为 3 个尺度,需要在微观和介观尺度上对表面烧蚀速率进行计算,最终得到宏观尺度上喉衬表面的烧蚀率。多尺度热化学烧蚀模型的参数传递方式如图 6-25 所示。

6.4.2　多尺度烧蚀数学模型

建立了多尺度烧蚀的物理模型,就可以开始建立数学模型。这里将主要介绍数值模型的基本思路,具体的公式可以参考相关文献。

6.4.2.1　氧化性组分分布的计算

根据前面的分析可知,多尺度烧蚀模型计算的一项重要内容是确定边界层中的氧化组分浓度分布。如果每个尺度上的组分扩散都与流场计算进行耦合,那么计算量将会非常大,难以实现多尺度计算。

分析表明,固体发动机喉衬的烧蚀,在微观尺度上受化学动力学控制,在介观尺度上主要受扩散控制。因此,在进行烧蚀计算时,无论是微观尺度还是介观尺度,都只需要进行边界层内的组分扩散,而不必考虑对流的影响,这样就大大简化了氧化组分分布计算过程。

6.4.2.2　喉衬材料表面温度的计算

喉衬材料表面的温度计算主要考虑燃气侧的对流换热、异相反应的吸热和材料内部的热传导。喉衬材料背壁处采用绝热边界。材料内部的热传导采用 1D 非稳态导热控制方程求解获得。由于材料的表面换热、内部传热以及化学反应导致的热量损失是相互耦合的,因此对表面温度的计算将与多尺度模型相互迭代进行。

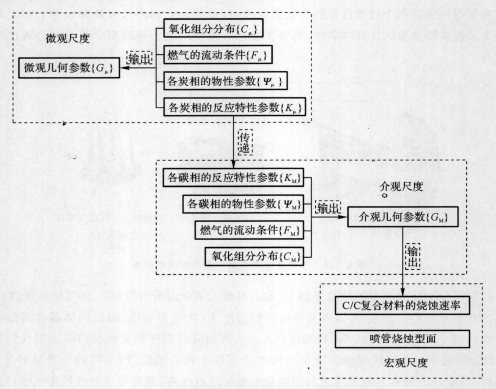

图 6 - 25 多尺度热化学烧蚀模型的参数传递方式

6.4.2.3 烧蚀界面数值计算方法

在氧化烧蚀过程中的不同时刻,多向编织 C/C 复合材料在不同尺度上呈现出的烧蚀形貌各异。烧蚀模型除了获得不同尺度上烧蚀表面的退移速率,还需要关注烧蚀表面退移过程中形貌的实时变化,这就需要采用合适的数值计算方法实现复杂烧蚀型面的准确计算。追踪活动界面的方法有很多,例如格子类方法、流体体积函数(VOF)方法和水平集(Level Set)方法等,这里采用 Level Set 方法对烧蚀形貌的演化过程进行模拟。

6.4.3 模型验证

6.4.3.1 动态氧化烧蚀实验

利用建立的多尺度烧蚀计算模型,针对动态氧化烧蚀实验工况开展计算,分别从烧蚀率和烧蚀形貌两个方面与实验结果进行比较,验证计算模型的合理性和准确性。

图 6 - 26 是 CO_2 气氛条件下典型工况 C/C 复合材料试件的氧化失重曲线与烧蚀计算结果对比,可以看出,计算结果与实验结果吻合比较好,整个烧蚀过程中最大相对误差为 11%。

图 6-27 是 H_2O 气氛条件下的 C/C 试件的氧化失重曲线与烧蚀计算结果的对比,同样计算结果与实验结果吻合较好,整个烧蚀过程中最大相对误差为 10%。

分别针对动态氧化烧蚀实验和烧蚀发动机这两个不同的环境条件计算介观尺度上的烧蚀形貌差异。图 6-28(a)是烧蚀发动机喉衬介观尺度形貌电镜照片,其中重要的特点就是各碳相的高度差较小,这主要是烧蚀发动机在介观尺度上烧蚀是由扩散控制的。图 6-28(b)是相同状态的烧蚀计算结果,从图中可以看出,计算得到的各碳相高度差同样很小,烧蚀形貌特征与试验结果较为吻合。

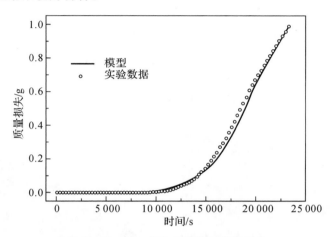

图 6-26　CO_2 氧化实验失重曲线对比

图 6-29(a)是动态氧化烧蚀实验介观尺度形貌电镜照片,其中最显著的特点是纤维束烧蚀速率明显大于基体,纤维束顶端远低于基体表面,呈现多个凹坑。这主要是由于动态氧化烧蚀实验中介观尺度受化学动力学控制。图 6-29(b)是相同状态下的烧蚀计算结果,其形貌特征与实验结果较为吻合。

6.4.3.2　烧蚀发动机实验

采用所建立的烧蚀模型开展了两种工况的烧蚀发动机喉衬烧蚀计算,工况 3 为 3 559 K 的高燃温条件,工况 8 为 2 879 K 的低燃温条件。为了给烧蚀计算提供所需的温度边界,开展燃气流动与固体壁面的耦合传热计算,获得喉衬内部的温度分布,如图 6-30 所示。通过数值模拟获得的喉衬温度分布作为烧蚀计算的输入参数,利用组分扩散定律可以得到微观尺度上的氧化气体 H_2O 和 CO_2 浓度。

图 6-31 为工况 3 微观尺度计算得到的与烧蚀表面平行的纤维单丝(喉部碳棒中的纤维)的烧蚀演化过程。图 6-32 为与表面成 $60°$ 角的纤维单丝的烧蚀演化过程。图 6-33 给出了工况 3 在介观尺度上的烧蚀表面随时间的演化过程。

图 6-34 给出了两种工况的喉衬平均线烧蚀率随时间变化的计算结果,平均线烧蚀率的定义如下:

$$\dot{r}_a = \frac{r_1 - r_0}{t_1 - t_0} \qquad (6-5)$$

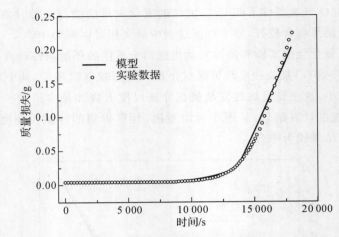

图 6 - 27　H_2O 氧化实验失重曲线对比

(a)　　　　　　　　　　　　　　　　　(b)

图 6 - 28　烧蚀发动机试验的烧蚀形貌对比

(a)电镜照片；(b)烧蚀形貌的模拟结果

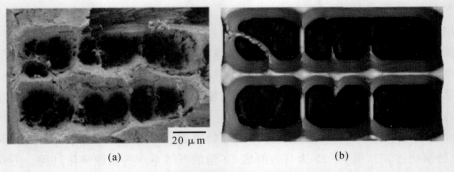

(a)　　　　　　　　　　　　　　　　　(b)

图 6 - 29　动态氧化烧蚀实验的烧蚀形貌对比

(a)电镜照片；(b)烧蚀形貌模拟结果

式中：$\dot{r}_a$ 为平均线烧蚀率；r_1 为当前时刻喉部半径；r_0 为初始时刻喉部半径；t_1 为当前时刻；t_0 为初始时刻。

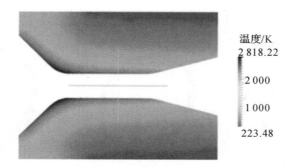

图 6 - 30　喉衬对称截面上的温度(K)云图

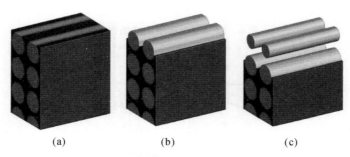

图 6 - 31　与表面平行的纤维单丝烧蚀过程

(a)$t=0.0$ s;(b)$t=1.60$ s;(c)$t=1.80$ s

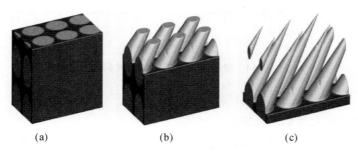

图 6 - 32　与表面成 60°角的纤维单丝烧蚀过程

(a)$t=0.0$ s;(b)$t=1.60$ s;(c)$t=2.00$ s

　　表 6 - 5 给出了两个工况线烧蚀率实验结果和计算结果的对比,平均线烧蚀率计算误差分别为 4.9% 和 21.9%。其中工况 8 的误差相对较大,其主要原因是推进剂燃温较低,烧蚀率也较小,所以相对误差会比较大一些。

表 6 - 5　典型烧蚀实验发动机计算结果对比

工况	燃烧室压力 /MPa	燃温/K	工作 时间/s	实验平均线烧 蚀率/(mm·s⁻¹)	计算平均线烧 蚀率/(mm·s⁻¹)	相对误差 /(%)
3	6.31	3 559	21.9	0.061	0.064	4.9
8	7.88	2 879	14.4	0.007 3	0.008 9	21.9

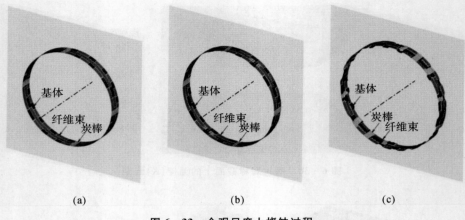

图 6 - 33　介观尺度上烧蚀过程

(a)$t=0.0$ s;(b)$t=6.60$ s;(c)$t=14.10$ s

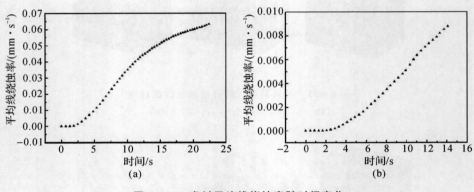

图 6 - 34　喉衬平均线烧蚀率随时间变化

(a)工况 3;(b)工况 8

6.4.3.3　大尺寸发动机烧蚀实验

　　由于固体发动机喉衬烧蚀过程显著地受到燃烧室压力和流量的影响,为了进一步验证烧蚀模型的准确性,针对大尺寸固体发动机实验开展烧蚀计算和验证。大尺寸发动机喉衬结构示意图如图 6 - 35 所示,发动机工作条件见表 6 - 6。

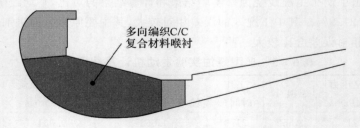

多向编织C/C
复合材料喉衬

图 6 - 35　大尺寸发动机喉衬结构示意图

表 6-6　大尺寸发动机工作参数

燃烧室压力/MPa	燃温/K	喉径/mm	含铝量/(%)	工作时间/s	实验平均线烧蚀率/(mm·s⁻¹)
8.5	3 600	223	17	64	0.303

　　图 6-36 为喉衬部位微观尺度的电镜照片,图 6-37 是计算得到的微观烧蚀形貌,可以看出两者形貌特征较为一致。

　　图 6-38 为喉衬部位介观尺度电镜照片,图 6-39 是计算得到介观尺度烧蚀形貌,两者的烧蚀表面都相对比较平整,各碳相间的高度差较小。

　　图 6-40 是大尺寸发动机喉部表面的升温曲线,图 6-41 为计算获得的平均线烧蚀率曲线。计算得到的烧蚀率为 0.254 mm/s,与实验结果的相对误差为 16.2%,两者吻合较好。

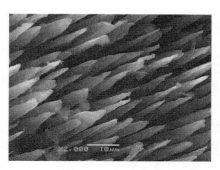

图 6-36　微观尺度纤维单丝电镜照片

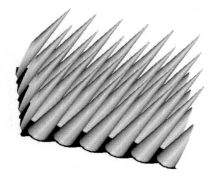

图 6-37　微观尺度纤维单丝计算结果

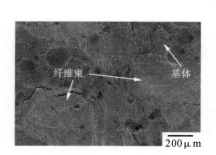

图 6-38　介观尺度电镜照片

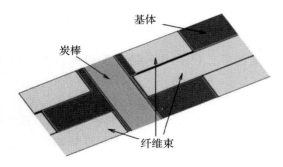

图 6-39　介观尺度计算结果

　　通过多种类型实验的验证,可以看出多尺度烧蚀模型不仅具有捕捉微/介观烧蚀形貌演化的能力,而且对大、小尺寸固体发动机喉衬的烧蚀率都具有较好的预示精度。

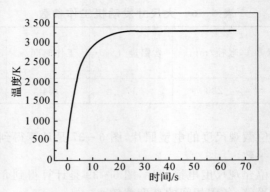

图 6 - 40　大尺寸发动机喉部表面温度曲线

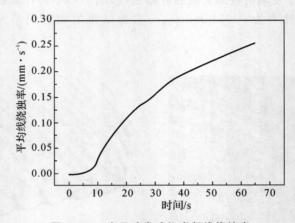

图 6 - 41　大尺寸发动机喉部线烧蚀率

习　　题

1. 通常情况下,固体火箭发动机喉衬的烧蚀率随着发动机的燃温、流量和压强如何变化?

2. 简述 C/C 复合材料多尺度的概念。

3. 通常情况下 C/C 复合材料各 C 相在高温条件下的热化学反应活性如何排序?

4. 简述 C/C 复合材料喉衬多尺度烧蚀模型的建模思想。

第 7 章　固体火箭发动机喷管热结构

7.1　概　　述

固体火箭发动机喷管在工作时间内,在高温、高压燃气以及机械载荷的共同作用下产生的结构强度问题称为热结构问题,其中以喷管喉衬的热结构问题最为典型。喉衬是维持发动机燃烧室预定工作压强,使发动机燃气由亚声速转变为超声速,并产生推力的关键部件。喉衬热结构失效将直接影响到固体火箭发动机的内弹道性能,甚至造成固体火箭发动机解体,导致火箭或导弹飞行失败。美国报道的统计结果表明,超过一半的发动机试车失败是热结构破坏导致的,其中喉衬组件结构破坏占了相当大的比例。因此,喉衬热结构完整性一直是固体火箭发动机领域的核心基础问题之一,是固体火箭发动机设计和研究关注的重要内容。

喉衬热结构完整性分析的主要目的是获得喉衬结构在固体火箭发动机工作状态下的温度场和应力-应变状态,结合喉衬材料的力学性能和强度准则,确定喉衬的结构完整性与强度裕度。由于固体火箭发动机喉衬热结构计算涉及烧蚀、流动、传热传质、材料及结构等多个学科,是一个十分复杂的多物理场耦合问题,因此在工程实际中通常要进行一定的简化。喉衬的热结构计算是温度-应力的双向耦合作用,由于固体火箭发动机的工作特点,由应变导致的能量改变对温度场的贡献十分有限,喉衬的热结构计算一般采取先计算温度场再计算应力场的序贯耦合计算方法。同时,喉衬热结构分析涉及复杂的材料非线性、几何非线性和非定常边界等,通过理论分析方法比较困难,目前主要采用有限元分析等数值方法对喉衬热结构进行计算。

7.2　喷管瞬态温度场计算

7.2.1　燃气对喷管的传热

要开展喷管的温度场计算,首先要计算燃气对喷管的传热。燃气对喷管的传热也包含热传导、热对流与热辐射,其中通过燃气对内壁的热传导所传递的热量是非常少的,工程上一般忽略不计,其大部分热均是通过对流方式传递的。辐射传热主要体现在喷管的收敛段,在喉部下游和扩张段区域,辐射换热与对流换热相比,可以忽略不计。关于燃气对喷管传热的计算方法在第 2 章已经做了介绍。

7.2.2　喷管瞬态传热问题的数学描述

按照能量守恒定律,在任一时间间隔内有以下热平衡关系:

导入微元的总热流量－导出微元的总热流量＋微元体内热源的生成热＝微元体内能的增量。在一般三维问题中,瞬态温度场的变量 T 在直角坐标系中应满足的微分方程是

$$\frac{\partial}{\partial x}\left(k_x \frac{\partial T}{\partial x}\right)+\frac{\partial}{\partial y}\left(k_y \frac{\partial T}{\partial y}\right)+\frac{\partial}{\partial z}\left(k_z \frac{\partial T}{\partial z}\right)+\rho Q=\rho c \frac{\partial T}{\partial t} \qquad (7-1)$$

式中:T 为温度,$T=T(x,y,z,t)$,单位为 K;t 为时间,单位为 s;k_x、k_y、k_z 为弹性体材料分别沿 x、y、z 方向的导热系数,单位为 W/(m·K);ρ 为弹性体材料的密度,单位为 kg/m³;c 为弹性体材料的比热容,单位为 J/(kg·K);Q 为弹性体内部热源强度,单位为 W/kg。

固体火箭发动机喷管的几何形状一般是轴对称的,所承受的热环境也是轴对称的,且热传导在周向的变化相对于径向和轴向的变化很小,可以忽略。因此,可将三维空间的喷管瞬态温度场问题,简化为轴对称二维空间非稳态导热问题,把喷管的轴对称截面作为研究对象,在柱坐标系下,喷管瞬态热传导微分方程为

$$\rho c \frac{\partial T}{\partial t}=\frac{1}{R} \frac{\partial}{\partial R}\left(k_R R \frac{\partial T}{\partial R}\right)+\frac{\partial}{\partial z}\left(k_z \frac{\partial T}{\partial z}\right)+\rho Q \qquad (7-2)$$

式中:R 为喷管径向距离;z 为喷管轴向距离。

7.2.3　含热解的喷管瞬态传热问题的数学模型

图 7-1 为喷管喉衬和背壁组件的烧蚀和传热模型示意图,根据傅里叶传热定律,一维圆柱坐标多层复合结构的非稳态传热方程为

$$q=\rho_i c_i \frac{\partial T_i}{\partial t}=\frac{1}{R} \frac{\partial}{\partial R}\left(k_i R \frac{\partial T}{\partial R}\right)+\frac{\partial}{\partial z}\left(k_i \frac{\partial T}{\partial Z}\right)+\rho(Q_{1,i}+Q_{2,i}) \qquad (7-3)$$

式中:k 为导热系数,单位为 W/(m·K);ρ 为密度,单位为 kg/m³;c 为比热容,单位为 J/(kg·K);Q_1 为热解气体流过时所带走(输入)的热量,单位为 J/kg;Q_2 为热解潜热,单位为 J/kg。下标 $i=0,1,2,3,4$ 分别对应喉衬烧蚀层、喉衬原始层、背壁碳化层、背壁热解层(或热界面)、原始材料层。$Q_{1,i}$ 和 $Q_{2,i}$ 分别为

$$\left.\begin{aligned}
Q_{1,2} &= \dot{m}_{\mathrm{p},2} \bar{c}_{\mathrm{pg}} \frac{\partial T_2}{\partial R} \\
Q_{1,3} &= \dot{m}_{\mathrm{p},3} \bar{c}_{\mathrm{pg}} \frac{\partial T_3}{\partial R} \\
Q_{1,0} &= Q_{1,1}=Q_{1,4}=Q_{2,0}=Q_{2,1}=Q_{2,2}=Q_{2,4}=0
\end{aligned}\right\} \qquad (7-4)$$

式中:$\dot{m}_{\mathrm{p}}$ 为热解气体的总质量流率,单位为 kg/s;$\dot{m}_{\mathrm{p},i}$ 为某一截面的热解气体质量流率,单位为 kg/s;$\bar{c}_{\mathrm{pg}}$ 为热解气体平均比热容,单位为 J/(kg·K)。

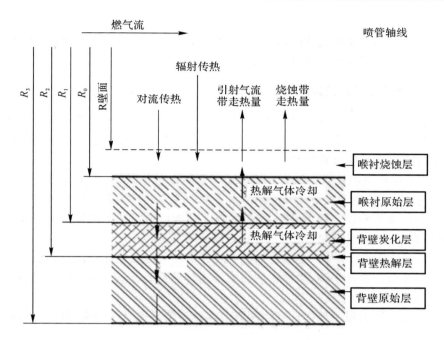

图 7-1　喉衬组件烧蚀和传热模型示意图

7.2.4　温度边界条件

求解喷管的热传导问题实质上可归结为对喷管导热微分方程式的求解。为了获得满足某一具体导热问题的温度分布,还必须给出用以表征该特定问题的一些附加条件。这些使微分方程获得适合某一特定问题的解的附加条件,称为定解条件。对非稳态导热问题,定解条件有两个方面——给出初始时刻温度分布的初始条件,以及给出导热物体边界上温度或换热情况的边界条件。导热微分方程与定解条件构成了一个具体导热问题的完整数学描述。

导热问题的常见边界条件可归纳为以下 3 类。

(1)规定了边界上的温度值,称为第一类边界条件。此类边界条件的典型例子就是规定边界温度保持常数,即 T_w=常量。对于非稳态导热,这类边界条件要求给出以下关系式:

$$T(R,z,t)=T_w(t) \qquad t>0, 在边界 S_1 上 \tag{7-5}$$

(2)规定了边界上的热流密度值,称为第二类边界条件,可用下式表示为

$$-\left(k_R \frac{\partial T}{\partial R}n_R + k_z \frac{\partial T}{\partial z}n_z\right)=q_w(t) \qquad t>0, 在边界 S_2 上 \tag{7-6}$$

式中:n_R、n_z 为边界外法线的方向余弦。

(3)规定了边界上物体与周围流体间的对流换热系数 h 及周围流体的温度 T_f,称为第三类边界条件。以物体被加热为例,第三类边界条件可表示为

$$-\left(k_R \frac{\partial T}{\partial R}n_R + k_z \frac{\partial T}{\partial z}n_z\right)=h(T_f-T_w) \qquad t>0, 在边界 S_3 上 \tag{7-7}$$

式中:h 为对流换热系数,当非稳态导热时,h 及 T_f 均为时间的函数;T_w 为边界上物体的

温度。

在固体火箭发动机喷管内壁面,燃气热量大部分是通过对流方式传递的,因此,在固体火箭发动机喷管温度场分析中通常采用第三类边界条件。

7.2.5 对流换热系数的计算

热流边界是高温高压燃气经过喷管内表面时,在壁面附近与气流相互作用的区域,该区域内燃气与喷管壁面发生强烈的物理化学反应,大量的热量在强温度梯度下向壁面传递,热流边界是进行喷管热结构计算的基础。

20 世纪 50 年代美国就对热流边界进行了大量研究,形成了大量工程方法、半经验公式及评估模型等,并已经在工程中成功应用。由于喷管内流热环境实验测量难度大,固体火箭发动机喷管热环境预测以工程半经验方法为主,工程半经验方法虽然做了诸多简化,但其物理概念清晰、操作容易,且结果散布度小,具有较高的可行性。

巴兹公式是一个在 1957 年左右提出的半经验的喷管对流换热系数估算公式,经常被用来进行喷管热环境的快速预测,为喷管的烧蚀和内部传热计算提供了快速有效的喷管壁面传热边界条件预测方法。

巴兹公式是基于湍流边界层计算和圆管的湍流对流换热简化而来的喷管热环境快速估算公式。具体形式为

$$h_\mathrm{g} = \left[\frac{C}{d_t^{0.2}} \left(\frac{\mu^{0.2} c_\mathrm{p}}{Pr^{0.6}} \right)_0 \left(\frac{\dot{m}_\mathrm{t}}{A_\mathrm{t}} \right)^{0.8} \left(\frac{d_\mathrm{t}}{R_\mathrm{t}} \right)^{0.1} \right] \left(\frac{A_\mathrm{t}}{A} \right)^{0.9} \sigma \tag{7-8}$$

式中:各参数的含义在第 2 章中已经介绍过。式中 σ 的形式为

$$\sigma = \left\{ \left[\frac{1}{2} \frac{T_\mathrm{w}}{T_0} \left(1 + \frac{\gamma-1}{2} Ma^2 \right) + \frac{1}{2} \right]^{0.65} \left(1 + \frac{\gamma-1}{2} Ma^2 \right)^{0.15} \right\}^{-1} \tag{7-9}$$

这个近似公式的一个主要优点在于,其中包含的大多数参数在某一确定喷管流场中是不随流向变化的,在流向的不同截面处只有 A_*/A 和 σ 需要重新进行计算,方便喷管传热的快速计算。公式中的 C 是一个待定的系数,根据对喷管喉部湍流边界层对流换热系数分析和与实验值之间的比较,发现对于亚声速流动,C 值取 0.026,对于超声速流动,C 值取 0.023 比较合适。当某些混合燃气的 Pr 和 μ 值获取比较困难时,可以使用下式进行近似计算:

$$Pr = \frac{4\gamma}{9\gamma - 5} \tag{7-10}$$

$$\mu = 5.85 \times 10^{-8} (\overline{M})^{0.5} T^{0.6} \tag{7-11}$$

大量的试验结果表明,基于现有巴兹热流边界的温度场计算结果,热流值偏大,在工程上常常进行经验修正。当使用巴兹公式进行喷管对流换热预测时,除了公式本身误差外,其他因素引入的误差也有很大影响,如热力学参数、边界层参数的计算与选取等均会给热流预测带来影响,因此需要进行修正,一般用参考焓代替简化参考焓,增大喉部曲率修正因子。

修正后的公式如下:

$$h = \frac{C}{d_\mathrm{t}^{0.2}} \left(\frac{\mu^{0.2} c_\mathrm{p}}{Pr^{0.6}} \right)_0 \left(\frac{\dot{m}_\mathrm{t}}{A_\mathrm{t}} \right)^{0.8} \left(\frac{A_\mathrm{t}}{A} \right)^{0.9} \left(\frac{d_\mathrm{t}}{R_\mathrm{t}} \right)^{0.1} c_2 \sigma \tag{7-12}$$

其中 σ 的形式为

$$\sigma = \left\{ \left[\frac{1}{2} \left(\frac{T_w}{T_0} + 0.22 \right) \left(1 + \frac{\gamma-1}{2} Ma^2 \right) + 0.28 \right]^{0.65} \left(1 + \frac{\gamma-1}{2} Ma^2 \right)^{0.15} \right\}^{-1} \quad (7-13)$$

式中：$c_2 = c_p / c_{p0}$，为喷管燃气比热容与燃烧室燃气比热容之比，其在喉道以前的温度和速度变化不大，燃气 c_p 值基本不变，但在扩张段因加速流动，燃气温度下降，一般燃气 c_p 也下降。

对流换热系数计算所需的原始数据均可通过发动机的热力学计算得到。在工程上，一般都采用一维定常流计算所得到的结果。

7.3　喷管应力场的计算

7.3.1　热弹性问题的控制方程

固体火箭发动机喷管在工作过程中，自身温度的变化以及材料的热膨胀现象会带来结构的热膨胀变形，当热膨胀变形受到限制时，结构内部便产生了附加应力，称为热应力或者温度应力。

根据弹性力学，对于一般弹性体的热应力问题所对应的力的平衡方程、几何方程以及本构方程分别为：

平衡方程：

$$\left. \begin{aligned} \frac{\partial \sigma_x}{\partial x} + \frac{\partial \tau_{yx}}{\partial y} + \frac{\partial \tau_{zx}}{\partial z} + X_x &= \rho \frac{\partial^2 u}{\partial t^2} \\ \frac{\partial \tau_{xy}}{\partial x} + \frac{\partial \sigma_y}{\partial y} + \frac{\partial \tau_{zy}}{\partial z} + X_y &= \rho \frac{\partial^2 v}{\partial t^2} \\ \frac{\partial \tau_{xz}}{\partial x} + \frac{\partial \tau_{yz}}{\partial y} + \frac{\partial \sigma_z}{\partial z} + X_z &= \rho \frac{\partial^2 w}{\partial t^2} \end{aligned} \right\} \quad (7-14)$$

几何方程：

$$\left. \begin{aligned} \varepsilon_x &= \frac{\partial u}{\partial x}, \varepsilon_y = \frac{\partial v}{\partial y}, \varepsilon_z = \frac{\partial w}{\partial z} \\ \gamma_{zx} &= \frac{\partial w}{\partial x} + \frac{\partial u}{\partial z} \\ \gamma_{zy} &= \frac{\partial w}{\partial y} + \frac{\partial v}{\partial z} \\ \gamma_{yx} &= \frac{\partial u}{\partial y} + \frac{\partial v}{\partial x} \end{aligned} \right\} \quad (7-15)$$

本构方程：

$$\begin{bmatrix} \sigma_x \\ \sigma_y \\ \sigma_z \\ \tau_{yz} \\ \tau_{xz} \\ \tau_{xy} \end{bmatrix} = \begin{bmatrix} C_{11} & C_{12} & C_{13} & C_{14} & C_{15} & C_{16} \\ C_{12} & C_{22} & C_{23} & C_{24} & C_{25} & C_{26} \\ C_{13} & C_{23} & C_{33} & C_{34} & C_{35} & C_{36} \\ C_{14} & C_{24} & C_{34} & C_{44} & C_{45} & C_{46} \\ C_{15} & C_{25} & C_{35} & C_{45} & C_{55} & C_{56} \\ C_{16} & C_{26} & C_{36} & C_{46} & C_{56} & C_{66} \end{bmatrix} \begin{bmatrix} \varepsilon_x - \alpha_1 \Delta T \\ \varepsilon_y - \alpha_2 \Delta T \\ \varepsilon_z - \alpha_3 \Delta T \\ \gamma_{yz} - \alpha_4 \Delta T \\ \gamma_{xz} - \alpha_5 \Delta T \\ \gamma_{xy} - \alpha_6 \Delta T \end{bmatrix} \quad (7-16)$$

式中:σ_x、σ_y、σ_z 为弹性体的 3 个正应力分量;τ_{yz}、τ_{xz}、τ_{xy} 为弹性体的三个剪应力分量;ε_x、ε_y、ε_z 为弹性体的三个正应变分量;γ_{yz}、γ_{xz}、γ_{xy} 为弹性体的 3 个剪应变分量;u、v、w 为弹性体的 3 个方向的位移;X_x、X_y、X_z 为弹性体的 3 个方向单位体积的体积力;ρ 为弹性体的密度;$C_{ij}(i,j=1\sim6)$ 为弹性体材料的刚度矩阵;$\alpha_i(i=1\sim6)$ 为弹性体的热膨胀系数;ΔT 为弹性体的温度变化量。

上述控制方程中共有 15 个未知量,分别是 3 个位移分量,6 个应变分量,以及 6 个应力分量,如果知道喷管边界处的力和位移,就可以求解上述未知量。

对于固体火箭发动机喷管,除了作用于其中的温度载荷外,力的边界条件就是作用在喷管内表面的压强载荷,通常是一个随着时间和空间变化的非定常载荷,工程中一般采用一维等熵流公式计算得到。

虽然得到了喷管热应力计算的基本方程和相应的定解条件,但是由于方程的非线性以及求解区域的几何形状比较复杂,通常很难得到解析解。在工程中,通常采用数值解法,即借助于各种行之有效的数值计算方法来获得满足研究需要的数值解,目前常用的数值方法主要是有限元法,借助于商业有限元软件,可以实现喷管热应力的便捷计算。

7.3.2 复合材料的应力应变关系

喷管热应力计算的基础是获得喷管材料的应力应变关系,亦即材料的本构方程,根据本构方程,就可以在已知喷管热变形的条件下由式(7-16)得到喷管的热应力。

在本构方程[见式(7-16)]中,C_{ij} 是材料的刚度矩阵,建立材料本构方程的首要任务就是确定材料的刚度矩阵。对于各向同性材料,例如固体发动机喷管常用的钛合金、30CrMnSiA 钢、高强度石墨、高温合金材料等,由于材料的各个方向的力学性能均相同,因此,只需要两个独立的材料参数(分别是材料的弹性模量 E 和泊松比 μ)就可以确定材料的刚度矩阵,材料的本构方程简化为下式:

$$\begin{bmatrix}\sigma_1\\\sigma_2\\\sigma_3\\\sigma_4\\\sigma_5\\\sigma_6\end{bmatrix}=\begin{bmatrix}\lambda+2G&\lambda&\lambda&0&0&0\\\lambda&\lambda+2G&\lambda&0&0&0\\\lambda&\lambda&\lambda+2G&0&0&0\\0&0&0&G&0&0\\0&0&0&0&G&0\\0&0&0&0&0&G\end{bmatrix}\begin{bmatrix}\varepsilon_1\\\varepsilon_2\\\varepsilon_3\\\varepsilon_4\\\varepsilon_5\\\varepsilon_6\end{bmatrix} \quad (7-17)$$

式中:$\lambda=\dfrac{\mu E}{(1+\mu)(1-2\mu)}$,$G=\dfrac{E}{2(1+\mu)}$。

可以看出,各向同性材料的应力应变关系就是广义胡克定律。

近年来,C/C 复合材料以其优异的耐烧蚀性和高温性能作为固体火箭发动机喉衬的理想材料得到广泛应用,与金属、石墨等各向同性材料不同,C/C 复合材料具有明显的非均匀性和各向异性特点,在不同方向上材料的力学性能不同,材料的本构关系也更加复杂,需要更多的材料参数来确定材料的刚度矩阵。

对于各向异性材料内的任意一点,假如存在这样一个平面,使得材料在此平面的对称点上具有相同的弹性性能,则称该平面为材料的弹性对称面。对于具有一个弹性对称面的材料,假设 $1-O-2$ 坐标平面是材料的弹性对称面,3 轴与弹性对称面垂直,如图 $7-2$ 所示,则由弹性对称面定义可知,任一点 A 和 A' 弹性性能相同。假如材料的 $1-O-3$ 坐标面及 $2-O-3$ 坐标面也是材料的两组垂直的弹性对称面,上述的 3 个材料的弹性对称面是相互正交的,对于具有 3 个相互正交的弹性对称面的各向异性材料,也称为正交各向异性材料,只需要 9 个独立的材料参数就可以确定其刚度矩阵 C_{ij} 了,式(7-16)可以进一步简化为如下形式:

$$
\begin{bmatrix} \sigma_1 \\ \sigma_2 \\ \sigma_3 \\ \sigma_4 \\ \sigma_5 \\ \sigma_6 \end{bmatrix} =
\begin{bmatrix}
\dfrac{1-\mu_{23}\mu_{32}}{E_2 E_3 \Delta} & \dfrac{\mu_{12}+\mu_{13}\mu_{32}}{E_1 E_3 \Delta} & \dfrac{\mu_{13}+\mu_{12}\mu_{23}}{E_1 E_2 \Delta} & 0 & 0 & 0 \\
\dfrac{\mu_{12}+\mu_{13}\mu_{32}}{E_1 E_3 \Delta} & \dfrac{1-\mu_{13}\mu_{31}}{E_1 E_3 \Delta} & \dfrac{\mu_{32}+\mu_{12}\mu_{31}}{E_1 E_3 \Delta} & 0 & 0 & 0 \\
\dfrac{\mu_{13}+\mu_{12}\mu_{23}}{E_1 E_2 \Delta} & \dfrac{\mu_{32}+\mu_{12}\mu_{31}}{E_1 E_3 \Delta} & \dfrac{1-\mu_{12}\mu_{21}}{E_1 E_2 \Delta} & 0 & 0 & 0 \\
0 & 0 & 0 & \dfrac{1}{G_{23}} & 0 & 0 \\
0 & 0 & 0 & 0 & \dfrac{1}{G_{31}} & 0 \\
0 & 0 & 0 & 0 & 0 & \dfrac{1}{G_{12}}
\end{bmatrix}
\begin{bmatrix} \varepsilon_1 \\ \varepsilon_2 \\ \varepsilon_3 \\ \varepsilon_4 \\ \varepsilon_5 \\ \varepsilon_6 \end{bmatrix}
\quad (7-18)
$$

式中:$\Delta = \dfrac{1-\mu_{12}\mu_{21}-\mu_{23}\mu_{32}-\mu_{31}\mu_{13}-2\mu_{21}\mu_{32}\mu_{13}}{E_1 E_2 E_3}$;$E_1$、$E_2$、$E_3$ 为材料 3 个方向的弹性模量;μ_{12}、μ_{13}、μ_{23} 为材料的 3 个泊松比;G_{12}、G_{13}、G_{23} 为材料的 3 个剪切模量。

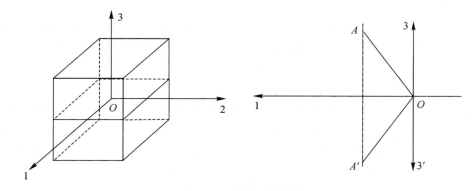

图 7-2　弹性对称平面

可以看出,当坐标轴方向分别与正交各向异性材料的弹性对称面垂直时,材料的正应力仅引起正应变,剪切应力仅引起剪切应变,正应力和剪切应力之间不存在耦合。

由于刚度矩阵的对称性,有 $E_1\mu_{21}=E_2\mu_{12}$,$E_1\mu_{31}=E_3\mu_{13}$,$E_2\mu_{32}=E_3\mu_{23}$,因此,对于正交各向异性复合材料,应力应变关系的刚度矩阵中只有 9 个独立的弹性常数需要确定,它们分别是弹性模量 E_1、E_2、E_3、剪切模量 G_{13}、G_{23}、G_{12},泊松比 μ_{13}、μ_{23}、μ_{12},可以通过材料的拉伸和剪切力学实验获得。

需要指出的是,上述材料的应力-应变关系[见式(7-17)和式(7-18)]中,材料的刚度矩阵仅与材料的弹性模量、泊松比以及剪切模量等材料自身的物性参数有关,这些物性参数都是一些确定的常数,因此,上述本构关系只适用于材料处于线弹性阶段时应力-应变之间关系的描述。当材料在外载荷作用下发生塑性变形或者局部产生损伤时,材料的物性参数通常会发生改变,从而应力-应变关系不再是线性,上述关系也将不再适用,需要采用非线性的本构关系来计算材料的应力。

在复合材料宏观非线性本构关系中,较常用的理论模型主要有 Richard-Blacklock 的非线性模型、Hahn-Tsai 剪切非线性模型、Hahn-Tsai 横向非线性修正模型和 Jones-Nelson 非线性模型等,其中 Jones-Nelson 非线性本构模型是解决非线性问题比较理想的模型,具体方法可以参考相关文献。

7.3.3 复合材料的强度准则

在获得复合材料喷管结构的热应力状态后,需要进行喷管结构强度评定和裕度分析,强度评定和裕度分析的依据就是材料的失效准则。对于各向同性材料,通常采用材料力学中的经典四大强度理论进行结构强度校核。对于复合材料,其破坏过程比较复杂,有纤维主导的破坏、基体主导的破坏、界面主导的破坏以及多种模式的混合破坏,不同的破坏模式所对应的失效准则不同。同时,复合材料不同方向的强度性能不同,例如,对于复合材料单层板,沿纤维铺层方向的力学性能就远好于垂直于纤维方向的力学性能,材料的拉伸强度和压缩强度也不同。因此,与各向同性材料相比,描述复合材料的力学性能参数也更多。自 20 世纪 60 年代以来,研究者针对不同材料和使用条件,提出了为数众多的复合材料强度理论,但是至今没有一个强度准则可以应用于所有的复合材料。本书介绍工程中常用的几种纤维增强复合材料的强度准则:

(1)最大应力准则。最大应力准则是应用最为广泛的强度理论,该理论认为当复合材料各方向应力分量中的任何一个达到材料的强度极限时,复合材料发生破坏,即

$$\sigma_i \geqslant X_i \tag{7-19}$$

式中:σ_i 为 i 方向的应力分量;X_i 为 i 方向的极限强度。

(2)蔡-希尔(Tsai-Hill)强度准则。蔡-希尔强度准则是蔡为仑(S. W. Tsai)于 1965 年在希尔(R. Hill)的各向异性塑性理论的基础上提出的,而希尔的塑性理论又是源于冯-米塞斯(Von-Mises)各向同性材料的塑性准则,因此,蔡-希尔强度准则实际上是各向同性材料冯-米塞斯强度准则在各向异性材料中的推广,且具有二次项形式:

$$\frac{\sigma_{11}^2}{X^2} + \frac{\sigma_{22}^2}{Y^2} + \frac{\sigma_{33}^2}{Z^2} + \frac{\tau_{23}^2}{Q^2} + \frac{\tau_{13}^2}{R^2} + \frac{\tau_{12}^2}{S^2} - \sigma_{11}\sigma_{22}\left(\frac{1}{X^2} + \frac{1}{Y^2} - \frac{1}{Z^2}\right) -$$
$$\sigma_{11}\sigma_{33}\left(\frac{1}{X^2} - \frac{1}{Y^2} + \frac{1}{Z^2}\right) - \sigma_{22}\sigma_{33}\left(-\frac{1}{X^2} + \frac{1}{Y^2} + \frac{1}{Z^2}\right) = 1 \tag{7-20}$$

式中:$\sigma_{ij}(i,j=1,2,3)$ 为材料在主轴方向的 6 个应力分量;X、Y、Z 为材料三个方向的极限强度值,通过单轴加载实验得到;Q、R、S 为材料 3 个方向的剪切极限强度值,通过纯剪切实验得到。

可以看出,蔡-希尔强度准则包含了材料 3 个方向的极限强度值,可以应用于正交各向异性材料,并且考虑了 3 个方向应力分量 σ_{ij} 之间的相互作用,需要指出的是,蔡-希尔强度

准则原则上只适用于拉伸和压缩强度相同的复合材料。

（3）蔡-吴（Tsai - Wu）强度准则。大量的实验表明,复合材料的拉伸和压缩强度并不相等,某些纤维增强复合材料横向拉压强度相差达数倍之多,用蔡-希尔强度准则判定这种复合材料的破坏会产生很大的误差。因此,蔡（S. W. Tsai）和吴（E. M. Wu）于1971年提出了一个张量多项式的强度准则,即蔡-吴强度准则,表示为:

$$\sigma_{11}\left(\frac{1}{X_T}+\frac{1}{X_C}\right)+\sigma_{22}\left(\frac{1}{Y_T}+\frac{1}{Y_C}\right)+\sigma_{33}\left(\frac{1}{Z_T}+\frac{1}{Z_C}\right)-\frac{\sigma_{11}^2}{X_T X_C}-\frac{\sigma_{22}^2}{Y_T Y_C}-\frac{\sigma_{33}^2}{Z_T Z_C}+$$

$$\frac{\tau_{23}^2}{Q^2}+\frac{\tau_{13}^2}{R^2}+\frac{\tau_{12}^2}{S^2}+2F_{12}\sigma_{11}\sigma_{22}+2F_{13}\sigma_{11}\sigma_{33}+2F_{23}\sigma_{22}\sigma_{33}=1 \qquad (7-21)$$

式中:$\sigma_{ij}(i,j=1,2,3)$为材料在主轴方向的 6 个应力分量;X_T、Y_T、Z_T 为材料三个方向的拉伸极限强度值;X_C、Y_C、Z_C 为材料 3 个方向的压缩极限强度值;Q、R、S 为材料 3 个方向的剪切极限强度值;$F_{ij}(i,j=1,3)$为应力分量的相互作用系数,理论上可以通过双轴实验确定,当没有实验数据时,可以采用下列形式进行计算:

$$\left.\begin{aligned}F_{12}&=-\frac{1}{2\sqrt{X_T X_C Y_T Y_C}}\\[2mm]F_{13}&=-\frac{1}{2\sqrt{X_T X_C Z_T Z_C}}\\[2mm]F_{23}&=-\frac{1}{2\sqrt{Y_T Y_C Z_T Z_C}}\end{aligned}\right\} \qquad (7-22)$$

也有人提出,在工程应用中相互作用系数的值较小可以忽略不计,取 $F_{ij}=0$。蔡-吴破坏准则方程中包含了应力的一次项,体现了不同拉压性能对材料破坏的影响。

复合材料的破坏准则是一个十分复杂的问题,对某一种材料适用的破坏准则可能对其他材料并不适用。然而,要建立能够准确描述材料在各种应力状态下的破坏准则又是一个十分具有挑战性的事情,需要构建合理的力学模型,还需要设计大量的力学实验来确定模型中的众多参数,并进行反复验证和修正。事实上,在工程设计中,为了满足设计方案快速迭代的需求,往往采用一些经典的材料强度准则,在考虑一定的结构裕度的情况下,也可以满足工程使用需求。

7.4　算　　例

7.4.1　计算条件

某固体发动机采用固定喷管,喉衬采用 C/C 复合材料,喉部直径为 142 mm,燃烧室平均工作压强为 10 MPa,工作时间为 45 s,燃烧室燃气参数和环境压强见表 7-1,喷管二维几何结构见图 7-3 所示。该喷管由固定体壳体、收敛段背壁、收敛段绝热层、喉衬、喉衬背壁、扩张段绝热层、扩张段背壁组成,固定体壳体采用 30CrMnSiA 钢,喉衬采用毡基 C/C 复合材料,喉衬背壁采用石棉/酚醛复合材料,其余背壁材料采用高硅氧布/酚醛复合材料,收敛段和扩张段绝热层采用碳布/酚醛复合材料。

表 7 - 1 燃气参数与环境压强

燃烧室压强/MPa	环境压强/MPa	特征速度/(m·s⁻¹)	定压比热容/(J·kg⁻¹·K⁻¹)	燃气比热比	燃气相对分子质量	燃气温度/K	工作时间/s
10	0.1	1 579	3 900	1.133	28	3 500	45

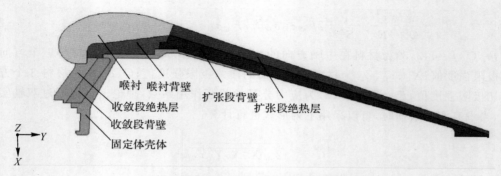

图 7 - 3 固体发动机喷管二维几何结构

7.4.2 有限元网格划分

采用有限元方法进行喷管热结构分析,使用商业有限元软件 ABAQUS 进行有限元建模,采用网格划分工具对喷管二维几何模型各个面进行网格划分,不考虑喷管各部件间界面的间隙,选择四边形单元进行网格剖分,传热分析采用 DCAX4 四节点线性轴对称单元,结构分析采用 CAX4R 四节点双线性轴对称单元,设置单元平均尺寸为 0.8 mm,共划分网格数量约 3.1 万,图 7 - 4、图 7 - 5 分别给出了喷管整体和喉衬局部的网格划分结果。

图 7 - 4 喷管整体网格

7.4.3 载荷和边界条件

(1)位移约束:固定体壳体与发动机壳体连接的位置施加固定位移约束。
(2)载荷条件:在喷管的收敛段、喉衬、扩张段内型面及其他与燃气接触的表面施加压力载荷,压力载荷通过一维等熵流动公式计算得到。

（3）热载荷:只考虑燃气与喷管壁面间的对流换热,在喷管与燃气接触的表面施加对流载荷,并对整个模型施加初始环境温度。

假设发动机稳态工作,燃气的参数(压力和温度等)不随时间而变化,根据一维等熵流动和巴兹公式,可以得到沿喷管轴向的压强、密度及温度分布。

假设发动机燃烧室为滞止条件,"滞止区"壁面的对流换热系数取喉衬头部的1/4,燃气温度和压强取燃烧室温度、压强。

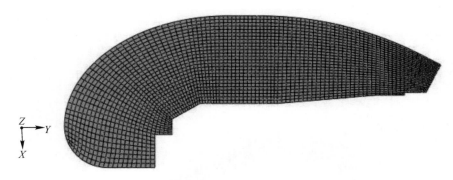

图 7 - 5　喉衬局部网格

7.4.4　材料性能参数

喉衬材料为各向异性复合材料,采用正交各向异性线弹性本构关系进行应力计算,其余材料均为各向同性材料,采用各向同性线弹性本构关系。计算所用的材料性能参数见表 7 - 2,计算时假设材料性质不随温度变化。

表 7 - 2　材料性能参数

项目		钢	毡基 C/C 复合材料	碳布/酚醛 复合材料	高硅氧布 /酚醛复合材料	石棉/酚醛 复合材料
弹性模量/GPa		210	7.2	13.6	14.8	4
泊松比		0.3	0.06	0.21	0.12	0.26
密度/(kg·m^{-3})		7 800	1 850	1 390	1 660	1 850
比热容/(J·kg^{-1}·K^{-1})		473	1 993	980	1 080	1 189
导热系数 /(W·m^{-1}·K^{-1})	径向	27.63	55.86	1.875	0.544	0.84
	轴向		55.86			
	环向		36.54			
膨胀系数/10^{-6}	径向	13.5	0.3	4.20	11.76	7.5
	轴向		0.3			
	环向		2.0			

7.4.5 计算结果

采用顺序耦合方法,先进行传热分析,不考虑喷管表面的压强载荷,计算得到喷管的温度场,随后将温度场作为初始输入,利用压强载荷,进行喷管结构受力有限元分析。

图 7-6 和图 7-7 分别为发动机工作结束时刻喷管的温度场和应力场,可以看出在喷管头部有较大的应力和温度分布,其中喉衬有较高的温度,最高温度为 3 503 K,而固定体壳体的应力水平较高,最大等效应力为 662.7 MPa,小于固定体材料的最大拉伸强度 1 080 MPa。

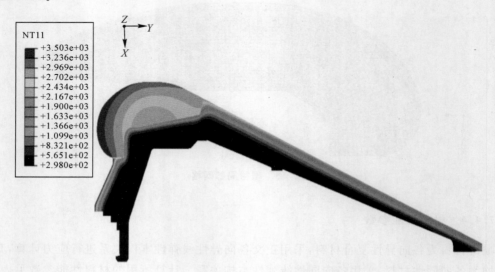

图 7-6　发动机工作结束时刻喷管的温度场

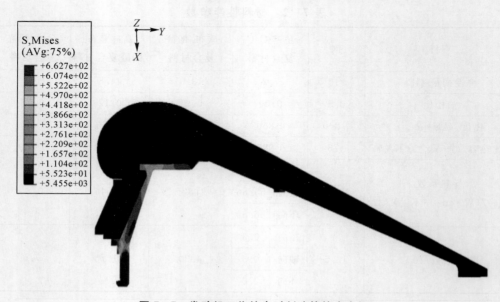

图 7-7　发动机工作结束时刻喷管的应力场

　　图 7-8 和图 7-9 分别给出了喷管喉衬在 20 s、45 s 时刻的温度场,可以清楚地看到喉衬传热和温度逐渐增加和升高的过程。

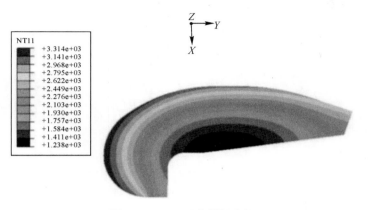

图 7-8　20 s 时喉衬温度场

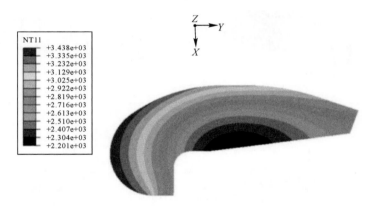

图 7-9　45 s 时喉衬温度场

　　选取发动机工作 20 s 和 45 s 两个时刻进行应力分析,简单起见,采用最大应力强度准则进行喉衬结构强度校核。

　　表 7-3 给出了 20 s 和 45 s 两个时刻喉衬 3 个方向的应力分布,20 s 时,喉衬径向、环向和轴向最大拉伸应力分别为 15.98 MPa、7.21 MPa 和 8.04 MPa,主要位于喉衬内部区域,按照最大应力准则,喉衬结构 3 个方向的最大拉伸应力均小于所用毡基 C/C 复合材料的抗拉强度(22 MPa),因此,喉衬不会发生拉伸破坏。喉衬表面区域径向、环向和轴向均为压缩应力,最大压缩应力分别为 −34.48 MPa、−10.64 MPa 和 −46.63 MPa,3 个方向的最大压缩应力均小于喉衬材料的压缩强度(85 MPa),因此,喉衬不会发生压缩破坏。

　　45 s 时喉衬靠近内侧区域为拉伸应力,径向、环向和轴向最大拉伸应力分别为 20.72 MPa、8.20 MPa、7.76 MPa,最大拉伸应力小于材料的抗拉强度(22 MPa)。喉衬靠近外侧区域为压缩应力,径向、环向和轴向最大压缩应力分别为 −43.12 MPa、−12.29 MPa 和 −54.94 MPa,最大压缩应力小于材料的压缩强度(85 MPa),因此,喉衬热结构强度满足使用要求。

表 7-3　喷管喉衬各向应力分布　　　　单位:MPa

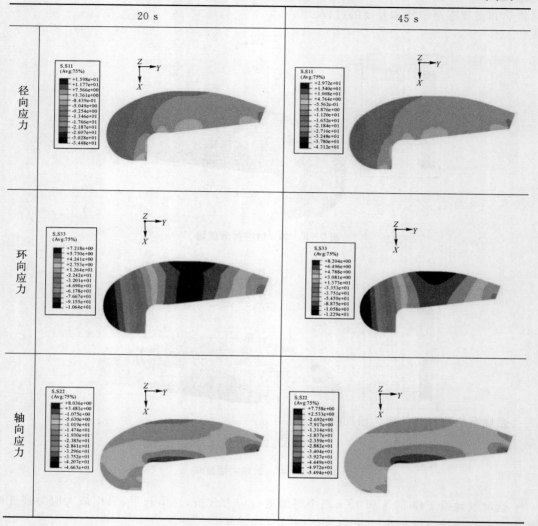

习　　题

1.固体火箭发动机喷管热结构研究的核心问题是什么?

2.如何研究喷管温度—应力耦合问题?

3.针对喷管热结构,如何进行合理的问题描述和建模?一般采用什么方法?

第8章　固体火箭发动机热防护设计

固体火箭发动机热防护设计具有很强的经验性,本章首先介绍燃烧室和喷管热防护工程设计的原则和方法,然后给出实验发动机、涡流阀变推力发动机和双室双推发动机的热防护设计实例。

8.1　燃烧室绝热结构设计

固体火箭发动机的燃烧室由燃烧室壳体、绝热层、衬层和药柱组成。无论是选用金属壳体还是非金属壳体,都需要在其内表面设置绝热层来隔绝燃气,确保壳体不发生热失强。

对于不同结构类型的发动机,燃烧室绝热结构的设计会有一些不同,下面主要针对贴壁浇注装药的发动机,介绍绝热结构设计的一般原则和方法。

8.1.1　常用燃烧室绝热材料

燃烧室绝热材料一般为添加各种功能组分的橡胶材料,根据其橡胶种类而命名,常用的有丁腈橡胶绝热材料、三元乙丙橡胶绝热材料等。其中三元乙丙橡胶绝热材料密度小、烧蚀率低、成本高,综合性能更优。除了以上两种橡胶类绝热层外,某些工况严酷的发动机,还会在后封头、后筒段使用少量碳毛板或者树脂基绝热材料。关于绝热材料在第3章中已经做过详细介绍,这里不赘述。

8.1.2　绝热层厚度设计方法

在选定了绝热材料后,绝热结构设计的主要内容就是确定燃烧室内各部分的绝热层厚度,绝热层设计厚度可按下式计算:

$$绝热层设计厚度 = 预期烧蚀率 \times 暴露时间 + 剩余厚度$$

上式中"预期烧蚀率×暴露时间"就是绝热层的烧蚀量。要确定绝热层设计厚度,就需要知道绝热层的暴露时间、预期烧蚀率和剩余厚度。

在进行弹道计算时,除了要考虑发动机的性能偏差,还要考虑结构、气动、姿控等多项偏差,预示的飞行弹道也有各种偏差和过载工况,使得发动机设计中需要对各种偏差工况分别进行绝热层烧蚀量计算,找出最大的烧蚀量。

绝热层设计中,需要结合历史数据和发动机具体工况进行必要调整。

8.1.3 暴露时间

暴露时间起点是外部的装药烧去、绝热层暴露于燃气中的时刻,终点是发动机工作结束时刻。图 8-1 为典型翼柱型装药发动机燃面退移示意图。发动机点火后,推进剂按照平行层燃烧规律逐步消耗,前、后翼部位药柱最先烧尽,相应前、后封头部位绝热层最先暴露出来,然后暴露区域逐渐向中筒段扩展,在中孔部位药柱燃烧结束时刻中筒段暴露。

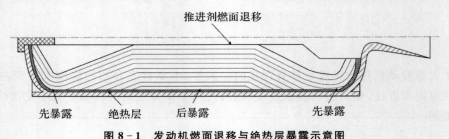

图 8-1 发动机燃面退移与绝热层暴露示意图

发动机内弹道有常温工况、高温上限工况和低温下限工况。在不同温度下,绝热层暴露时间不同,通常低温工况下绝热层暴露时间最长。为了保险起见,一般采用低温工况下的暴露时间用于绝热层设计。

8.1.4 预期烧蚀率

工程上针对燃烧室绝热层的烧蚀率一般指炭化速率,即发动机工作结束后的绝热层,去除炭化层得到基体厚度,减去初始厚度,然后除以发动机工作时间。针对喷管硬质绝热层的烧蚀率则用的是线烧蚀率,即发动机工作结束后的绝热层厚度(包含炭化层),减去初始厚度得到烧蚀量,然后除以发动机的工作时间。

8.1.4.1 烧蚀率分布的一般规律

发动机工作过程中,燃烧室不同部位的绝热层烧蚀率有显著的区别。一般规律是发动机的前封头及前筒段烧蚀率小,后筒段向后烧蚀率增大,后封头是烧蚀率最大的部位。其原因是燃烧室内燃气流速、凝相粒子速度均在后段达到较高数值。

试车后发动机应沿母线方向剖开多个切面,测量其封头和筒段的绝热层剩余厚度,并与试车前测量厚度对比,计算出每个部位绝热层的烧蚀率。很多发动机解剖数据表明:前封头、前筒段区域烧蚀率一般不大于 0.1 mm/s,后筒段部位烧蚀率为 0.1~0.2 mm/s,后封头部位烧蚀率为 0.2~0.5 mm/s。因此,前、后封头绝热层虽然差不多同时暴露,但是后封头的绝热层设计厚度一般是前封头的 2 倍以上。实际上发动机在不同工作阶段绝热层的烧蚀率也是不同的。例如对于采用翼槽装药的发动机(见图 8-2),翼槽出口正对部位的绝热层的烧蚀率会随着时间发生变化。在总的暴露时间内:前期因为翼槽通道窄,出口的两相气流冲刷作用大,绝热层烧蚀率大;后期翼槽变大,并逐渐消失,冲刷变弱,绝热层烧蚀率变小。但在工程上一般不作区分,采用平均烧蚀率。

8.1.4.2 后接头绝热层的烧蚀率

在后封头绝热层中,靠近后接头开口的一部分,常被单独称为后接头绝热层(见图 8-

3)，其烧蚀率在整个燃烧室中最大，也是烧穿故障多发的部位。

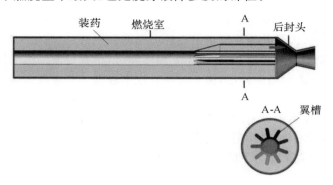

图 8 - 2　翼槽装药发动机结构示意图

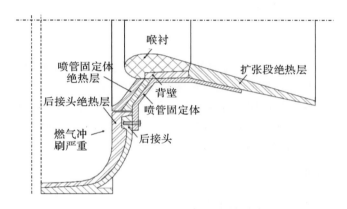

图 8 - 3　非潜入喷管后封头及喷管热防护

后接头绝热层的烧蚀工况很大程度上取决于喷管是否潜入，采取潜入喷管的发动机，后接头部位为潜入喷管背壁区（见图 8 - 4），气流速度比较小，其烧蚀率较小。例如，某种采用潜入喷管构型的发动机，预期烧蚀率不大于 0.15 mm/s，其后接头部位绝热层设计厚度为 16 mm 即可。而采用非潜入喷管的构型，虽然发动机装药量和工作时间相近，但其后接头部位受到显著的燃气冲刷，预期烧蚀率达到 0.3 mm/s，绝热层设计厚度则选取为 30 mm。

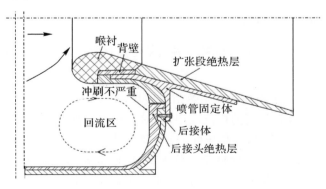

图 8 - 4　潜入喷管后封头及喷管热防护

8.1.4.3 中筒段绝热层的烧蚀率

贴壁浇注发动机中筒段绝热层在装药燃烧结束时才暴露,只承受压强下降段的燃气冲刷,可以认为是零烧蚀,因此其绝热层可以设计得很薄。

金属壳体中筒段绝热层选取 0.5～1 mm 厚度即可,小直径发动机中筒段往往不设置绝热层,直接在金属壳体表面喷涂衬层,施工简便且成本较低。非金属壳体中筒段绝热层有保证燃烧室高压下气密性的功能需求,绝热层厚度选取为 1～2 mm。

对于发动机全程伴飞不分离的火箭,发动机关机后燃烧室内余火对壳体仍有加热作用,飞行气动外热也对壳体有加热作用。复合材料壳体在温度达到 120 ℃后其强度和模量显著下降,从而使承受飞行载荷能力下降。对于这种情况,可增加中筒段绝热层设计厚度,以降低内热传热带来的影响。

对于自由装填装药的发动机,中筒段绝热层的烧蚀率与表面是否有流动以及气流速度有很大关系,气流速度越大,则烧蚀率越大。

8.1.5 剩余厚度

绝热层裕度一般是用剩余厚度与原始厚度的百分比来表示,例如绝热层原始厚度为 10 mm,试车后剩余厚度为 6.5 mm,则绝热层裕度为 65%。

设计中裕度的选取,需要长期的经验积累。随着试验数据的积累,可以适当降低设计裕度。有一种观点认为,地面试车残骸解剖绝热层剩余厚度不低于 50%,飞行残骸解剖绝热层剩余厚度不低于 40%,可以供设计时参考。

8.1.6 绝热层的过渡

一般将烧蚀量相近的区域设计成相同的绝热厚度,不同的区域其厚度不同,在交界处会形成台阶,需要在厚度变化处加以平滑过渡,一般采用不大于 1/3(高度差/轴向长度)的坡度。如果存在飞行横向过载工况,为避免台阶处粒子聚集加剧烧蚀,厚度不同处需采用更平缓的坡度设计。

8.2 喷管热防护结构设计

8.2.1 常用喷管热防护材料

常用喷管热防护材料包括喉衬材料与树脂基绝热材料。

8.2.1.1 喉衬材料

早期的喷管喉衬在试车中经常发生热结构破坏,是发动机的薄弱环节,随着材料水平的提升,尤其是编织 C/C 复合材料的广泛应用,喉衬工作可靠性得到显著提升。

喉衬选材和发动机工况相关,高压强、长时间工作、大流量、大尺寸喷管一般选用 C/C 复合材料作为喉衬,反之可选用价格相对低廉的高强、高密石墨材料。C/C 复合材料与高强、高密石墨材料烧蚀率基本相当,但烧蚀形貌差异较大,编织 C/C 复合材料烧蚀型面光滑,而石墨材料和毡基 C/C 复合材料烧蚀凹坑、凹槽较多。

钨渗铜、热解石墨材料烧蚀率相对极小，常用于小流量、小喉径、长时间工作的发动机。碳布/酚醛缠绕复合材料、碳纤维/酚醛模压复合材料烧蚀率较大，很少用作喉衬材料。

8.2.1.2　树脂基绝热材料

树脂基绝热材料主要有碳布/酚醛缠绕复合材料、碳纤维/酚醛模压复合材料、高硅氧布/酚醛缠绕复合材料、高硅氧纤维/酚醛模压复合材料、石棉纤维/酚醛模压复合材料等，由两种不同材料还可组合成碳布-高硅氧布/酚醛复合缠绕材料、碳纤维-高硅氧纤维/酚醛复合模压材料，各材料的主要应用部位见表 8-1，各材料的抗烧蚀与绝热性能对比见表 8-2。

表 8-1　喷管绝热材料及其应用部位

材料	使用部位
碳布/酚醛缠绕复合材料	收敛段绝热层、扩张段绝热层
碳纤维/酚醛模压复合材料	收敛段绝热层、扩张段绝热层、背壁绝热层
高硅氧布/酚醛缠绕复合材料	收敛段绝热层、扩张段绝热层
高硅氧纤维/酚醛模压复合材料	收敛段绝热层、扩张段绝热层、背壁绝热层
石棉纤维/酚醛模压复合材料	背壁绝热层

表 8-2　喷管绝热材料性能对比

性能	性能从高到低排序
抗烧蚀性能	碳布/酚醛缠绕复合材料＞碳纤维/酚醛模压复合材料＞高硅氧布/酚醛缠绕复合材料＞高硅氧纤维/酚醛模压复合材料＞石棉纤维/酚醛模压复合材料
绝热性能	石棉纤维/酚醛模压复合材料＞高硅氧布/酚醛缠绕复合材料＞高硅氧纤维/酚醛模压复合材料＞碳布/酚醛缠绕复合材料＞碳纤维/酚醛模压复合材料

8.2.2　设计输入参数

设计输入参数由发动机总体提出，主要有燃烧室后开口直径、喷管喉径、膨胀比、喷管外露长度、结构质量等。

8.2.3　喷管气动型面布局

非潜入喷管的喉衬和收敛段绝热层一般采用锥形收敛段，收敛角根据轴向空间布局的需要确定，一般在 30°～60°范围内。

潜入喷管喉衬（见图 8-5）上游型面通常为 1/4 椭圆形，椭圆长轴长度一般取 1～2 倍喉径，长短轴之比可选为 1.5:1。喉部中间型面是一段圆柱段，用以维持喉径，圆柱段长度一般取 0.1 倍喉径。喉部下游型面的圆弧段应与圆锥段圆滑过渡。

喉衬出口截面直径与喉径之比一般在 1.2～1.3 之间，并尽可能取大值。由拉瓦尔喷管流动特点可知，喉衬下游这一段虽然轴向长度短，但燃气压强急剧下降。以燃烧室压强为 10 MPa 的发动机为例，喉部压强为 5.8 MPa。当喉衬出口截面直径与喉径之比为 1.2 时，喉衬出口截面压强为 2.2 MPa;当喉衬出口截面直径与喉径之比为 1.3 时,喉衬出口截面压强为 1.7 MPa。喉衬耐烧蚀性能显著优于扩张段绝热层材料,设计中尽量使喉衬往下游多伸长一些,替代扩张段绝热层承受高工况的烧蚀。与之相反,如果出口截面直径与喉径之比取得较小,那么该部位燃气压强较高,则扩张段绝热层入口处还处于高工况区,烧蚀率大,使得扩张段绝热层需要设计得很厚。

喷管效率(实际推力系数与理论推力系数之比)一般水平为 0.92～0.93。小型喷管扩张段采用锥形内型面,大型喷管扩张段采用 3 次抛物线内型面。

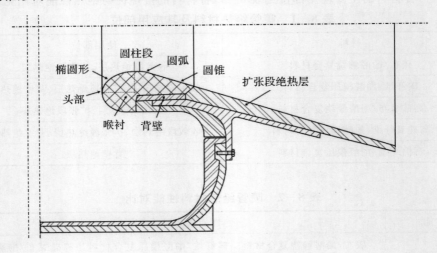

图 8 - 5　潜入喷管结构示意图

8.2.4　喉衬结构设计

8.2.4.1　喉衬烧蚀设计

喉衬的烧蚀主要包含高温燃气的热化学烧蚀、气流剥蚀和粒子侵蚀。燃气流在喉衬入口段收缩加速,在喉径处达到声速,在喉衬出口段膨胀加速至超声速。对于潜入喷管来说(见图 8 - 5),喉衬烧蚀从入口向出口逐渐减弱,潜入喷管头部(驻点)的烧蚀量最大,喉部的烧蚀量次之,喉部下游轻微烧蚀。

发动机喉衬烧蚀率与工况、材料直接相关。喉径处烧蚀率可按照巴兹公式,根据相近发动机试车结果换算而得(同材料、相近尺寸)。喉部设计中,一般要保证烧蚀厚度不超过总厚度的 1/3,具体取决于喉衬材料的性能及其稳定性,还有热结构分析的结果。

8.2.4.2　喉衬热结构设计

影响喉衬热结构完整性的关键参数有线膨胀系数、导热系数、比热容、模量和强度等,由于 C/C 复合材料等具有较强的各向异性,且随温度的变化而变化,热结构分析很难获得准确的计算结果,因此,一般只进行热结构完整性评估,参照现有发动机的应力水平来判断是否有破坏风险,而不是直接用应力-强度准则判断。

工作状态下,喉衬处于三向受压状态,压应力失效的情况较为少见,喉衬环向拉伸或轴向拉伸破坏是喉衬失效的主要模式，前者是致命的，后者的出现一般不会导致发动机工作失败，但也是一种隐患，设计中应该尽量避免，通常可采取轴向分段设计。随着材料水平的提升，喉衬出口段的设计趋于更尖锐、更薄，需注意避免工作中碎裂。

喉衬热结构设计中，必须重视与上、下游树脂基材料的对接，受发动机工作高温的影响，各部件都会出现轴向和径向变形，故设计时各零件的对接处应预留一定的间隙膨胀量。

8.2.5　背壁绝热层设计

背壁绝热层（简称背壁）主要起支撑喉衬和隔热作用（见图 8-5），作为支撑件它应具备一定的力学强度，而作为隔热材料它应具备导热系数低、比热容高的特点。

喉衬与背壁采用锥面支撑可以缓解喉衬轴向拉应力，因此背壁和喉衬之间多采取锥面、柱面联合的配合结构，锥角一般大于 5°。目前，背壁和喉衬之间的结构趋向于长锥面支撑设计，取消柱段配合。生产中，喉衬和背壁往往预先粘接在一起，成为喉衬组件。粘接时将喉衬和背壁轴向加压压紧，使得锥面贴合紧密、粘接牢固。

背壁被隔绝在喉衬与喷管金属壳体之间，不接触燃气，它受热的来源是喉衬的传热，只发生热解和炭化，而不发生烧蚀。背壁厚度的设计，取决于发动机工况和背壁材料，一般要求工作时间内，金属件温升不超过金属壳体失强温度即可。对于存在密封结构的金属件，还需考虑不超过密封圈的允许受热。根据发动机的不同规模，背壁的厚度一般为 5~20 mm。在发动机工作中，背壁一般温升不高，试车后解剖发现的背壁炭化现象主要是发动机工作结束后红热的喉衬仍继续往背壁传热造成的。

背壁与喷管壳体多采用柱面配合。背壁设计偏厚不会带来热结构风险，但会使得整个喷管的尺寸和质量增大。

8.2.6　扩张段设计

扩张段的长度和质量在喷管中占比较大，也是故障率较高的部件，因此在设计中需要特别重视。

大型扩张段采用特型曲面设计，入口半角一般大于 20°，出口半角为 14°~18°；小型发动机采用锥面内型面，半角为 15°~18°。喉衬下游的锥角和扩张段上游的锥角必须相等，形成连续光滑的型面。

扩张段绝热层最常选用内层碳布/酚醛、外层高硅氧布/酚醛的复合缠绕材料。扩张段入口压强为 1~2 MPa，燃气温度为 2 800 K 左右，而出口压强为环境大气压，温度为 2 000 K 左右，其入口、出口工况差异较大，因此需要进行变厚度设计。

扩张段的小端是整个热结构的薄弱点。在喉衬与扩张段入口对接处，喉衬几乎不烧蚀，而扩张段材料烧蚀明显，因此形成了所谓的烧蚀台阶。台阶效应进一步加剧了扩张段入口的烧蚀，严重时可能导致小端烧穿。扩张段小端的烧蚀率一般为 0.2~0.4 mm/s。扩张段小端设计应留有足够裕度，烧蚀厚度应小于总厚度的 30%~50%。

一般情况下，扩张段中、后段烧蚀轻微，出口截面几乎不烧蚀，主要考虑工作时间内扩张段绝热层与金属壳体黏结界面是否失效，同时需考虑没有金属壳体支撑的部位强度是否能够承受热载荷与推力作用力。在早期碳材料价格昂贵时，为了节省碳布的用量，有时只在扩张段小端区域使用碳布/酚醛缠绕复合材料,占扩张段总长度的 $1/3\sim1/2$,在其余长度上使用高硅氧布/酚醛缠绕复合材料。试车残骸表明,碳布/酚醛复合材料与高硅氧布/酚醛复合材料交界点的下游会出现明显的烧蚀坑,这也表明了喉衬、碳布缠绕、高硅氧布缠绕制品抗烧蚀能力依次降低。

火箭存在长时间横向飞行过载条件时,凝相粒子向一侧聚集,可能会带来局部烧蚀加剧的问题。在喷管飞行残骸的收敛段和喉衬,都曾发现过某一方向烧蚀较重,但在扩张段上未见影响,因此一般认为扩张段绝热层在横向飞行过载条件下不存在烧蚀加剧现象。

8.2.7 喷管壳体

喷管壳体一般分为固定体壳体和扩张段壳体两件,也有一体设计的。喉衬组件多放置在固定体壳体上,偶尔也放置在扩张段壳体上。

喷管固定体壳体在喷管布局中具有最重要的地位。固定体壳体通过螺纹或法兰连接于燃烧室壳体后接头金属件上,承受燃烧室内的高压,为非金属材料提供结构支撑。固定体壳体的样式取决于喷管是否潜入以及潜入深度,不同潜入状况下,均有较优的固定体壳体布局方式加以解决。固定体壳体材料可选用高强合金钢、钛合金、铝合金。

扩张段壳体为柱段加锥段。在扩张段区域,燃气压强已经降至 2 MPa 以下,因此扩张段壳体一般设计很薄,对于钢结构 $2\sim3$ mm 即可。扩张段中前段需要设计金属壳体锥以承担部分载荷,随着膨胀比的增加,推力作用力减小,中后段扩张段已不需要金属壳体锥承担载荷,自身即可承担推力的作用。摆动喷管的扩张段壳体后端需布置伺服驱动器的安装支耳,应加厚壳体以满足刚度需求。

8.2.8 固定体绝热层

固定体绝热层用于对喷管固定体金属壳体进行绝热,一般也同时作为收敛段绝热层。固定体绝热层的设计和发动机药型设计紧密相关,如装药带后翼的发动机,固定体绝热层在朝向翼槽处出现明显烧蚀凹坑。试车后从固定体绝热层上的烧蚀槽可明显看出药柱翼槽所在的方位和数量。因此,需要根据情况进行必要的加厚。

潜入喷管的固定体绝热层烧蚀轻微,非潜入喷管的烧蚀较大。固定体绝热层的布局比较容易,如果设计较厚,只是增加本身的质量,对喷管其余零件影响较小。

8.2.9 综合优化

8.2.9.1 优化目标

一个较优的喷管设计应具备以下特征:工作可靠、结构紧凑、烧蚀协调、金属件轻质化、固定体开口直径小、扩张比适当、生产成本低。

喷管热结构设计最主要的是整体布局,在满足气动型面要求的前提下,对各个零组件进行合理排布,达到空间紧凑、烧蚀协调的目标。

8.2.9.2 压缩径向尺寸

要尽量压缩喷管径向占用空间,使得燃烧室后开口直径减小,这样既能减轻喷管质量,又能减轻燃烧室壳体质量。

在非金属件设计中,减薄各绝热层壁厚,调整发动机喉衬组件在喷管布局中的轴向位置至较佳位置。在金属件设计中,减薄材料厚度,优化螺纹连接结构。

8.2.9.3　调整潜入深度

摆动喷管以及几乎所有的大型喷管,均采用潜入喷管设计。在喷管外露长度被约束的情况下,通过调整潜入长度可以改变膨胀比,带来更好的比冲发挥。高空工作发动机往往通过潜入来增大喷管出口直径,提高比冲。潜入喷管还能够降低燃烧室后封头绝热层的烧蚀。

潜入喷管不利的方面是会带来潜入损失。潜入深度过大,会使得壳体后开口直径增大,增加消极质量,因此需要权衡利弊。

8.2.9.4　节约 C/C 复合材料

C/C 复合材料喉衬本身设计偏厚不会带来技术风险,但是会使占用的径向空间增大,喷管规模增大,发动机壳体后开口也需增大,增大了消极质量。

大型喷管的各零件中,C/C 复合材料喉衬最为昂贵,需注意节约用材,对应手段主要是减小其轴向长度和最大外径。经常采用的办法是与碳布/酚醛缠绕复合材料配合使用。对于非潜入喷管,将碳布/酚醛缠绕复合材料布置在喉衬的上游以减小喉衬长度;对于潜入喷管,将碳布/酚醛缠绕复合材料布置在喉衬的外部以减小喉衬外径。美国航天飞机助推器直接采用碳布/酚醛缠绕复合材料作喉衬,这种情况较为少见,可能是为了降低费用,也可能与当时大尺寸 C/C 复合材料技术还不成熟有关。

8.3　实验研究发动机的设计

在固体发动机研制过程中,需要开展很多单项发动机实验,例如推进剂燃烧特性、绝热材料烧蚀特性、不稳定燃烧等实验,往往需要设计各种实验发动机。这种类型的发动机往往与真实发动机不一样,概括起来有以下几点:

(1)不用上天,无须考虑结构质量,可以采用厚壁发动机。

(2)最好能多次重复使用。

(3)便于安装和拆卸。

(4)工作时间短时燃烧室可以不用绝热层(热沉冷却)。

(5)如果不关注性能,喷管可以截短。

下面以过载模拟烧蚀发动机为例介绍实验发动机的设计思想,其原理和结构在第 4 章介绍过。该发动机采用含铝 17% 的复合推进剂,其燃温为 3 400 K,工作时间为 6 s,流量为 0.4 kg/s。

如图 8-6 所示,燃烧室可以考虑采用厚壁金属结构,由于工作时间不是很长,可以不采用绝热层,利用金属厚壁的热沉冷却。壁厚的设计可以采用非稳态导热计算方法进行核算,但是根据经验,对于直径不大于 300 mm 的发动机,可以采用 10 mm 的碳钢壳体。喷管如果扩张比不大,可以采用石墨整体喷管结构,喉部需要设计得比较厚。密封结构如果采用 O 形橡胶密封圈,密封圈要距离内壁一定距离,避免壳体热传导造成密封失效。

为了便于安装和拆卸,该发动机设计成多段结构,各段都采用法兰和螺栓的连接方式。前封头为了加工方便,没有采用碟形封头,而是采用厚壁的平封头结构。发动机点火采用简易的点火药盒,将大粒和小粒黑火药按照一定比例混合,将点火头包在中间,用透明塑料片进行封装。通常如果发动机的喷管喉径不是太小,点火线可以从喷管引出。但是该发动机的通道结构比较特殊,而且很长,从喷管引出不安全,因此采用从燃烧室壳体中间的点火器座引出的方式。点火线穿过聚四氟乙烯密封件中间的细孔。拧紧压帽时会挤压聚四氟乙烯密封件,达到密封的效果。

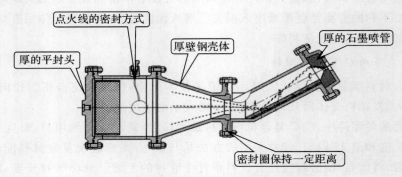

图 8-6　过载模拟烧蚀发动机结构示意图

这种结构的实验发动机具有结构简单、成本低、操作方便、可重复使用的优点,在绝热材料烧蚀考核中得到广泛应用。但是要注意,这种无绝热层的发动机其工作时间不能太长,而且有一定的使用寿命。

8.4　涡流阀变推力发动机原理样机

8.4.1　涡流阀变推力发动机简介

涡流阀是一种利用流体来控制流体的装置。涡流阀变推力发动机结构示意如图 8-7 所示,典型涡流阀的结构如图 8-8 所示。

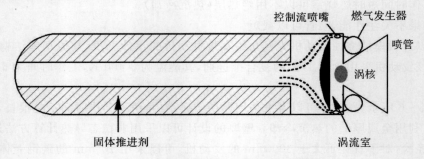

图 8-7　涡流阀变推力发动机示意图

在喷管前面有一个中心体,其主要作用:一是改变燃气的流动方向,使主燃气方向从轴向变成径向,流入喷管;二是与平的后封头一起形成一个腔体(涡流室)。将控制流气体从涡流室外缘切向喷入,在控制流的驱动下主燃气也跟着旋转,从而一起形成涡流,边旋转边向喷管流去。随着涡流旋转流向中心,其旋转半径会越来越小,为了维持角动量守恒,其旋转速度就会越来越大。为了避免中心点的速度变为无穷大,在中心区域会自动形成一个特殊的流体结构——涡核。实际上涡流的阻塞原理是比较复杂的,为了便于理解,可以认为涡核的存在减小了喉部的等效面积,增大了燃烧室的压强,从而使推力变大。涡流越强,则涡核越大,等效喉部面积越小,燃烧室压强越高,推力越大。

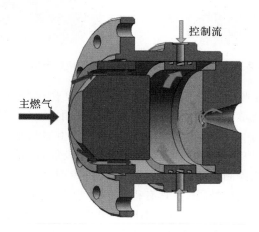

图 8 - 8　典型涡流阀的结构示意图

控制流可以是冷态的,也可以是热态的。冷态的一般采用高压气瓶,其开关和流量控制比较容易实现,缺点是比冲损失较大。热态控制流一般由燃气发生器产生,比冲性能较好,但是需要高温燃气阀或燃气流量调节阀。

涡流阀变推力发动机的优点:

(1)喉部没有活动部件,不存在动密封问题。

(2)涡流阀属于软调节,具有自我协调能力,一般不会出现机械式的堵死问题。

主要缺点和难点:

(1)旋流损失比较大。

(2)需要增加额外的气源或者燃气发生器。

8.4.2　原理样机设计与试验

图 8 - 9 为一种燃气发生器环形布局的涡流阀变推力发动机原理样机的布局方案示意图,图 8 - 10 为其内部结构示意图,图中给出了该发动机的热防护设计方案。主发动机推进剂为一种高压强指数的 NEPE 推进剂,采用自由装填的端面燃烧装药。控制流采用环形燃气发生器供应,装药采用燃温较低、产物较清洁的固体推进剂。采用长尾喷管结构,环形燃气发生器布置在长尾喷管外面。

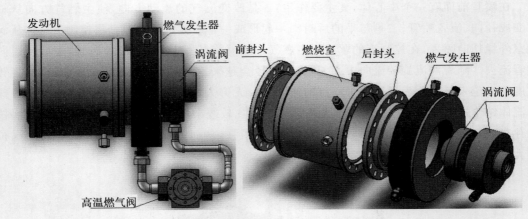

图 8-9 一种燃气发生器环形布局的涡流阀变推力发动机原理样机的布局方案示意图

整个主发动机及长尾喷管内部采用高硅氧布/酚醛复合材料的绝热衬套来进行热防护,考虑到该发动机为自由装填,这种绝热结构便于重复使用。由于控制流燃气发生器装药的燃温很低,高温合金材料就可以承受,所以控制流燃气发生器和燃气管路直接采用高温合金材料,内部没有进行热防护。虽然控制流装药的燃温比较低,但是控制流喷嘴部位气流速度很大,热流密度较大,因此控制流喷嘴采用耐烧蚀的钨渗铜材料制成。中心体是热结构的关键部位,既要考虑耐高温、抗烧蚀,还要具有很好的力学强度,因此采用整体 C/C 复合材料结构。涡流室内壁面采用 C/C 复合材料,中间采用高硅氧布/酚醛复合材料,用来隔热,外壁是金属壳体。喷管喉衬采用复合结构,喉衬为 C/C 复合材料,背壁采用高硅氧布/酚醛复合材料。喷管扩张段采用高硅氧布/酚醛复合材料。

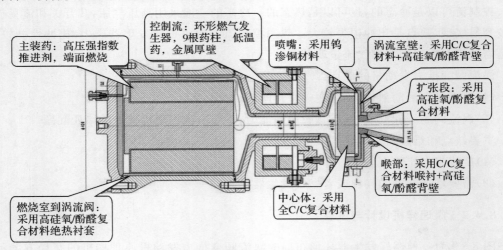

图 8-10 涡流阀变推力发动机内部结构示意图

针对涡流阀变推力发动机原理样机成功开展地面试车,发动机工作正常,实现了大调节比的推力调节,发动机的热防护结构完整,而且做到了可重复使用。图 8-11 为实验的录像截图。图 8-12 为推力-时间曲线,发动机工作时间为 29 s,推力比达到 10:1。

图 8-11　涡流阀变推力发动机实验状态

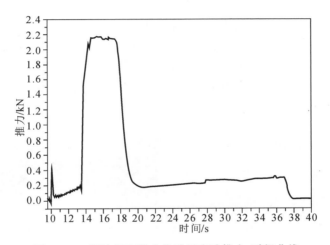

图 8-12　涡流阀变推力发动机实验推力-时间曲线

8.5　双室双推发动机热防护设计

8.5.1　热防护设计方案

　　某发动机包括助推级和续航级,助推级为大推力、短时间,而续航级为小推力、长时间,由于两级推力非常悬殊,因此采用双室双推的结构。为了在结构上与续航级更好地匹配,助推级发动机采用环形结构,燃烧室和喷管都是环形的,如图 8-13 所示。考虑到助推级发动机工作时间非常短(0.4 s),发动机和喷管都直接采用钢结构,利用钢结构自身的热沉冷却。

　　续航级发动机结构如图 8-14 所示。由于推力小、工作时间很长,所以只能采用端面燃烧装药。由于药柱很长,所以采用自由装填结构更适合。为了便于装填药柱,也为了使绝热层更可靠,装药的包覆层和燃烧室的绝热层采用了一种锥台对接结构。包覆层头部厚、尾部薄,从头部向尾部是一个渐缩的锥台形。由于装药是从尾部向头部逐渐燃烧的,而且燃烧时间比较长,所以这种包覆结构更为可靠。燃烧室的绝热层头部薄、尾部厚,从头部到尾部也是一个渐缩的内孔通道。包覆药柱从发动机头部很容易安装,当两个锥面贴合时,就安装到位了。这种形式的安装定位不仅方便,而且药柱与绝热层之间的贴合度也很好。

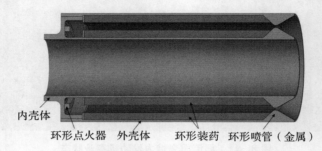

内壳体

环形点火器　外壳体　　　环形装药　环形喷管(金属)

图 8-13　助推级发动机结构示意图

　　续航级发动机采用长尾喷管结构,由于工作时间长、气流速度大,长尾管的耐烧蚀和绝热性能都很重要,因此长尾管采用了双层热防护结构,内衬采用耐烧蚀的碳布/酚醛复合材料,外层采用绝热性能更好的高硅氧布/酚醛复合材料。喷管采用石墨喉衬和高硅氧布/酚醛复合材料背壁,扩张段采用碳布/酚醛复合材料。

助推级发动机　　碳/酚醛扩张段

石墨喉衬

前封头　药柱　　包覆层　绝热层　　　碳/酚醛内衬　高硅氧/酚醛　高硅氧/酚醛背壁

图 8-14　续航级发动机结构示意图

8.5.2　热结构故障及改进

　　第一次发动机试车,助推级发动机内弹道曲线下降严重(见图 8-15),分析认为,这是金属喷管烧蚀严重造成的。这说明虽然工作时间很短,但是对于这种环形喷管结构,还是需要采用热防护材料进行防护。续航级工作基本正常,但是由于工作时间长,所以喷管喉衬烧蚀累积比较严重,内弹道有所下降。

　　针对试车出现的问题进行了改进,将助推级发动机喷管改为石墨喉衬和碳/酚醛复合材料背壁的复合结构。但是第二次试车时出现了更为严重的问题——内环石墨喉衬破裂、飞出。经过深入分析后发现该故障主要是环形喷管内外环应力状态不同造成的。如图 8-16所示,发动机工作时,内环石墨喉衬在压差作用下有向后移动的趋势,受到背壁台阶的抬升作用,整个环会形成环向的拉应力,石墨是脆性材料,抗压不抗拉,很容易损坏。外环则与普通喷管一样,受压应力,没有损坏。

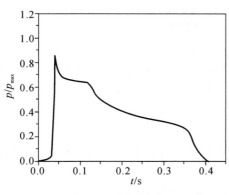

图 8 – 15　第一次助推级发动机试车
内弹道曲线

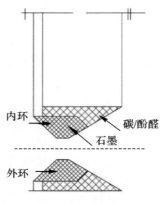

图 8 – 16　助推级发动机
内外环喉衬

在搞清故障机理后，进行针对性改进，即助推级发动机喷管整体采用碳布/酚醛复合材料。改进后多次进行实验，都获得了理想的效果，图 8 – 17 为改进后助推级发动机的内弹道曲线。

续航级发动机将喉衬换为更耐烧蚀的热解石墨材料，较好地解决了长时间工作内弹道曲线下降的问题。图 8 – 18 为改进后的续航级发动机内弹道曲线。

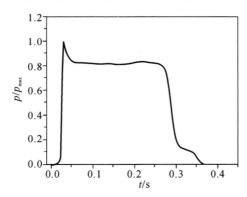

图 8 – 17　第三次助推级发动机试车内弹道曲线

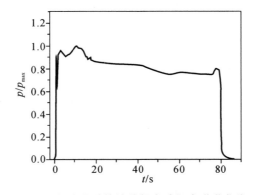

图 8 – 18　改进后的续航级发动机内弹道曲线

习　题

1. 如何确定固体火箭发动机燃烧室绝热层厚度？

2. 典型贴壁浇注固体火箭发动机燃烧室的前封头、前筒段、后筒段和后封头部位绝热层的烧蚀率是多少（数值范围）？

2. 某些固体火箭发动机后筒段和后封头部位燃气速度大，两相流冲刷严重，这些部位可以使用什么类型的热防护材料？

3. 常用的固体火箭发动机喷管喉衬材料有哪些？ 针对不同类型的发动机如何选材？

4. 什么是喉衬背壁绝热层？ 一般使用什么材料？

5. 某些用于开展单项研究的实验发动机，例如烧蚀实验发动机，与真正的火箭发动机相比有什么不同？ 设计时需要注意什么？

第9章 液体火箭发动机热防护

液体火箭发动机热防护有很多种方式,这里主要介绍在液体火箭发动机中应用比较多的再生冷却、膜冷却和发汗冷却技术,重点介绍它们的基本原理、分类、结构和优缺点等。

9.1 再 生 冷 却

在液体火箭发动机中,再生冷却是应用最为广泛的冷却技术。推进剂中的燃料或氧化剂在喷入燃烧室之前,先对推力室的室壁从外侧实施强迫对流冷却,然后冷却剂再流到头部喷注器并喷入燃烧室内。由于冷却剂在冷却室壁过程中吸收的热量可以重新进入燃烧室内,因此这种冷却技术被称为再生冷却。再生冷却的概念最先是由苏联人齐奥尔科夫斯基提出来的。齐奥尔科夫斯基的学生格鲁什科做了大量关于液体火箭发动机的理论与实验研究,并于 1930—1931 年研制了苏联第一台液体火箭发动机 OPM - 1,该发动机就采用了再生冷却。时至今日,液体火箭发动机技术得到了飞速的发展,性能也今非昔比,但是再生冷却仍然是大推力液体火箭发动机应用最广泛的冷却方式。在实际应用中,再生冷却常与液膜冷却、辐射冷却相结合使用。

9.1.1 再生冷却的原理

再生冷却是利用推进剂中的一种或两种组元,在喷入燃烧室之前先通过推力室壁上的冷却通道对发动机推力室壁面结构进行冷却,以达到热防护的目的。再生冷却的冷却液通常从喷管出口位置处的集液环进入推力室的冷却通道中,依次流经喷管和燃烧室的身部。冷却液的温度比推力室壁的温度低,推力室壁以热传导方式把从气壁传来的热量传递到液壁,液壁将热量以对流方式传给冷却液,从而实现对室壁的冷却。这是一种对流外冷却方法。作为冷却液的这一组元吸收室壁传来的热量后,流进推力室头部,再喷入燃烧室中,把室壁传给它的热量几乎全部供给了燃烧室,因此,将这一方法称为再生冷却。图 9 - 1 为再生冷却的冷却剂流路示意图。

图 9 - 2 是常用的几种将冷却剂导入推力室冷却通道的流路示意图。流路 a 是最简单的一种方案,冷却剂从喷管出口端的集液器进入,流向燃烧室头部。流路 b 中冷却剂从头部进入冷却通道,流至出口端后从相邻的另一条通道返回头部。流路 c 中集液器设在喷管中部,冷却剂分为两部分,大部分直接流向头部,一小部分经冷却喷管后段之后返回头部。流路 d 和流路 c 相似,不同的是一小部分冷却剂流经喷管后段之后直接从喷管出口排放出去,

这部分就是排放冷却。

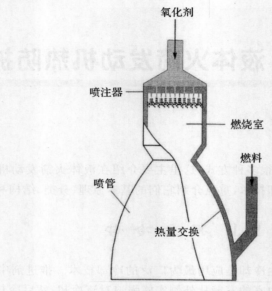

图 9-1　再生冷却的冷却剂流路示意图

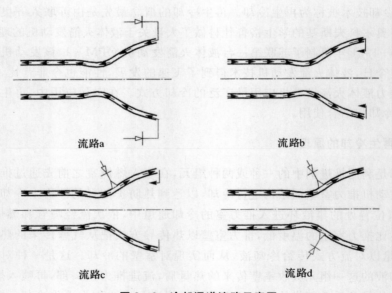

流路a　　　　　　　　　　　流路b

流路c　　　　　　　　　　　流路d

图 9-2　冷却通道流路示意图

　　燃料和氧化剂都可作为再生冷却的冷却剂,通常采用燃料作为冷却剂,这是因为大部分燃料不是腐蚀性介质。然而有些燃料(例如肼类燃料)容易受热分解,可能在某些情况下不能满足再生冷却的可靠性条件,而需要采用氧化剂作为冷却剂。多数情况下单独采用氧化剂或燃料作为冷却剂,也有的发动机同时采用两种组元作为冷却剂,例如苏联的氢氧发动机 D-57(11D57)就同时采用了液氢和液氧两种组元作为冷却剂,其主要目的是能够更稳定地对发动机进行推力调节。

如图 9-3 所示,典型的再生冷却换热过程包括由燃气向室壁的对流换热和辐射换热、通过室壁的热传导、由室壁向冷却剂的对流换热。燃气侧边界层和冷却剂侧边界层以外,燃气速度和冷却剂速度分别为 v_g 和 v_{co}。在边界层内部,受内壁的阻滞作用,燃气和冷却剂的速度迅速减小。在燃气侧,具有静温 T_g 的燃气,以不断增大的速度由推力室入口向出口方向流动。由于燃烧过程的强烈扰动,可以假设:除了室壁附近外,横截面上每个点的燃气温度都是均匀一致的。在壁面附近存在具有层流底层的湍流边界层,在边界层中沿垂直指向壁面的方向,燃气速度减小,温度升高,接近于滞止温度。由于传热的影响,该温度不等于滞止温度,而等于绝热壁温 T_{aw}。在层流底层中,主要依靠热传导进行热量的传递,由于气体的导热系数很小,热阻很大,因此层流底层中的温度几乎呈线性急速降低,从绝热壁温 T_{aw} 降至燃气侧的壁面温度 T_{wg}。热流在室壁材料内部以热传导的方式传到冷却剂侧的壁面。室壁的温度由燃气侧的壁面温度 T_{wg} 降至冷却剂侧的壁面温度 T_{wc}。热流以对流换热的方式传给冷却剂,冷却剂的温度从 T_{wc} 降到 T_{co}(截面上的冷却剂温度平均值)。同样,冷却剂边界层的层流底层中,温度也是急剧下降的。

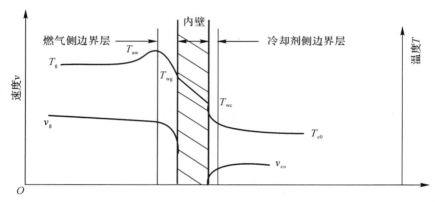

图 9-3　推力室壁温和流体速度分布

9.1.2　再生冷却的优缺点

再生冷却的优点很明显。首先,不会造成发动机的性能损失,冷却过程中被冷却剂吸收的热量经由喷注器重新回到燃烧室内,能量得以再生。相比较而言,膜冷却和发汗冷却都会在一定程度上造成发动机性能的损失。其次,再生冷却过程中燃烧室内壁的型面基本上不随时间变化,其持续工作时间没有限制,而且结构较轻。相比较而言,烧蚀冷却过程中,燃烧室内壁由于烧蚀不断退移,型面发生变化,只能在一定的时间范围(如几秒到几十秒)内对发动机结构进行保护。

再生冷却也存在一些固有的缺点,如再生冷却通道内的流阻较大,冷却剂在流动过程中会产生压降。推力室壁面热流越高,需要冷却剂的流速越快,冷却通道内的压降就越大。如果压降过大,就要求涡轮泵的出口压力很高,这会导致整个发动机系统压力过高,从而限制燃烧室压力的提高和发动机性能的改善,而且混合比或喷管面积比可能受到冷却剂最大容许温度的限制。另外,使用某些冷却剂(如肼),会使再生冷却的可靠性降低。

9.1.3 再生冷却的结构形式

再生冷却的冷却通道有多种形式,图9-4给出了几种典型再生冷却通道的示意图。

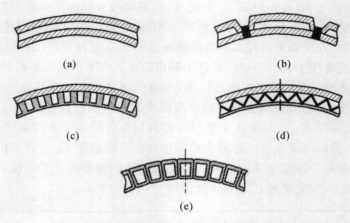

图9-4 液体发动机几种再生冷却通道示意图

(a)环形冷却通道;(b)压坑点焊式冷却通道;(c)内壁纵向带肋冷却通道;

(d)波纹板钎焊式冷却通道;(e)管束式冷却通道

图9-4(a)所示的由内外壁组成的光滑间隙式冷却通道,其优点是结构简单,但也有较明显的缺点。当冷却剂的流量较小时,为了保证所需的流速(也就是保证所需的对流换热系数),通道的缝隙必须很小,这在工艺上有时很难实现。为了保证再生冷却效果,内壁通常很薄,从而导致内壁刚度不足,出现变形,影响冷却剂的流速和对流换热系数。当冷却通道压力较大时,薄的内壁有可能失稳。可在缝隙式通道内安放间隙条,间隙条可以起到调整冷却通道尺寸的作用,但由于间隙条的安放工作比较复杂,所以并不常用。

图9-4(b)为压坑点焊式冷却通道结构。这种结构增大了连接强度,克服了光滑间隙式冷却通道的缺点,但它也存在一些不足:连接强度受到焊点数量的限制,为了提高连接强度,可以增加焊点数量,但会增大水力损失;冷却条件差,连接内、外壁的焊点位置得不到有效冷却;为保证焊接质量,需要增大内壁厚度,从而会对再生冷却产生不利的影响。在燃烧室压力较小的小推力发动机或燃气发生器上可采用这种结构形式。

图9-4(c)为内壁纵向带肋冷却通道结构(铣槽式结构)。这种结构内壁刚度较好,能有效保证间隙的均匀性,且传热面积较大。另外,为提高冷却液流速,增强传热效果,有时也将其制成螺旋形。铣槽式结构是先在内壁的外表面铣出槽,然后与外壁装配在一起钎焊而成的。如果铣槽式结构的焊接质量好,内、外壁之间具有很大的连接强度,能够容许的冷却通道内压力可达50 MPa以上。铣切方法分为化学铣切和机械铣切。化学铣切是利用化学腐蚀液将内壁上的部分金属材料腐蚀掉,形成相应的槽和肋,这种方法能够加工不等宽的槽和肋。化学铣切要求槽宽大于槽深的2倍。机械铣切时,一般采用两把铣刀沿着推力室内壁的外表面型面直接加工出肋宽和槽深恒定的纵向槽或螺旋槽。肋宽等于两把铣刀的安装间距,通过调整安装间距,可以加工出不同的肋宽。

图 9-4(d)为波纹板钎焊式冷却通道结构。这种结构将用薄板材料冲压好的波纹板放置在推力室内、外壁之间,并通过高温钎焊连接在一起。它不仅刚度和传热效果好,而且比铣槽式结构质量轻。其缺点是制作过程较为复杂,对工艺质量,尤其是对钎焊质量要求高;有一半的冷却剂不能直接与内壁接触,需要通过波纹板对推力室进行冷却,从而降低了冷却效果。

图 9-4(e)为管束式冷却通道结构,这种结构由许多细管钎焊而成,兼有质量轻、刚度好和传热效果好等优点。一般采用如下的制造工艺:将均匀圆截面的管子切成一定长度,然后模压成型。模压成型最好在模具中靠内液压来实现,在管子内充满石蜡,并且在一个专门的夹具中弯曲成推力室的型面(预变形),然后将管子放在变截面的模具中,往管子内供入液压,使管子与模具贴成一体达到最终形状。在组合过程中,管子放在一个钎焊夹具上,要求保证管子间隙均匀分布。为保证强度和刚度,一般在燃烧室和喷管收敛段加上外壳,在喷管扩张段根据需要添加若干条加强箍,使管子可以承受很大的压力。

应用最广泛的冷却通道结构为铣槽式结构和管束式结构。采用这两种结构时,内、外壁之间有大量的连接处,从而使推力室具有较高的刚度和强度。

9.1.4　再生冷却的结构设计准则及设计方法

再生冷却设计准则主要有:

(1)冷却剂在冷却通道内吸收了热量后,其温度不应超过该冷却剂的容许温度。对于某些冷却剂(如煤油)来说,其最大容许温度是沸点;而对另一些冷却剂(如肼类燃料)来说,则是热分解温度。

(2)在推力室沿轴线所有位置上,燃气侧壁温应该满足该材料的热稳定性条件,冷却剂侧壁温不应使冷却剂出现膜沸腾的情况。

(3)壁温应在材料所能承受的热强度范围之内。

再生冷却设计的流程如图 9-5 所示。下面简要介绍应用比较广泛的 3 种再生冷却的结构形式。

1.波纹板式

波纹板式的推力室横截面如图 9-6 所示,内、外双层壁由波纹板钎焊在一起。波纹板要确定的尺寸主要有波距 l、波高 d、波纹板厚度 h、内壁厚度 t 和焊缝长度 s。推力室整体可采用若干段波纹板;圆柱段部分采用一段波纹板;喷管扩张段的出口部分直径变化不大,采用一段较长的波纹板;其余部分直径变化大,采用数段波纹板。为制造方便,各段波纹板的波高应保持相同,一般取 2～6 mm,喷管横截面沿轴向不断变化,波距也应随之变化,一般为 4～8 mm。波纹板厚度一般为 0.5 mm 左右。波纹板厚度和焊缝长度应保证连接和焊接强度,使其能承受内外壁之

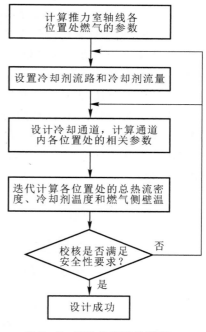

图 9-5　再生冷却设计流程

间冷却剂的压力。

内壁厚度过大会增大室壁的热阻,但会使热流密度减小,同时使气壁温度升高。因此,要提高冷却效果必须尽可能地减小内壁厚度,同时采用高导热系数的材料。波纹板式结构是发动机推力室最早使用的一种冷却通道结构形式,工艺成熟,具有较高的连接强度。但由于波纹板式冷却通道内只有一半流量的冷却剂与内壁直接接触,降低了冷却效果,故冷却通道内流体压力损失较大。这种结构可在燃烧室压力为 7～10 MPa,冷却通道内压力为 10～14 MPa 的条件下工作。

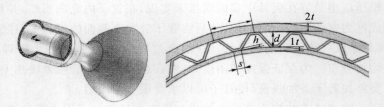

图 9-6　波纹板式壁结构

2.铣槽式

在内壁上直接加工出槽和肋,通过肋与外壁连接形成再生冷却通道,这种结构形式即为铣槽式结构,如图 9-7 所示。铣槽式结构是随着液氧/液氢和液氧/烃类燃料的高室压发动机的发展而出现的,由于推进剂对材料无腐蚀作用,内壁材料多采用高导热系数的锆铜合金,但这种材料不能采用钎焊连接,因此必须用电铸的方式形成再生冷却通道。

肋条宽度和通道宽度要根据冷却液压力和生产工艺来确定。一般肋条宽度 c 为 1～1.5 mm,通道宽度 l 为 1～5 mm,内壁厚度 t 为 0.8～1 mm,通道高度 d 应尽可能最小,以提高冷却液的流速,但从工艺角度看也不能太小,通常取 2～3 mm。槽道可以根据横截面的变化分为若干段,不同区域的通道数目不同。冷却通道的结构也可以采用螺旋式,即"斜槽",在不过分减小通道高度的情况下,可增大冷却剂流速,加强冷却效果。螺旋槽道可以应用于推力室热流密度较大的喉部区域,这样可增大壁面与冷却剂之间的换热系数,防止推力室局部烧蚀。

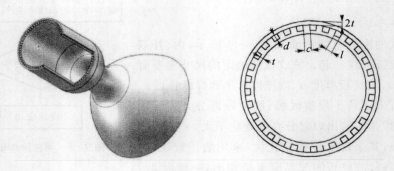

图 9-7　铣槽式壁结构

铣槽式结构省去了波纹板,简化了结构和装配,提高了连接强度,冷却通道内的容许压力可达 50 MPa 以上。通道流阻损失较小,内壁的冷却得到改善,因此大推力的发动机推力室一般都采用这种结构形式。

3.管束式

利用变截面的圆形薄壁管压制成推力室型面的形状,将管子沿圆周排列,装配成推力室壳体,采用钎焊方法把管子连成一体,即为管束式的推力室结构,其横截面如图 9 - 8 所示。为了提高推力室的总承载能力,外表面用一层外壁或几个加强箍连接。薄管的厚度 c 为 $0.3\sim 0.5$ mm,直径 d 为 $2\sim6$ mm。这种推力室结构质量轻,通道流阻损失小,冷却可靠;缺点是变截面管制造和成型困难。美国制造的发动机推力室广泛采用管束式结构的形式。

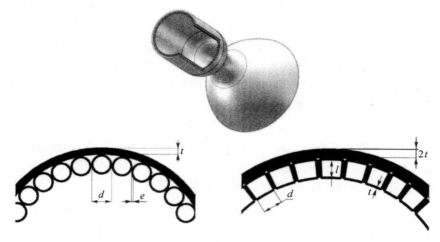

图 9 - 8　管束式壁结构

推力室壁根据实际需要可选用上述结构形式中的一种,也可以分段选用几种的组合。如在燃烧室和喉部附近采用波纹板式结构,热流较小的喷管延伸段采用单层壁结构进行辐射冷却;也可以前半段选择铣槽式结构,后半段选择管束式结构等。

9.1.5　再生冷却传热的计算

典型的再生冷却推力室的稳态传热过程包括由燃气向室壁的对流换热和辐射换热、通过室壁的热传导、由室壁向冷却液的对流换热。如图 9 - 9 所示,T_g 为燃气静温,T^* 为燃气的滞止温度,T_{wg} 为气壁温度,T_{wc} 为液壁温度,T_{co} 为冷却剂平均温度。

液体火箭发动机再生冷却传热计算涉及计算燃烧学、计算传热学、计算化学反应流动等一系列计算问题,是多物理场、多学

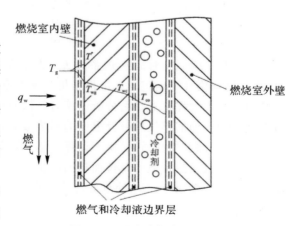

图 9 - 9　再生冷却传热过程

科计算、多模块耦合的问题。传统的液体火箭发动机再生冷却传热计算一般是基于准则关系式或一维流动假设进行的。工程设计中推力室内燃气对流换热常用的计算方法有巴兹公式法和耶夫列夫法,本质上这两种方法也都是由准则关系式推导出的。

为了使再生冷却的计算结果更可信,需对各部分的流动现象及传热机理进行深入的研究,推力室内流动包括液体推进剂喷射和雾化、液雾弥散和蒸发、湍流流动、湍流燃烧、传热;冷却通道内计算包括大高宽比冷却通道、冷却通道曲率、冷却剂二次流、冷却剂温度分层、冷却剂真实物性;室壁导热包括室壁强化换热措施和室壁变形。

1. 燃气侧对流换热的计算

燃气侧对流换热有很多计算方法,包括工程计算方法和计算流体力学(CFD)方法,下面主要介绍工程计算方法。

在液体火箭发动机推力室中,由于燃气的流速大,总要形成湍流边界层,所以推力室中的对流换热属于湍流换热过程,但在紧贴壁面处总存在一个层流底层。燃气与室壁的对流换热包括边界层的湍流部分的对流换热和层流底层的热传导。由于边界层及其温度计算十分复杂,所以采用下述基本关系式求热流:

$$q_{cv} = h_g(T_{aw} - T_{wg}) \tag{9-1}$$

式中:q_{cv} 为对流换热热流密度;h_g 为燃气侧对流换热系数;T_{aw} 为燃气的绝热壁温;T_{wg} 为燃气侧当地室壁温度。

推力室中给定位置的燃气的绝热壁温可由下式求得

$$T_{aw} = T^* \left[\frac{1 + r\left(\frac{k-1}{2}\right)Ma^2}{1 + \left(\frac{k-1}{2}\right)Ma^2} \right] = T^* R \tag{9-2}$$

式中:T^* 为燃气滞止温度;Ma 为当地马赫数;r 为当地恢复系数;R 为有效恢复系数(0.90~0.98);k 为燃气比热比。

当地恢复系数表示摩擦产生的温度增量与绝热压缩引起的温度增量之比,它可由试验确定或者根据普朗特数的简化关系式估算:

$$r = Pr^{0.5} \quad \text{(对于层流)} \tag{9-3}$$
$$r = Pr^{0.33} \quad \text{(对于湍流)} \tag{9-4}$$

燃气与室壁间的对流换热系数 h_g 是气动力、燃气成分、物理性质和化学反应等的函数,很难靠理论计算确定。把分析结果与推力室得到的试验数据进行比较,往往差别较大,这些差别在很大程度上是由分析计算时所做的初始假设引起的。向壁面传热的边界层受湍流燃烧过程和局部燃气成分及温度的影响极大,即不同的喷注器结构可产生不同的燃烧特性(湍流和局部燃气性质)。由于计算时基于均匀燃烧产物的假设,所以导致偏差。然而,试验已确定对流换热系数与单位面积的质量流量成 0.8 次幂的函数关系。与此相比,所有其他因素的影响都较小。h_g 的近似计算公式可表示为

$$h_g \approx (\rho' \bar{v})^{0.8} \tag{9-5}$$

式中:ρ' 为未扰动的当地燃气密度(lb/in³),1 lb=0.453 6 kg,1 in=0.025 4 m;$\bar{v}$ 为未扰动的当地燃气速度(in/s)。

第 9 章　液体火箭发动机热防护

因此在一般情况下,燃气对流换热系数与燃烧室压强的 0.8 次方成正比,并且对于一个给定的推力室,它还与当地位置直径的 1.6 次方成反比。

根据湍流边界层的经验,已得到一些计算燃气侧对流换热系数的简单关系式,应用较多的是由 Colburn 得出的公式:

$$Nu = CRe^{0.8}Pr^{0.34} \tag{9-6}$$

式中:Nu 为努赛尔数,$Nu = h_g D/\lambda$,D 为水力直径,λ 为燃气导热系数;C 为无量纲常数;Re 为雷诺数,$Re = \bar{v}D/\gamma$,$\bar{v}$ 为未受扰动的气流速度,γ 为运动黏度;Pr 为普朗特数,$Pr = \gamma \rho' c_p/\lambda$,$c_p$ 为定压比热容。

巴兹从式(9-5)中导出 h_g 的修正式,具体见 2.3.4 节内容,主要用于求喷管任意截面处的对流换热系数,该公式考虑了沿边界层横向气流物性参数的变化、推力室几何形状等因素对换热的影响。

采用巴兹公式可以近似计算推力室 h_g 的值。如果燃气的主要成分是强辐射体,有明显的离解,又在靠近室壁处复合并存在强烈的高频振荡,那么计算值低于真实值;如果燃烧室内反应不完全,燃气在室壁上沉积固体物质,其作用如同采用隔热层和边界层冷却手段一样,那么计算值可能高于真实值。

对于某些推进剂组合,燃烧产物中包含少量固体颗粒,这些固体颗粒沉积在燃烧室壁上,形成有效的隔热层。为了对传热计算进行修正,就必须采用试验的方法来定量估算这种沉积的隔热效果。如在液氧/煤油组合情况下(室压低于 10 MPa)室壁上有固体碳粒沉积,碳的沉积使燃气侧的热阻显著增大。当碳层厚度增大时,燃气侧壁面上碳沉积物的温度接近于燃气温度。在这种情况下,燃气侧的对流换热系数可采用下式进行修正:

$$h_{gd} = 1/[(1/h_g) + R_d] \tag{9-7}$$

式中:h_{gd} 为修正后的燃气侧对流换热系数;R_d 为固体碳沉积引起的热阻,当没有固体碳沉积时,$R_d = 0$,$h_{gd} = h_g$。

典型液氧/煤油发动机推力室内壁积碳的热阻值如图 9-10 所示。

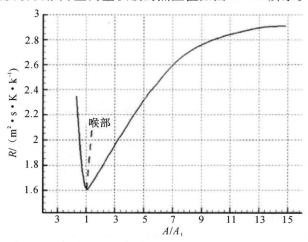

图 9-10　液氧/煤油推力室内壁积碳的热阻(混合比为 2.35,燃烧室总压为 7 MPa)

2. 燃气侧辐射换热的计算

液体火箭发动机高温高压的工作条件决定了推力室中辐射换热也很强烈,在采用常用燃料的液体火箭发动机燃烧室中,气体辐射主要来自于三原子气体——水蒸气和二氧化碳。燃烧产物中的其他气体成分的辐射很小,可以忽略。火箭发动机燃烧室具有以下辐射特点:

(1)燃烧室几何结构的复杂性造成气体辐射线平均行程确定的复杂性。

(2)存在内冷却剂流动层,流动层内的温度和压强发生剧烈变化。

(3)在喷管临界截面后,气流膨胀造成压强和温度剧烈变化,使辐射热流量的确定更为复杂且计算精度难以保证。

均匀成分的燃气对壁面的辐射热流密度的计算公式为

$$q_{rc} = \varepsilon_{w,ef}\sigma(\varepsilon_g T_g^4 - a_w T_{wg}^4) \qquad (9-8)$$

式中:$\varepsilon_{w,ef}$ 为壁面有效黑度;σ 为斯忒藩-玻耳兹曼常数,$\sigma = 5.67\times10^{-8}$ W/(m²·K⁴);ε_g 为温度为 T_g 时的燃气黑度;T_g 为中心燃气温度(按燃烧室内的平均组元混合比计算得出);a_w 为壁面吸收率;T_{wg} 为气壁温度。

气体吸收室壁的辐射只占 1%～1.5%(由于室壁温度远低于气体温度),故 $a_w T_{wg}^4$ 相对于 $\varepsilon_g T_g^4$ 可忽略不计。燃气黑度主要是其中水蒸气与二氧化碳气体的黑度之和,即

$$\varepsilon_g = \varepsilon_{H_2O} + \varepsilon_{CO_2} - \varepsilon_{H_2O}\varepsilon_{CO_2} \qquad (9-9)$$

式中:最后一项是考虑 H_2O 和 CO_2 光谱重叠部分互相吸收的结果。

黑度 ε_{H_2O}、ε_{CO_2} 分别是分压 p_{H_2O}、p_{CO_2} 和燃气静温 T_g、辐射路程 L 的函数,可从图 9-11、图 9-12 中查得。图中以 $\varepsilon_{CO_2} = f(T_g, p_{CO_2}L)$ 和 $\varepsilon_{H_2O} = f(T_g, \rho_{H_2O}L)$ 的形式表示,ρ_{H_2O} 为水蒸气的密度。但实际上分压 p(或 ρ)与 L 对 ε 的作用并不相等,即不同的 p(或 ρ)和 L 构成乘积相同的 pL 或 ρL 时,其 ε 值并不相同。p 较大者,ε 较大。因此,从图 9-11、图 9-12 查得的 ε 值还需要按 p 进行修正。对于 ε_{CO_2},这种修正量很小,可以不修正;对于 ε_{H_2O},则必须修正。目前有多种修正方法,如弗洛劳夫的修正方法:

$$\varepsilon_{H_2O} = 1 - (1-\varepsilon_{H_2O,0})^{1+k_{H_2O}p_{H_2O}} \qquad (9-10)$$

式中:$\varepsilon_{H_2O,0}$ 为从图 9-12 中查得的、未经修正的 ε_{H_2O};k_{H_2O} 为压力修正系数,可从图 9-13 中查得。

辐射路程 L 与几何形状有关(见表 9-1)。

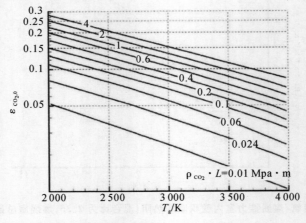

图 9-11　CO_2 黑度 $\varepsilon_{CO_2} = f(T_g, p_{CO_2}L)$

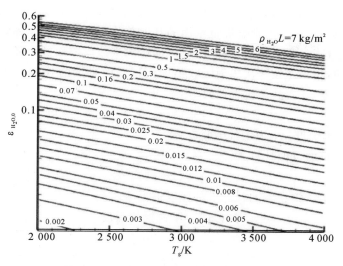

图 9 - 12　H_2O 黑度 $\varepsilon_{H_2O} = f(T_g, \rho_{H_2O}L)$

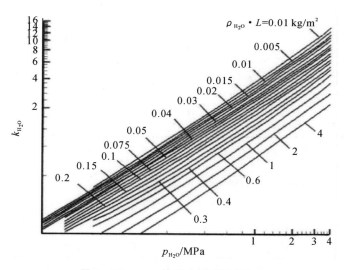

图 9 - 13　ε_{H_2O} 的压力修正系数 k_{H_2O}

表 9 - 1　辐射路程 L

燃烧室几何形状	长径比 L_c/d_c	辐射路程 L
圆筒形	1	$0.6d_c$
	1.5	$0.75d_c$
	2～3	$0.85d_c$
	≥4	$0.9d_c$
球形	—	$0.6d_c$
宽为 δ_r 的环形	—	$1.7\delta_r$

　　燃气辐射热落到壁面后,只有一部分被吸收,其余被反射。反射热穿过燃气时,一部分被燃气吸收,其余穿透燃气,落到燃烧室壁面的其他部分上。这一部分辐射热再次被部分吸收、部分发射,再穿透、吸收、反射,这样反复进行,逐次衰减。壁面最终吸收的总热量为历次吸收的热量的总和,相当于按一次辐射吸收但增大了壁面黑度的效果。这种增大的壁面黑度称为壁面有效黑度 $\varepsilon_{w,ef}$,其一次近似式为

$$\varepsilon_{w,ef}=\varepsilon_w[1+(1-\varepsilon_w)(1-a_g)] \tag{9-11}$$

式中:ε_w 为室壁材料黑度;a_g 为燃气吸收率。

　　也可采用更简单的近似计算式:

$$\varepsilon_{w,ef}\approx(1+\varepsilon_w)/2 \tag{9-12}$$

　　燃烧室常用的不锈钢在不同状态下的黑度值见表 9-2。

表 9-2　不锈钢的黑度

温度/K	黑度				
	633 K 下氧化的 321 型不锈钢[①]	有黑色氧化物的 321 型不锈钢	涂有耐热黑色涂料的 321 型不锈钢	301 型不锈钢	涂有 Dixon208 耐热黑色涂料的不锈钢
373	0.27	0.66	0.81	0.14	0.93
473	0.27	0.66	0.76	0.15	0.93
573	0.28	0.69	0.76	0.16	0.93
673	0.31	0.74	0.79	0.17	0.93
773	—	—	—	—	0.93
873	—	—	—	—	0.93

注:①成分与 1Cr18Ni9Ti 相似。

　　燃气吸收率 a_g 主要是水蒸气吸收率,可表示为

$$a_g\approx1-(\varepsilon_{H_2O,2}-\varepsilon_{H_2O})/\varepsilon_{H_2O} \tag{9-13}$$

式中:$\varepsilon_{H_2O,2}$ 是按 $2\rho_{H_2O}L$ 计算的 ε_{H_2O}。

　　具有低混合比边区的燃烧室,其燃气成分和温度沿径向都不均匀,粗略地可分为 3 层:适当混合比的高温燃气中心流;近壁的温度最低的低混合比近壁层;介于上述二者之间的、成分和温度都逐渐变化的中间过渡层。中心气流的辐射热在穿过中间层和近壁层时被部分吸收。同样,中间层的辐射热被近壁层部分地吸收。各层之间的相互辐射和吸收比均匀气体复杂得多,计算过程相当烦琐,各层厚度很难确定,即使进行了复杂的计算,也未必准确。不过辐射热流只占总热流的一小部分,特别是在最危险的喉部,其所占比例更小。因此,对于分层热辐射的情况,其辐射热流密度一般可取统计近似值:

$$q_{r,1}\approx0.65q_r \tag{9-14}$$

式中:q_r 为按均匀混合比算出的辐射热流密度。

　　3.冷却通道对流换热的计算

　　液壁面与冷却剂之间的热交换是以对流方式进行的。和推力室内的情况类似,冷却剂

在冷却通道内的流动传热可视为管内充分发展的湍流流动,对流换热计算采用管道内强制对流换热公式:

$$q = h_c(T_{wc} - T_{co}) \qquad (9-15)$$

对流换热系数 h_c 可以由努赛尔数 Nu 来确定,通常采用米海耶夫公式计算 Nu:

$$Nu = 0.021 Re^{0.8} Pr^{0.43} (Pr/Pr_w)^{0.25} \qquad (9-16)$$

式中:Pr_w 是以壁温为特性温度的普朗特数。

对流换热系数 h_c 的计算公式为

$$h_c = \frac{Nu\lambda_f}{d_e} \qquad (9-17)$$

式中:λ_f 为冷却剂导热系数;d_e 为冷却通道当量直径。

氢在超临界状态下的努赛尔数按如下公式计算:

$$Nu = 0.020\ 8c Re_f^{0.8} Pr_f^{0.4} \left(1 + 0.034\ 57 \frac{\nu_w}{\nu_f}\right) \qquad (9-18)$$

式中:ν_w 是以壁温为特性温度的运动黏度;ν_f 是以主流温度为特性温度的运动黏度;c 是包括各种修正因素的影响因子,可表示为

$$c = \varphi_T \varphi_C \varphi_R \qquad (9-19)$$

式中:φ_T 为温度比和入口段尺寸修正系数;φ_C 为曲率修正系数;φ_R 为表面粗糙度修正系数。

考虑再生冷却通道肋条效应时的对流换热系数为

$$h_f = h_c \eta_p \qquad (9-20)$$

式中:h_f 为有肋条的表面有效换热系数;η_p 为肋条效应系数。肋条效应系数可以用下面的公式进行计算:

$$\eta_p = \frac{a}{a+b} + \frac{2h}{a+b} f(\xi) \qquad (9-21)$$

式中:

$$\xi = \frac{h}{b} \sqrt{\frac{2hb}{\lambda_w}} \qquad (9-22)$$

$$f(\xi) = \frac{\text{th}(\xi)}{\xi} \qquad (9-23)$$

式中:a 是冷却通道宽度;b 是肋条厚度;h 是冷却通道高度;λ_w 是推力室内壁导热系数。

4. 壁面温度场的计算

推力室内壁把燃气和冷却剂分隔开来,由于内壁很薄,并且采用的材料导热系数很大,因此可以假定发动机在开始燃烧以后很快就达到了热平衡,从而非稳态效应可以忽略不计。根据傅里叶定理,可以得到通过衬层从气壁到液壁的热传导热流与内壁两侧温度的关系:

$$q = \frac{\lambda}{\delta}(T_{wg} - T_{wc}) \qquad (9-24)$$

式中:δ 为推力室壁的厚度;λ 为推力室壁的导热系数。

若通过有限元求解固壁导热,则采用以下公式:

$$\frac{\partial}{\partial x_i}\left(\lambda \frac{\partial T}{\partial x_i}\right)=0 \qquad\qquad (9-25)$$

9.2　膜　冷　却

膜冷却是 20 世纪 60 年代提出的一种热防护方式,其冷却效果非常好,在航天领域得到了广泛的应用。它不仅用于大型液体火箭发动机,而且在小推力发动机上也经常使用。20世纪六七十年代,人们针对膜冷却做了大量的实验和理论研究工作,获得了相当大的进展。但随着研究和应用的深入,人们逐渐发现膜冷却存在着诸多不足之处,最为显著的就是,膜冷却所消耗的推进剂使得壁面附近推进剂混合比严重失衡,使比冲降低,影响发动机的性能,因此针对膜冷却的研究工作一度中断,随后出现了一个 30 年左右的研究真空期。作为当代航天器发展的两个重要方向——大推力和可重复使用,前者要求发动机燃烧室的温度越来越高、压力越来越大,而后者则要求发动机在多次重复使用后应保持完整的型面。靠单一的冷却方式已经很难满足要求,使用组合式热防护结构成为必然,而再生冷却和膜冷却的组合就是最为有效和最容易实现的结构。

膜冷却可以有效减少燃气对燃烧室和喷管壁面的传热,对于某些富氧燃烧室,还可保护壁面不与高温富氧燃气直接接触。除此之外,膜冷却还可以减少某些需要特殊保护的喷嘴或壁面突出件受到的辐射和传导传热。在实际运用中,膜冷却多用于保护火箭发动机推力室内壁面,尤其是喷管喉部等热流密度大的地方。

膜冷却是火箭发动机推力室中内冷却方式的一种。在推力室中将少量推进剂从喷注器边缘专设的一圈小斜孔喷向燃烧室内壁面,或在推力室身部适当的位置专设一圈或多圈冷却环,环上开一圈小孔或窄缝,使冷却剂尽量以贴壁的方向喷出,形成贴壁冷却膜,把燃气与内壁隔开,在壁面建立温度相对较低的液体或气体保护层,以减少传递给壁面的热流,从而达到冷却推力室壁面的目的。对于液体火箭发动机,液膜冷却是一种常用的热防护方法,如果设计得当,仅用少量的冷却液便可获得十分有效的冷却效果。由于使用的冷却剂在边区不能完全与主流混合燃烧,因此膜冷却会降低发动机的比冲。

9.2.1　膜冷却的原理

膜冷却是指沿壁面切线方向或以一定的入射角射入冷却气体或液体,形成一层贴近固体壁面的缓冲冷却膜,用以将壁面与高温气体环境隔离,对壁面进行热防护和化学防护。因此,冷却膜能否较好地覆盖整个壁面及能否较长时间贴附壁面流动是膜冷却技术是否有效的关键。图 9-14 为膜冷却原理示意图,图 9-14(a) 为切向槽缝式,图 9-14(b) 为固定角度离散孔式。主流在火箭发动机中一般为高温、高压的燃气,冷却剂的射入使得壁面冷却

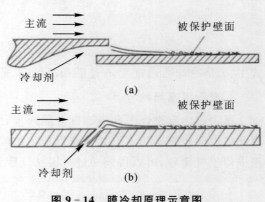

图 9-14　膜冷却原理示意图
(a) 切向槽缝式;(b) 固定角度离散孔式

并将主流与壁面隔开,起到热防护的作用。一般越往下游,冷却效果越差。

膜冷却是通过注入冷却介质的方法对壁面进行热防护的,冷却介质的作用有两个:一是将高温气体与壁面隔开,以避免高温燃气直接对壁面进行对流换热,这是隔热作用;二是在大部分区域里通过壁面带走一部分高温燃气与发亮火焰的辐射热量,这是冷却作用。

在膜冷却中,一般用燃料作为冷却剂,有时也使用低温氧化剂。碳氢燃料是十分有效的液膜冷却剂,这是因为液膜与冷却剂的沉积同时起作用,燃料在室壁上的积碳提供了一个有效的绝热层。相对而言,水膜冷却的效果很好,但必须增加供水系统,很少使用,多用于实验。某些情况下,对内壁面的冷却是向内壁面供入汽化了的推进剂组元(如氢),或者温度较低的燃气发生器的燃气,形成气膜冷却。

不同形式的冷却剂所产生的物理现象也有明显区别。当注入气膜时,随着主流流动,气膜与主流燃气的掺混会越来越剧烈,同时气膜温度也越来越高。当注入液膜时,燃烧室压力和冷却液的物性对下游影响显著。当燃烧室室压低于液膜的临界压力时,冷却区域可分为液膜区域和气膜区域,液膜区域内中心燃气会对液膜产生携带,液膜达到饱和温度后会蒸发形成气膜;当燃烧室压力高于液膜的临界压力时,超临界流体表现为稠密气体的性质,其流动换热现象和气膜冷却类似。

9.2.2　膜冷却的分类

膜冷却根据冷却剂喷出时的状态,可以分为气膜冷却和液膜冷却两种。气膜冷却即在需要冷却的壁面附近沿切线方向或用一定的入射角射入一股冷却气流,用以将高温气体与壁面隔离,如图 9 -15(a)所示。气膜冷却是 20 世纪 70 年代开始在航空燃气轮机上使用的一种冷却方法,目前已成为现代燃气轮机高温部件的主要冷却措施。火箭发动机的燃烧室和喷

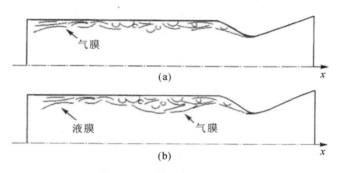

图 9 - 15　膜冷却示意图
(a)气膜冷却;(b)液膜冷却

管通过向内壁面注入汽化了的推进剂组元(例如氢)或者注入燃气发生器的燃气形成气膜。液体火箭发动机多采用液膜冷却方式,如图 9 - 15(b)所示。液膜冷却的入口冷却剂为液态,经过蒸发、耗散、卷吸等变为气膜,因此液膜冷却确切地说是液-气膜冷却。液膜冷却的效果优于气膜冷却,在液膜覆盖区域更加明显。

按液膜的形成方式,可将液膜冷却分为喷入型液膜冷却、熔化型液膜冷却和沉降型液膜冷却。喷入型液膜冷却是最常见的一种,即利用推进剂的一个组元(通常是燃料)在推力室所需要的部位上由专门的小孔或缝隙喷出,形成一层液体保护膜,借助液膜及液膜蒸发后形成的蒸气气膜实现对推力室的热防护。图 9 - 16 上半部分所示即为喷注器边区的一圈小孔喷出液膜冷却液。

熔化型液膜冷却是指壁面涂层材料在发动机工作时温度随着壁温升高而熔化并产生液

膜,利用其分解吸热和液体的隔热作用达到冷却壁面的目的,如图 9 – 16 下半部分所示。熔化型液膜冷却在一定时间内可以提供均匀的热防护,在效果上近似发汗冷却,但由于熔化材料是有限的,不能形成在时间上连续的液膜,所以对工作时间有严格的要求,是一种短时间内的冷却方式。

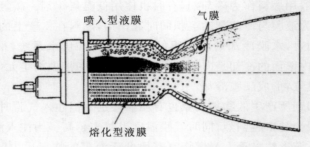

图 9 – 16　喷入型、熔化型液膜示意图

　　沉降型液膜是指从喷嘴对壁面成一定的角度喷出某种液滴,到达壁面沉降形成液膜的目的。沉降型液膜与喷入型液膜在液膜形成之前的状态有所不同。后者是由小孔或槽道提供连续的液流直接充当液膜冷却剂,而前者则是经喷嘴雾化后的液滴在室壁面聚集形成液膜,在效率上比喷入型要差。

　　由于喷入型液膜冷却是火箭发动机液膜冷却研究和使用的主要方式,故本书主要介绍喷入型液膜冷却的设计与结构。

　　根据气态冷却剂入射马赫数的不同,气膜冷却可分为亚声速气膜冷却和超声速气膜冷却,当冷却剂入射马赫数小于 1 时为亚声速气膜冷却,大于或等于 1 时为超声速气膜冷却。与亚声速气膜冷却相比,超声速气膜冷却的效果更好,尤其是在主流流速高、流量大的工况下具有明显的优势。这主要是因为高速冷却气体入射后和主流进行掺混的时间相对很短,可以在很长的距离内起到热防护作用。亚声速气膜冷却常用于火箭发动机燃烧室、燃气轮机火焰筒和叶片等部位的热防护,超声速气膜冷却一般用于火箭发动机喷管扩张段、超燃冲压发动机燃烧室以及导弹红外窗口等壁面的热防护。

　　根据冷却液膜的压力和温度条件,液膜冷却还可以分为亚临界液膜冷却、跨临界液膜冷却和超临界液膜冷却。当冷却剂的压力低于临界压力时,为亚临界液膜冷却;当冷却剂压力高于临界压力并且液膜入口温度高于临界温度时,即冷却剂始终处于超临界状态,为超临界液膜冷却;在更多的情况下,冷却液膜在高压低温的状态下被注入,其压力已经超过临界压力,但液膜入口温度仍低于临界温度,在推力室中液膜的温度逐渐升高,压力保持不变或逐渐下降,通过超临界区后进入亚临界区的气体区域,被称为跨临界液膜冷却。在有些资料中,将跨临界视为在某种定义下的超临界液膜冷却,本书后续也采用这种定义。在亚临界状态下,液态冷却剂表现为随温度升高由液态变为气态的常规特性,在热防护中表现出有明显的液膜长度,在液膜长度范围内,冷却剂以液膜的形式实现热防护,液膜会逐渐蒸发、雾化,而在其范围之外,更接近于气膜冷却。图 9 – 17 所示是典型的纯流体相图,通常将 $p > p_{cr}$ 且 $T > T_{cr}$ 的区域称为超临界区。在压力高于临界压力 p_{cr} 后,液体区和气体区之间不再有明确的相变线存在。

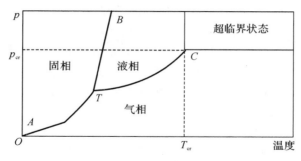

图 9 - 17　纯流体相图

9.2.3　膜冷却的优缺点

膜冷却既可以单独使用实现热防护,也可以和其他冷却方式(如再生冷却、烧蚀冷却、辐射冷却等)复合使用,在实际应用中应该根据膜冷却的优缺点进行选择。膜冷却的主要优点有:

(1)冷却效率高。膜冷却通过将冷却介质注入中心燃气与壁面之间,实现其隔热和冷却的作用,被冷却壁面在一定区域内的绝热壁面温度几乎能达到冷却介质的初始温度,在实际应用中虽然不及绝热壁面的效果,但仍然能够将壁面温度降到很低的水平。在一个位置注入冷却介质,冷却膜对距离较大的下游位置的冷却效果会明显下降,也可能达不到要求的效果;但通过在多个位置注入冷却膜的形式,往往能使整个推力室的冷却效率维持在一个较高的水平。特别是对高热流部位(如发动机喉部),膜冷却的冷却效果更加明显。

(2)结构简单。在液体火箭发动机推力室中,膜冷却常与再生冷却复合使用,膜冷却的冷却介质直接从再生冷却通道注入,不需要额外的冷却剂供应系统。为了在热壁面形成冷却膜,冷却剂可以从喷注器直接通过射流撞壁导入,也可以从燃烧室壁面或喷管段开槽或开孔导入。其中从喷注器直接导入最为简单,不需要对推力室壁面进行任何改变。从壁面开槽或孔导入的方法又可以分为连续槽导入和离散孔导入。前者通常需要将推力室进行分段设计,配合分段再生冷却,以冷却剂环带形式出现;后者在保证壁面强度的前提下在壁面上直接开孔注入。必须注意到:膜冷却结构简单是相对于相同效果的其他冷却形式来说的,比如在相同冷却剂流量下,发汗冷却的冷却效果会明显优于膜冷却的冷却效果,但其多孔结构加工却十分困难;而单独的再生冷却,在相应冷却效果的情况下需要对冷却壁面整体进行设计。

(3)可重复使用性好。膜冷却的实现虽然可能对入口结构有一定的改动,但对于绝大部分冷却区域来说冷却膜起着很好的保护作用,减少了内壁面所受到的物理冲刷和热破坏。大推力和可重复使用的发动机可以充分利用膜冷却的这一优点,使发动机能在恶劣的燃烧室条件和更高的结构要求下进行可靠、有效的冷却。通过降低壁面温度和热流可以有效缓解燃烧室壁面结构的热疲劳,利用膜冷却可以有效降低推力室局部壁面温度的特点,对于可重复使用的火箭发动机燃烧室、喷管等易于出现热疲劳的位置,可以使用膜冷却方式。

同时,膜冷却也有其不可忽视的缺点:

(1)发动机性能损失大。推力和比冲是火箭发动机的两个重要的性能参数,也是发动机研制者关注的重要设计指标。由于膜冷却使用的冷却剂在边区的混合比会严重偏离当量比,不能完全与主流混合燃烧,因此会降低发动机的比冲,这也是膜冷却研究曾出现30年左右真空期的主要原因。但随着人们对当代航天器其他方面的要求越来越高,在一定范围内可以容忍,因此膜冷却作为十分有效的冷却方式又成为了研究重点。

(2)结构连续性降低。尽管结构比较简单,但膜冷却仍难免会对冷却壁面结构有一定的改变。环形槽导入通常使用发动机分段设计,壁面之间出现间断,推力室结构强度需要依靠其他连接结构来保证,会带来安装误差等造成的不完全连续结构;离散孔一般是直接在壁面上开孔,这样必然会使得壁面结构不连续,在工作中会出现相应的应力集中区域,对发动机结构强度有很大的影响,在设计中需要在许用强度内进行冷却剂射流孔布置。

9.2.4 膜冷却的结构

1.冷却剂的喷入结构形式

膜冷却通过在内壁面建立均匀、稳定的冷却膜保护层,对推力室内壁进行冷却。用于建立保护层的冷却剂可以通过靠近壁面处的喷注器喷入,也可以通过专门的冷却剂环带进入推力室。冷却剂环带一般布置在燃烧室或喷管收敛段的一个横截面上,沿燃烧室长度方向上可以有若干条冷却剂环带。为提高膜的稳定性,冷却剂常经各冷却剂环带上的缝隙或小孔切向流入。

膜冷却通常用于两种情况下:一种是在小发动机中单独使用膜冷却,另一种是在大发动机中与再生冷却或者烧蚀冷却复合使用。常用的膜冷却结构如图9-18所示,图中的几种常用结构各有其优缺点。单独的冷却膜通道结构可以精确把握膜冷却的流量、位置和角度,膜的入口温度可以很低,这样能使膜冷却达到最好的冷却效果,但其结构复杂,需要高精度的加工工艺,对冷却槽及喷入结构的材料性能有一定的要求,且在一定程度上增加了燃烧室或喷管的质量。而在再生/液膜复合冷却中,可以将再生冷却剂的出口作为膜冷却剂的入口,从而共用同一冷却槽,极大地优化了冷却结构;但其缺点也是明显的,由于共用冷却槽,冷却膜的流量及压力均不可单独设计,膜的入口温度也比较高,膜在入口呈气体状态或者在温度接近饱和温度下呈液体状态,因此影响膜冷却的效果。

膜冷却在发动机内壁形成冷却膜的方式主要有两种:一是通过合理排列燃烧室头部喷嘴使得燃烧室近壁层形成富燃的低温区域;二是在燃烧室内壁面上设计合理的内冷却剂环带,利用从内冷却剂环带中出来的推进剂形成冷却膜。在目前的理论计算和膜冷却实验中,最经常使用的是通过喷注器边缘喷注孔或燃烧室头部贴壁槽的结构。通过喷注器边缘贴壁的一圈喷注孔或贴壁槽喷出液体或气体成膜,这样不用改变燃烧室本身结构即可进行膜冷却。但这两种方式仅限于对燃烧室的冷却,且集中在燃烧室的头部。

第一种方式,即通过喷注器边缘孔喷出冷却液产生液膜的方式,不仅对工艺精度要求高,且其流量及角度的精确把握也较难。采用这种方式,对喷嘴的安排有以下要求:燃烧室边区有足够低的余氧系数;有足够多的边区流量;边区冷却孔有较密的排列形式和适当的几何参数,以保证有较好的内冷却液膜。为了保证达到以上要求,对于直流式喷射孔的内冷却环形式,通常采取一些措施:直流孔的间距应尽可能小,一般选为3~5 mm;直流孔与壁面的倾斜角应选择得当,不宜过大,否则会造成较大的反射,以致不能形成贴壁液膜;如过小,则使撞击点距喷注面较远,内壁在很长距离内得不到液膜冷却。根据试验,这个角度一般在 $3°\sim20°$ 为宜。对于采用多股射流互击式喷嘴的喷注器,应保证边区射流互击后的合成方向接近于推力室轴线,特别是应防止氧化剂射流落到燃烧室内表面上。对于采用离心式喷嘴的喷注器,应严格控制边区离心式喷嘴的流量公差,以保证形成均匀的冷却边界层。

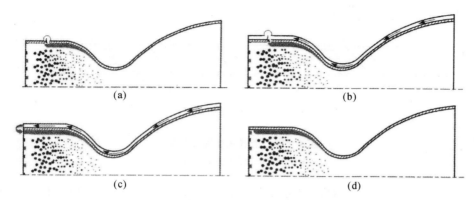

图 9－18　常用的膜冷却剂注入结构示意图

(a)单独的冷却膜通道进入燃烧室或喷管;(b)有再生冷却通道时经集液环进入燃烧室或喷管
(c)经再生冷却通道出口进入燃烧室中;(d)无冷却通道,通过喷注器边缘的喷注孔贴壁喷出一圈液/气体形成冷却膜

第二种方式的重点在于内冷却剂环带的结构设计。对流传热是其主要的传热方式,而且只有近壁层的燃气参加与内壁的对流传热过程。因此为了获得既经济又可靠的液膜,在近壁层范围内充以液态或气态的"冷"物质即可。

尽管液膜冷却的效果很好,但在实践中,一般都尽可能只采用由喷注器设计建立的屏蔽冷却及高流速的外冷却,这样能简化推力室结构设计和生产工艺,在燃烧室压力大的情况下更是如此。此外,这种方式也减少了内冷却带来的比冲损失,提高了发动机的经济性。

2.冷却剂的射流结构

冷却剂射流结构也是决定膜冷却效果的重要因素。在一般膜冷却中常用的冷却剂射流结构有槽缝结构和离散孔结构。

在槽缝结构中,冷却剂在被冷却壁面上游以不间断流体形式喷入。当缝口下游流动参数沿缝长度方向的变化可以忽略时,缝口下游流场可视为二维流场。主流与射流的来流参数以及冷却剂的引入方式对膜冷却效果均有重要影响。射流的引入方式可分为如下 3 种:

(1)切向喷射:射流平行于壁面引入[见图 9－19(a)]。

(2)垂直喷射:射流垂直于壁面引入[见图 9－19(b)]。

(3)倾斜喷射:射流沿与壁面成某一角度的方向引入[见图 9－19(c)]。

槽缝结构中主要的参数包括槽缝宽度、喷射角度和槽面结构等。槽缝宽度一般由冷却剂的流量确定;槽面结构一般用来控制射流出口参数,通常切向喷射的膜冷却效果最好,斜向喷射次之,垂直喷射最差,因此切向喷射应用最广。槽缝式结构膜冷却在火箭发动机喷管、燃气轮机加力燃烧室以及其他高温部件的冷却中有着广泛的应用。

离散孔结构在气膜冷却中的应用更为广泛,它是早期平板气膜冷却基础研究的主要研究对象,在液膜冷却中则以冷却环带的形式出现,这在后面将具体介绍。

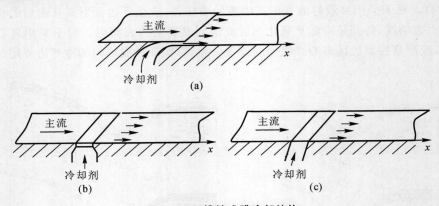

图9-19 槽缝式膜冷却结构

(a)切向喷射;(b)垂直喷射;(c)倾斜喷射

    离散孔的单孔有不同的结构,常用的孔形有圆孔、扇形孔、簸箕形孔、收缩孔、扩张孔、收缩扩张孔、侧向孔、单排孔、双排孔等,如图9-20所示。通过改变孔的形状可以控制射流的流动,从而达到更优的冷却效果。研究表明,冷却剂有一定的侧向流动有利于冷却,能使射流孔附近冷却得更加均匀,故引入侧向倾角形成侧向孔。在实际应用中:多种孔结构常复合出现,以达到更好的冷却效果;使用双排孔或多排孔结构冷却效果更好。

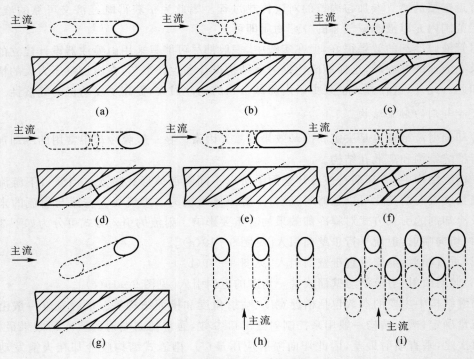

图9-20 离散孔单孔结构

(a)圆孔;(b)扇形孔;(c)簸箕形孔;(d)收缩孔;(e)扩张孔;(f)收缩扩张孔;(g)侧向孔;(h)单排孔;(i)双排孔

3.液膜冷却的环带设计

液膜冷却环带是满足高压冷却要求的重要辅助措施,其冷却效果比采用边区喷嘴形成液膜冷却更好。冷却环带的设计原则:

(1)保证冷却剂流量特性稳定,流量精确确定。

(2)使推力室的性能与冷却环带的流量之间达到最佳。

(3)保证冷却环带的液膜连续、贴壁性好、均匀性好。

(4)使冷却环带的位置最佳。

通常设置 3 条冷却环带:第一条冷却环带设置在与喷嘴喷雾锥不相碰且热流密度和壁温开始大大增加的部位,此处为快速燃烧区;第二、三冷却环带可设置在喷管喉部上游,此处的燃气流速较大,易冲毁环带形成的液膜,因此,第二、三冷却环带同时设置,第二冷却环带可以改善第三冷却环带的工作条件。冷却环带的结构、设置位置、流量是一个反复选取的过程。

目前有多种膜冷却内冷却环带结构方案。设计时:一方面,要尽量使结构简单、工艺性好,避免推力室结构和工艺过于复杂;另一方面,在冷却液流量严格均布的前提下,应保证给定的流量特性,并在壁的内表面形成连续的液膜。此外,在大多数内冷却带结构中,都会使冷却液形成切向速度分量,给液膜一个旋转运动,这样可使液膜在压贴于壁面时向外溅得比较少,而且破裂得比较晚,可在较大的长度上保护内壁,冷却效果更好。

图 9 - 21 所示是从身部冷却通道中取出液体的内冷却带。内冷却液流量直接取自身部外冷却通道,该通道在内冷却环带处有一个不大的入口集液腔。液体从此集液腔进入多个孔状通道,这些通道对内壁呈切向布局。为了保证流量沿圆周均匀分布,通道数(即内冷却小孔数)应足够多,其间距为 25～35 mm。此外,在内壁表面的小孔出口处专门车出一道环形槽,使流出的液体在此槽内汇合,环形槽相当于内冷却液的出口集液腔。这类方案在工程中应用不是很多,其主要缺点是:在制造完成后不能根据推力室液流试验结果精确调整冷却液的流量。

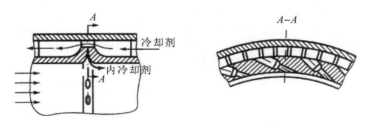

图 9 - 21　从身部冷却通道中取出液体的内冷却带

在应用比较广泛的内冷却带结构中,集液环与身部冷却通道是分开的,且内冷却液沿单独的导管供入冷却带的集液环。图 9 - 22 为与身部冷却通道"隔离"的两种内冷却带方案。图中身部冷却通道内的冷却组元绕过内冷却带的入口集液器,内冷却液进入集液器时与身部冷却通道无关。

图 9 - 23 所示为内冷却带的结构方案之一,在这个方案中,身部冷却通道中的冷却液沿着内冷却带构件上的一圈水平通道流过。图 9 - 24 所示为一种比较复杂的内冷却带结构方案,此冷却带的结构特点是:内冷却液在通过一圈水平的斜孔(见剖面 $B—B$)后开始旋转,

旋转的液体进入特设的"出口"集液腔,然后沿斜向通道流向壁的内表面。这种冷却带结构能赋予内冷却液较强的旋转运动,因而可在壁面形成稳定性较高的液膜。

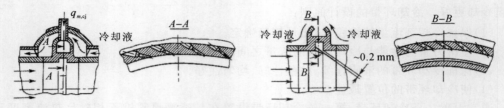

图 9 – 22　单独供入液体的内冷却带

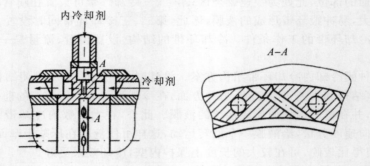

图 9 – 23　内冷却带结构方案之一(在内冷却带构件上有一圈水平通道)

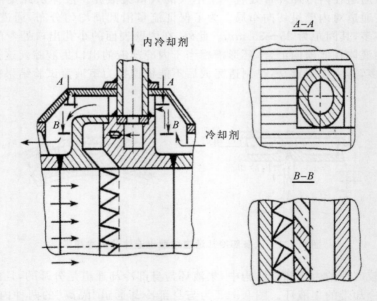

图 9 – 24　内冷却带结构方案之二(带一圈水平斜孔使内冷却液产生旋转)

　　图 9 – 25 为另一种内冷却带结构方案,在这个方案中,内冷却液通过互相靠近的两个出口截面流到壁面。其流程为:内冷却液首先通过与身部冷却通道无关的导管进入入口总集液腔,然后从入口集液腔沿两圈对面设置的水平方向的斜孔流向各自的出口集液腔,再分别从出口腔沿一圈倾斜通道流向壁的内表面。当内冷却液流量较大时,由互相靠近的两圈出

口液流形成的液膜比较稳定,冷却效果较好。

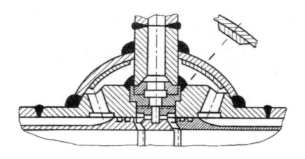

图 9 - 25 内冷却带结构方案之三(内冷却液从两个出口截面流到壁面)

9.3 发汗冷却

膜冷却是以牺牲发动机性能为代价换取较好冷却效果的热防护方法,需要冷却剂的流量较大,一般达到主流的 $10\%\sim30\%$,而且由于近壁层燃烧不充分,会降低发动机排气速度,增大推力损失。通常来说,膜冷却的冷却能力大于再生冷却的冷却能力,所以当再生冷却难以满足冷却要求时,常用膜冷却作为辅助冷却手段,也就是再生-膜复合冷却。实际上对于液体火箭发动机,如果采用单一的热防护方法,通常情况下会明显降低发动机的性能,或者增加结构和工艺的复杂程度。因此在设计现代液体火箭发动机推力室时,人们通常采用复合冷却的方法。然而,再生冷却的换热效率低,通道内流阻较大,要求涡轮泵有较大的出口压力,而膜冷却又需要消耗较多的冷却剂才能维持连续的液态或气态膜,易造成冷却剂的浪费,因此这两种方式都存在一定的局限性。为了弥补这两种冷却方式的缺陷,需要发展更具优势的冷却技术,发汗冷却便应运而生。

9.3.1 发汗冷却的原理

发汗冷却技术是一种仿生技术,它是仿照生物为了生存对所处环境(如温度)进行自身调节(例如动物的出汗、植物的蒸腾作用等)而发展出来的一种热防护技术,即材料在高温环境下工作时,通过"出汗"来降低自身温度,从而达到热防护的目的。

就冷却方式来说,发汗冷却属于一种主动内冷却技术。根据所用冷却剂的不同分类,发汗冷却可分为固体发汗冷却、气体发汗冷却和液体发汗冷却 3 种形式。根据发汗冷却的自发性分类,可分为自发汗冷却和强迫发汗冷却。固体发汗冷却为自发汗冷却,气体发汗冷却和液体发汗冷却为强迫发汗冷却。

自发汗冷却多见于粉末冶金材料制品,通过加入基材内的低熔点金属粉末颗粒,在高温下汽化蒸发吸收基材热量以达到降低材料温度的目的,所以也被称为离解冷却。

强迫发汗冷却是一种复合冷却技术,由发汗冷却和气膜冷却组成。它是指气态或者液态冷却介质通过层板结构或多孔结构到达热端表面,形成一个连续、稳定且具有良好隔热性能的流体附着面,即冷却介质膜,将受热结构与热流隔开,同时冷却介质在层板结构或多孔结构中的流动加强了换热,从而能产生更好的冷却效果。

如果液态冷却介质在流经多孔介质微孔时发生相变,那么会吸收大量热量。液体蒸发潜热越大,则吸收热量越多,冷却效果也就越好。表9-3给出了部分液体的蒸发潜热。

表9-3 部分液体的蒸发潜热

分类	代表物质	沸点 /℃ (1 atm)	密度 /(g·cm⁻³) (20 ℃)	蒸发潜热 /(kJ·kg⁻¹) (1 atm)
低沸点物质	乙醚	34.6	0.736	375.9
	溴乙烷	38.4	1.451	2 301.0
	丙酮	56.3	0.79	501.1
	氯仿	61.3	1.486	246.1
	甲醇	64.7	0.794	1 105.1
	四氯化碳	76.8	1.595	195.1
	乙酸乙酯	77.1	0.901	369.2
	乙醇	78.4	0.785	853.9
	苯	80.1	0.874	394.3
—	水	100	0.997	2 260.4 (100 ℃) 2 427.9 (30 ℃)
高沸点物质	二恶烷	101.3	1.034	412.7
	甲苯	110.6	0.866	363.3
	醋酸	118.0	1.05	591.5
	二溴乙烯	131.4	2.169	190.9
	氯苯	131.7	1.106	324.8
	苯乙烯	145.2	0.901	421.9
	环己烷	155.6	0.779	356.2
	苯甲醇	205.5	1.046	467.2
	甘油	290.0	1.262	663.1

通常所说的发汗冷却,一般指气态或液态冷却介质的强迫发汗冷却。还有一种发汗冷却技术越来越受到人们的重视,这就是自适应发汗。自适应发汗综合了自发汗和强迫发汗的优点,同时克服了两者的局限性,是一种较为理想的发汗冷却方案。关于自适应发汗冷却的相关概念及应用,读者可查阅相关文献。

按照发汗材料的结构分类,发汗冷却可分为层板发汗冷却和多孔发汗冷却。层板通常由数十至数百片蚀刻有精确微细通道的超薄板片经有序叠合及扩散焊接而成,其强度特性优于传统的多孔材料,并可以避免传统多孔材料对"热点"(局部过热)敏感的缺陷,因而应用前景十分广阔。多孔发汗冷却是把材料制成多孔材料部件,液体燃料在高压下从部件材料的"汗孔"渗出蒸发,以带走部件内部的热量,使受热部件降温,同时阻隔外部对受热部件的加热,并通过调节冷却剂流量,达到控制结构温度和防止表面烧蚀的目的。

图 9-26 为层板发汗冷却原理。层板发汗冷却推力室是由大量薄板片(即层板)叠加构成的,层板表面的沟槽形成冷却剂流道,冷却剂从层板组件外围的冷却剂集液腔经由流道流到热表面。热量从高温燃气传向层板,在层板内传递过程中被两个层板之间反向运动的冷却剂带走,热量在层板中的传导长度(即热浸长度)很短。带走热量的冷却剂最后进入燃气边界层形成液膜,相当于起到了膜冷却的作用。

多孔结构发汗冷却是指在冷却材料的制备过程中形成多孔结构,利用其有效孔隙通道实现冷却剂的传输,同时携带内部热量,改变内部温度场并阻隔外部对受热体的加热。如图 9-27 所示,在多孔发汗冷却中,若使用液体作为冷却剂,则冷却剂沿微孔以低速渗入内壁,形成保护膜,降低传向室壁的热流密度。当用于发汗冷却的液体冷却剂流量达到某一临界值时,壁温等于液体在该压强下的沸腾温度。当高于这一临界值时,在推力室内壁附近形成的是液膜;当低于这一临界值时,内壁温度会高于当前压力下的冷却剂沸点,部分或全部冷却剂蒸发形成气膜。

沿气流方向继续往下,气膜的保护作用与膜冷却的气膜类似。特别是当采用 H_2 和 NH_3 作为冷却剂时,最好使液体冷却剂在内壁的外表面蒸发,并将冷蒸气喷入边界层,这可以使得表面冷却更均匀。当使用这种热防护方法时,燃烧室内壁或其部分段(当燃烧室某一段采用发汗冷却时)应由多孔材料制成,其孔径为数十微米。多孔材料通常用金属粉末烧结而成,或用金属网压制而成。当加工多孔材料时,应尽可能使材料中的微孔分布均匀,单位面积上的孔数增多。冷却剂流量与热流密度下降值之间的数量关系取决于冷却剂的性能、室壁的材料和燃气流参数,且应能使室壁温度保持在允许范围内。一般情况下,由于冷却剂的渗入速度低且表面冷却均匀,发汗冷却的冷却剂流量可比膜冷却减少 $60\%\sim80\%$,有利于提高推力室的比冲。

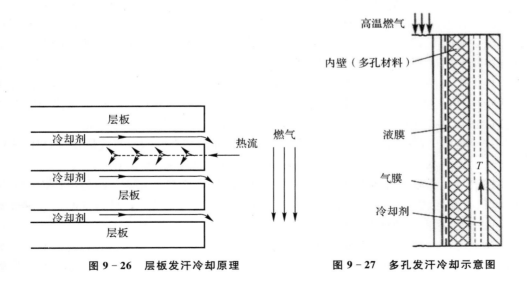

图 9-26　层板发汗冷却原理　　　　图 9-27　多孔发汗冷却示意图

9.3.2　发汗冷却和膜冷却的区别

发汗冷却是将冷却介质以微小的量均匀地在受热壁面流出而形成隔热屏障,实际上是膜冷却的一种"极限"形式,那么如何理解这里的"极限"呢?当采用膜冷却进行热防护时,冷却剂是通过专门设置的小孔或缝喷出的,附着在壁面一定区域上,形成温度较低的液膜或气膜,将壁面与高温燃气隔开。显然,当冷却剂从壁面上的小孔喷出时是具有一定速度的,这实际上是向主流引入二次气流(冷却工质或射流)。而在发汗冷却中,冷却剂低速流经多孔壁面并大量吸收因对流和辐射而进入固体壁面的热量。因此就冷却剂流出壁面的速度来说,发汗冷却是膜冷却的"极限小"的结果,也即发汗冷却是膜冷却的一种"极限"形式,实际上这也是发汗冷却与膜冷却的区别之一。

发汗冷却和膜冷却都是通过壁面上冷却薄膜的质量传递,使固体壁面免遭高温气流破坏的冷却技术,都属于传质冷却。但与发汗冷却相比,气膜冷却技术所采用的喷孔较少,喷出的冷气较为集中,可在表面维持较长一段距离,因此,在被冷却壁面的前部甚至上游布置适当的气膜孔即可达到冷却的目的,而且射流方向和角度亦可根据实验和计算来进行调整,故还可控制喷射造成的气动损失、湍流流动和壁面应力集中等。

发汗冷却相比于膜冷却具有较大的优势。首先,它虽然可看成膜冷却的极限形式,但耗费的冷却剂远少于膜冷却;其次,发汗冷却的冷却剂注入壁面的速度小,所以对主流的扰动较小,产生的压降也相对较小,从而可以大大提高燃烧室的室压,提升燃烧效率和整个发动机的性能。

9.3.3　发汗冷却的优缺点

1. 发汗冷却的优点

发汗冷却是保护暴露在高热流和高温环境下的材料或部件的一种非常有效的热防护方法,可以说,在所有对超高热流密度壁面的冷却方法中,发汗冷却是最有效的方法之一,其最大冷却能力可达 $6 \times 10^7 \sim 1.4 \times 10^9$ W/m^2。研究表明,如果设计合理,那么发汗冷却所需要的液氢冷却剂的流量只占总流量的 2% 左右。

与再生冷却相比,发汗冷却所需的冷却剂很少,冷却剂注入壁面的速度很慢,因此对主流的扰动较小,由此产生的性能损失不大。另外,冷却剂的流速较小,产生的压降也相对较小,这有利于提高燃烧室室压,从而提升燃烧效率和整个发动机的性能。

与膜冷却相比,发汗冷却只需要较少的冷却剂就能达到良好的冷却效果,冷却剂注入壁面的速度也很小,对燃烧室主流的扰动小,由此产生的性能损失少。

在辐射与对流加热的环境中,发汗冷却比简单的烧蚀冷却更有效。在超声速燃烧室设计中,可以直接用混合推进剂中的氢作为冷却介质,当氢气透过多孔材料壁面进入燃烧室时,还可以促进推进剂的混合,改进燃烧过程。

总体来说,与再生冷却、膜冷却、烧蚀冷却这些传统的冷却方式相比,发汗冷却具有对流换热的比表面积大、冷却效率高、覆盖性能好、易于控制、不丢失固体结构质量、不变形等特点。

与多孔发汗冷却相比,层板发汗冷却具有一定的优点。

首先,由于层板结构可以精确分配流道,可以保证在不同的冷却负荷处注入相应的冷却剂流量。同时,层板结构设有专门用来控制流动阻力的槽道,使之能够适应推力室内的压力变化。

其次,层板结构中流量控制流道、流量分配流道和热影响区是分开的,即使存在局部过热现象,受热壁面对控制流道的影响也很小,不会影响冷却剂流动的稳定性,冷却剂流量基本稳定。局部过热产生的高温区将在稳定的发汗流作用下恢复正常,所以层板结构能够很好地克服一般多孔材料发汗冷却结构可能出现的局部过热的缺陷(即所谓的"热点"问题),因而层板发汗冷却可用于可重复使用的发动机。

最后,层板发汗冷却技术还具有热防护能力强、设计和制作灵活、便于自动化生产等优势。但目前层板发汗冷却的加工工艺较为复杂且成本高,相对而言,烧结多孔结构则加工简单且成本低廉,故采用烧结多孔结构进行发汗冷却有较好的经济性。

2.发汗冷却的缺点

上面分别通过发汗冷却与其他冷却方式的对比以及层板发汗与多孔发汗的对比,阐述了发汗冷却具有的一些优点,但发汗冷却也有其自身的缺点:

(1)自发汗冷却对结构的型面有一定的影响。当自发汗材料较厚时,其发汗后导致的型面变化对流场具有较大的影响。

(2)某些多孔发汗材料工艺复杂,成本较高。

(3)多孔材料发汗冷却结构可能出现局部过热的问题。用多孔材料实现发汗冷却的推力室,在受热表面出现局部过热时,会引起该处的局部流阻增大,发汗介质流动强度减小,使发汗介质不经过热区而由相通的多孔流道流向别处,继而出现局部过热部位的扩大和恶化,这使多孔发汗冷却的结构方式在可重复使用运载器上的应用受到阻碍。不过随着新型材料的研制、制造工艺的优化和冷却结构设计的进步,这一问题正逐渐得以解决。

(4)层板发汗冷却的加工工艺复杂、造价较高,且层板一般垂直于推力室轴线安置,这使得推力室质量较大。

(5)发汗冷却和膜冷却一样,近壁层燃气温度低于主流温度,这会造成发动机排气速度减小,推力损失增大。

习　　题

1.简述再生冷却的原理和优缺点。

2.典型的再生冷却结构形式有哪些?

3.膜冷却的原理和优缺点是什么?

4.简述发汗冷却的基本原理和优缺点。

5.发汗冷却与膜冷却有什么区别?

第 10 章　冲压发动机热防护

　　冲压发动机是一种利用进气道实现对高速来流的减速增压,并在燃烧室内完成燃烧释热,最终通过喷管膨胀加速而产生推力的吸气式发动机,其结构简单、燃料经济性好,是未来实现灵活空天往返运输的理想动力之一。根据应用范围划分,冲压发动机可分为亚燃冲压发动机、超燃冲压发动机及其他新型组合循环发动机。冲压发动机的不同流道形式、工作范围、几何特点、燃烧组织使得发动机热环境有其自身的特点,存在极强的力—热时空非均匀分布特征,虽然前述章节介绍的火箭发动机常用热防护方法仍有借鉴意义,但冲压发动机需要根据其自身热环境特点和总体要求,进行进一步的热防护系统设计,以满足冲压发动机长时间可靠工作,甚至重复使用的要求。

10.1　冲压发动机简介

　　冲压发动机的核心在于"冲压"两字,图 10-1 显示了典型的亚燃冲压发动机原理示意图。冲压是利用迎面气流进入发动机后减速、提高静压的过程。这一过程不需要高速旋转的复杂的压气机,是冲压喷气发动机最大的优势。事实上,当来流马赫数(Ma)为 3 时,仅仅依靠进气道的压缩,理论上就可使空气压力提高 36.7 倍,压缩效率很高,航空发动机的旋转部件将变得多余。此时,通过进气道,来流超声速空气降为亚声速,燃料在燃烧室中进行亚声速燃烧,随后经过喷管以超声速排出。

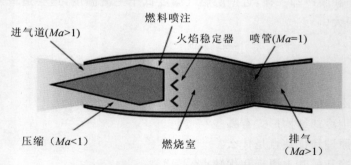

图 10-1　亚燃冲压发动机原理示意图

　　在热力循环方式上,冲压发动机同其他空气喷气发动机一样,也包括以下 3 个基本工作过程:
　　(1)压缩过程:通过来流空气的压缩过程提高空气的静压,此过程在进气道中完成。
　　(2)燃烧过程:燃料燃烧,提高燃气的温度,此过程在燃烧室中完成。

　　(3)膨胀过程:高温、高压的燃气进行膨胀,获得很大的速度喷出发动机,此过程在冲压喷管中完成。

　　当飞行马赫数为 3~5 时,亚燃冲压发动机具有良好的性能,随着飞行马赫数的进一步增大,由于遇到严重的温度障碍,亚燃冲压发动机的热力循环效率会迅速下降。当飞行马赫数达到 6 时,进入燃烧室的静温可能会超过钢的熔化温度。当飞行马赫数达到 10 时,此时发动机壁面的单位热流量很大。燃烧室入口的温度随飞行马赫数的增大会迅速升高,燃料燃烧所放热量有相当一部分会消耗在燃烧产物的离解上,燃烧效率很低。进气道和尾喷管的压力变化大,压力损失会很大。离解的燃烧产物在尾喷管里面来不及复合,离解消耗的热量回收很少。当飞行马赫数大于 6 时,使进气道出口气流保持超声速,在超声速中组织燃烧,就可以避免亚燃冲压发动机遇到温度障碍,此时的发动机就是超燃冲压发动机(见图 10-2)。亚燃和超燃冲压发动机除了进气道和燃烧室结构不同之外,在冲压喷管结构上也有明显的区别,亚燃冲压发动机一般采用拉瓦尔喷管,而超燃冲压发动机则采用扩张喷管。

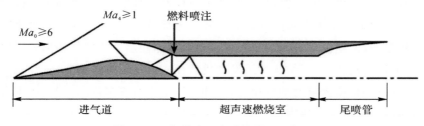

图 10-2　超燃冲压发动机原理示意图

　　不同发动机使用的马赫数范围和比冲性能对比如图 10-3 所示,由图可知,单一动力形式的发动机工作范围有限,因此,为了拓宽冲压发动机工作范围,20 世纪 60 年代初,科研人员提出了双模态冲压发动机。双模态冲压发动机将超燃冲压发动机和亚燃冲压发动机相结合,在短时加速过程中以亚燃模态工作,在长时巡航过程中以超燃模态工作。由于亚燃冲压发动机和超燃冲压发动机流道构型上的不同,为了满足双模态工作需要,常采用几何变结构或者渐扩流道加热力喉道调节的方式来实现。

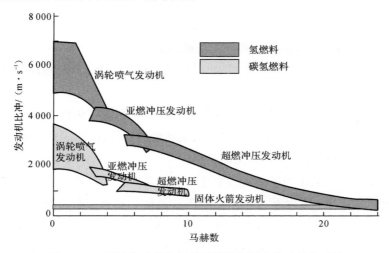

图 10-3　不同发动机使用的马赫数范围和比冲性能对比

双模态冲压发动机虽然拓展了冲压发动机的工作范围,但是,其仍然存在致命弱点:一是到达一定高度时,由于空气过于稀薄而无法工作,无法达到入轨高度和速度;二是低速时性能很差甚至不能工作,无法自行起飞。因此,为了进一步拓宽吸气式冲压发动机的工作范围,提升发动机宽域工作性能,通过引入火箭发动机、涡轮发动机等,形成宽域工作特性优异的各类吸气式组合发动机,如火箭基组合循环(Rocket Based Combined Cycle,RBCC)发动机、涡轮基组合循环(Turbine Based Combined Cycle,TBCC)发动机、涡轮火箭组合循环(Turbo Rocket Combined Cycle,TRCC)发动机等。

冲压发动机有很多种分类方式。按照工作范围可以分为亚燃冲压发动机、超燃冲压发动机和双模态冲压发动机。按照燃料种类可以分为固体冲压发动机、液体冲压发动机和固液冲压发动机。按照集成方式可以分为非整体式冲压发动机和整体式冲压发动机。非整体式的助推器和冲压发动机分开设置,虽然降低了结构设计难度,但是增加了飞行器的质量和体积,也带来了气动阻力增大和级间分离的问题。整体式的助推器和冲压发动机共用燃烧室,结构设计较复杂,但是质量轻、体积小,可以提高整体性能。按照结构形式可以分为轴对称和二元结构冲压发动机,二元结构冲压发动机截面一般是长方形的。

与涡轮喷气发动机或火箭发动机相比较,冲压发动机有许多优点,归纳起来有:

(1)构造简单、质量轻、成本低。据估计,当以 $Ma=2$ 的速度飞行时,冲压发动机的质量约为涡轮喷气发动机的 $1/5$,而制造成本只有其 $1/20$。

(2)在高速飞行($Ma>2$)状态下经济性好,燃料消耗率低。

(3)冲压发动机的比冲比火箭发动机大得多,因此若发射质量相同,使用冲压发动机的飞行器其航程大得多。

既然冲压发动机有这么多优点,为什么直到 20 世纪五六十年代才在几种型号导弹上应用呢?这是因为虽然冲压发动机有它自己的优点,但也存在着一些亟待解决的技术问题。其主要缺点是:

(1)无法零速起飞。单一冲压发动机低速时推力小,燃料消耗率高,最低工作马赫数约为 2,因此不能零速地面起飞,必须用其他发动机助推起飞。

(2)推重比小。与火箭发动机相比较,冲压发动机的推力系数较小,单位迎面推力也较小,因此,飞行器总体载荷系数较小。

(3)工作马赫数范围窄。冲压发动机进气道对飞行状况的变化很敏感。如飞行马赫数、飞行高度、飞行姿态等参数的变化都直接影响发动机的总体性能,因此它的工作范围窄,或者需要完善的调节系统以适应飞行状况的变化。

除此以外,在冲压发动机的研制过程中存在着一系列技术上的困难,例如高速条件下可靠点火与火焰稳定、来流变化范围大时发动机高效工作、低速条件下比冲低、长时间热防护难度大等。因此长期以来,在战术导弹的动力方面,固体火箭发动机占了明显优势。然而,从未来更宽速域和更大空域高效、可靠工作的应用需求来看,冲压发动机有着非常广阔的前途,特别适用于导弹、高速飞机、天地往返重复使用运输系统等应用场景。

10.2　冲压发动机热环境及特点

冲压发动机作为高超声速飞行的理想动力装置之一,需要在高速来流条件下稳定、高效地燃烧,发动机进气道、燃烧室、尾喷管的热环境均极其严苛,且飞行速度越大,热障问题就越突出,必须采取可靠的热防护措施来保证发动机的正常工作。对于有可重复使用要求的冲压发动机,通常需要采用主动冷却方式,但是由于冲压发动机冷却面积很大,用于主动冷却的冷却剂往往是不够的。与液体火箭发动机相比,冲压发动机的冷却需求与冷却剂流量之间的矛盾非常突出,这给冲压发动机的热防护设计提出了新的挑战。与此同时,随着飞行马赫数的不断增大,高超声速飞行器壁面的气动热载荷也不断增加,高温空气不断向飞行器外壁面传热,极有可能导致飞行器外壁面发生烧蚀以及结构强度和刚度等发生改变,从而对高超声速飞行器正常飞行及安全带来严重的影响。

冲压发动机的内部热环境十分严酷,其主要特点如下:

(1)工作温度极高。亚燃冲压发动机工作马赫数范围是 2~6,工作时的主流燃气温度高达 2 300 K;超燃冲压发动机工作马赫数在 5 以上,工作时燃气总温将超过 3 000 K,远超燃烧室壁面材料的承受能力。

(2)局部热流密度极大。发动机内部复杂激波波系、燃烧组织和燃烧振荡容易导致燃烧室局部(如进气道前缘驻点、燃烧室等)热流密度过大。

(3)热梯度极大。由热梯度产生的附加热应力,与载荷产生的机械应力叠加,影响结构局部或总体承载能力,使得结构刚度减小,破坏部件的气动外形。

10.3　冲压发动机热防护方法

通过对冲压发动机热环境的分析可知,冲压发动机必须进行有效的热防护,并且热防护系统的性能将直接影响高超声速飞行器动力系统的可靠性和飞行器性能的提升。随着飞行器向更高马赫数、更远航程、更长工作时间、甚至重复使用的方向发展,高超声速飞行器动力系统对热防护系统及热防护材料提出了更高的技术要求。冲压发动机的热防护方式主要包括主动热防护和被动热防护两种。主动热防护是利用与燃气相比温度较低的低温流体进行换热冷却,如对流冷却、气/液膜冷却、发汗冷却等;而被动热防护则是利用热端部件材料自身良好的耐热物性来直接抵抗热流的作用,如烧蚀冷却、容热冷却等。

热防护技术发展分别经历了金属热沉式被动热防护、早期循环换热式热防护、热障涂层热防护、复合材料热防护和对流冷却等方式。对亚燃冲压发动机来说,早期的飞行速度较低,导弹或飞行器的外部气动加热带来的热载荷较低,热防护问题更多的是燃料燃烧带来的热载荷,且来流空气总温低,采用传统意义上的烧蚀冷却或气膜冷却便可以解决冲压发动机的热防护技术问题。但是,随着冲压发动机飞行马赫数的增大和飞行射程的增大,当马赫数大于 5 时,对高马赫数的亚燃冲压发动机或超燃冲压发动机来说,传统意义上的这种热防护策略已变得不现实,通常做法是采用多种主被动复合冷却的热防护方案来实现发动机的可靠工作。表 10 - 1 列出了主要热防护方式的原理及特点。

表 10 - 1　冲压发动机主要热防护方式

类型	热防护方案	原理	特点	应用
被动热防护	隔热层烧蚀冷却	通过材料质量消耗带走热量	优点:结构简单;技术成熟度高、结构质量轻 缺点:受强度、耐温极限、烧蚀变形等因素限制,无法满足高超声速飞行器发动机长时间可重复使用的热防护要求	适用单次使用且热环境不十分恶劣的工况;冲压发动机喷管部分
	热障涂层冷却	将涂层材料覆盖在金属合金表面,提高抗高温和抗氧化的能力		
主动热防护	膜冷却	来流空气或者冷却液在高温气流和壁面之间形成一层薄膜,阻碍热量传递	优点:当结构质量轻、来流空气温度较低时,冷却效果好 缺点:结构工艺复杂;随来流空气温度提高,气膜冷却效果降低	适用低马赫数、远程及重复使用的发动机;和再生冷却配合使用;支板等形状特殊区
	再生冷却	使用燃料作为冷却剂,在燃烧室壁内的冷却通道中流动吸热	优点:实现稳态的热平衡,使结构长时间工作;利用热量提前预热燃料,提高燃烧效率 缺点:碳氢燃料热沉有限,在冷却通道内会出现结焦、析碳等现象,导致冷却失效,需要增大燃料流量	适用高马赫数、长时间工作、可重复使用的发动机
	发汗冷却	冷却剂在外加压力下渗入燃烧室,在附面层内形成发汗流	优点:所需冷却剂量较小,冷却效率高;冷却剂注入壁面的速度很小,对主流的影响和产生的性能损失较小 缺点:微孔或层板的冷热边界间温度梯度较大,热应力较大,制造工艺复杂	适用马赫数更高($Ma > 10$)的超燃冲压发动机

10.3.1　被动热防护方案

10.3.1.1　隔热层烧蚀冷却

耐烧蚀材料在高温、高热流条件下发生熔化、蒸发、分解、炭化或热化学反应,通过材料的消耗带走大部分热量,同时反应产生的气体在材料附近形成气动热阻,阻止热量向内部传递,从而保护内部结构。

耐烧蚀材料在发生烧蚀反应后,将会改变发动机内部结构尺寸,对发动机燃烧和气动性能产生影响,因此耐烧蚀材料基本只用于不重复使用的热防护系统,其承受的热载荷总量不能太高,时间也不能太长,而且在具有一定攻角的情况下存在较为严重的不对称烧蚀。随着发动机工作时间的延长,烧蚀层厚度也随着增大,这样就降低了燃烧室效率。需要注意的是,耐烧蚀材料热解后容易破碎,需要用金属和复合材料增强,否则高温燃气会进入裂缝,使燃烧室局部烧穿。某型整体式液体火箭冲压发动机燃烧室筒壁采用浇注形式,把强化硅橡胶浇注在点焊于燃烧室内壁的不锈钢网格内,它既能对浇注在网格上的硅橡胶起到加固作用,又能防止其炭化后发生脱落,可以满足冲压发动机长时间防热的要求。

对于发动机工作时间比较短的情况,燃烧室可以采用烧蚀冷却,但需要考虑被动防热层的结构质量对飞行器总体的影响,以及烧蚀造成的流道型面变化导致的发动机性能降低。对于工作时间很长或者重复使用的发动机,燃烧室一般采用主动式冷却。冲压发动机需要冷却的面积较大,其携带的燃料有限,往往很难满足喷管主动冷却的需要,因此很多冲压发动机喷管采用被动热防护方式。冲压发动机喷管结构通常与固体火箭发动机喷管有所不同,而且燃气通常是富氧状态,如果喷管材料耐烧蚀和抗氧化性能差,那么很可能出现喷管烧蚀严重,造成发动机性能下降,因此需要选取合适的材料来控制烧蚀量。

10.3.1.2 热障涂层冷却

热障涂层又称隔热涂层,是将耐高温、隔热性能好的材料涂覆在合金材料表面,提高合金基体耐高温和抗氧化的能力,进而降低合金表面工作温度的一种热防护技术。自 20 世纪六十年代提出热障涂层的概念以来,先后历经了 β - NiAl 基铝化物涂层、改进型铝化物涂层、可调整涂层成分的等离子喷涂涂层、热障陶瓷涂层等。其中,作为第四代防护涂层的代表,热障陶瓷涂层(TBC)是目前高温防护性能最佳、应用前景最好的表面热防护涂层之一。

典型的 TBC 是一种多层结构,表面是隔热陶瓷层,中间是抗氧化黏结层,下面是合金基体。面层材料多选用热阻大、耐高温、热稳定性好的氧化物陶瓷,以降低金属或合金表面的温度,目前常用的面层材料主要有 ZrO_2、Al_2O_3 等。黏结层用以生成抗氧化保护膜,并能减缓隔热面层与基体间的热不匹配。因此,TBC 具备了抗氧化防护与降低金属表面温度的双重作用,为简化合金基体设计和提高合金部件的使用温度提供了有利条件。美国 X 系列超燃冲压发动机铜质燃烧室中就采用了热障陶瓷涂层。

尽管 TBC 具备良好的隔热与抗氧化性能,但涂层的结构特点与应用环境导致涂层出现多种失效方式,主要包括:陶瓷面层中出现垂直于表面的纵向贯穿性裂纹,导致面层断裂,TBC 失效;陶瓷面层中出现平行于表面的横向裂纹,部分面层起皮、剥落,造成 TBC 破坏;陶瓷面层/氧化膜及氧化膜/黏结层界面开裂,导致 TBC 破坏;黏结层/基体界面开裂,造成 TBC 整个脱落。

采用被动热防护方案发动机的共同特点是结构简单,适合采用整体浇注式的助推器方案。在同样尺寸约束下采用该方案助推器总冲高,冲压发动机的接力马赫数增大,发动机的综合性能随之提升。因此,对于单次使用且热环境不十分恶劣的工况而言,被动热防护方案不仅能抵抗工作时间内的高温热负荷,且其技术成熟度高、结构质量小,是一种十分经济有效的热防护方案。但由于被动热防护方案依靠材料烧蚀特性和隔热效果实现对发动机金属壁面的保护,所以随着飞行器飞行速域与空域的不断拓宽,其对高超声速飞行器的工作时长和工作范围的要求也随之增大,发动机的热环境十分恶劣,被动热防护由于其强度、耐温极限、烧蚀变形等因素限制,已无法满足发动机长时间可重复使用的热防护要求,需要采用其他的热防护方案。

10.3.2　主动热防护方案

主动热防护通过冷却剂带走热量,避免温度过高,主要包括发汗冷却、膜冷却和对流冷却3种方式。膜冷却与发汗冷却的基本原理相似,都是在高温来流和壁面之间形成一层薄膜,阻碍来流与壁面之间的热量传递;两者的差异在于冷却剂的喷出方式,膜冷却通过缝隙和离散孔喷出,而发汗冷却通过多孔介质喷出。对流冷却则是通过结构中的通道或管路的冷却剂将壁面所吸收的热量带走,避免壁面温度过高。如果冷却剂是燃料,那么所吸收的热量并未消耗掉,而是预热燃料,并喷入燃烧室参与反应,实现了能量的"再生"。

10.3.2.1　膜冷却

冲压发动机的膜冷却包括气膜冷却和液膜冷却,其中液膜冷却在第1章和第9章中已经作过介绍,这里主要介绍气膜冷却。

燃烧室气膜冷却原理示意图如图10-4所示,主要利用来流的空气对燃烧室进行冷却。进入冲压发动机的空气可以分为两部分:一部分流入燃烧室与燃油混合燃烧;另外一部分流入冷气通道,在壁面附近沿切线方向或以一定的入射角射入,这股冷气在主流的压力和摩擦力作用下向下游弯曲,黏附在壁面附近,形成温度相对较低的冷气膜。冷气膜对壁面有两个重要的保护作用:一是使高温燃气不能与壁面直接接触,以避免高温燃气直接对壁面进行对流换热,具有隔热作用;二是在大部分区域,将高温燃气与发亮火焰的辐射热量从壁面带走一部分,实现对壁面的冷却。

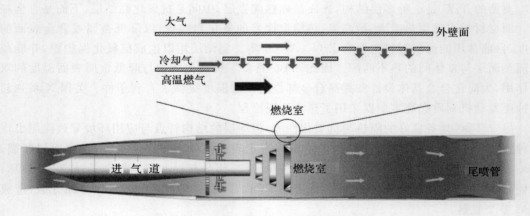

图 10-4　燃烧室气膜冷却原理示意图

气膜冷却方案在冲压发动机中已得到了广泛的应用,如英国早期的"警犬"地空导弹、"海标枪"舰对舰导弹,美国的"波马克"地空导弹、D-21无人机,俄罗斯的"花岗岩"反舰导弹等发动机均采用了燃烧室气膜冷却方案。上述冲压发动机的工作马赫数均在4.5以下,在来流空气温度较低的条件下,利用来流空气实现对燃烧室壁面的冷却是一种有效的冷却方案,而且对于长时间工作的发动机来说,气膜冷却燃烧室具有结构质量轻的优点。但气膜冷却方案也存在着结构和工艺复杂的缺点,随着温度的升高,可能由于冷却结构设计不完善,热应力不平衡,使得隔热屏变形,导致冷却通道的破坏;随着来流马赫数的增大,来流空气温度不断升高,使得气膜冷却的效果不断降低,尤其是当飞行马赫数大于 4.5(来流空气总温达到 1 000 K 甚至更高)时,气膜冷却的方案将不再适用。

综合来看,气膜冷却方案在低马赫数、远程以及重复使用的发动机中应用有一定优势。但在超燃冲压发动机中,仅能作为一种辅助冷却方式,和再生冷却配合使用,在局部高热流区域弥补再生冷却能力不足的问题,减轻再生冷却的压力。

10.3.2.2　燃油再生冷却

燃油再生冷却是对流冷却的一种,为了避免携带额外冷却剂,造成飞行器质量和体积超限,常使用液态燃料作为冷却剂。燃料在燃烧室壁内的冷却通道中通过对流换热把壁面的温度降低至材料的允许温度以下;同时,燃料得到预热,使废弃的热量得到充分利用,再次参与做功循环。从传热的角度来看,这类热防护方式能够实现稳态的热平衡,可以使结构长时间工作;从冲压发动机性能角度看,燃料在进入燃烧室燃烧之前能够经过加热,变成温度较高的气态,对发动机的点火起动、稳定燃烧、提高燃烧效率等方面有积极的作用。随着冲压发动机工作马赫数的提升,采用再生冷却的热防护方案具有较好的应用价值:一方面,可以解决高马赫数下的燃烧室热防护问题,可实现冲压发动机的高马赫数、长时间工作和重复使用的目标;另一方面,可以提高燃烧效率,进而提升发动机的总体性能。

然而,再生冷却方案必须靠燃料流动来完成,增加一套冷却设备会增大发动机质量。碳氢燃料作为冷却剂其热沉有限,远低于液氢燃料,要达到冷却效果必须增大燃料流量,这会造成燃料的浪费。碳氢燃料在冷却通道内容易出现结焦、析碳等现象,引发传热恶化、通道阻塞,甚至导致冷却失效,需要靠增大燃料的流量来限制燃料在冷却通道内的温升幅度,这会造成额外的载重。目前需解决的问题包括如何提高燃料的热沉以满足更高飞行马赫数的需求,以及如何让燃料的流量与冷却所需流量相匹配,使发动机性能更优。

10.3.2.3　发汗冷却

对于冷却剂流量较小的情况,冷却效率较高的发汗冷却是有效的热防护手段。其原理是:一方面,冷却剂在外加压力作用下,以微小的量从受热壁面流出进入燃烧室,冷却介质在附面层内形成发汗流,在受保护壁面形成均匀且连续的膜结构,能改变壁面附面层的流动与传热特性,显著降低燃气通过附面层向壁面的传热量;另一方面,冷却介质本身在壁面附近吸热,能起到冷却壁面的效果。发汗冷却可以看成是冷却孔径极小、冷却孔分布极密的极限形式的膜冷却。与其他主动冷却相比,发汗冷却所需冷却剂的量较小、冷却效率高,而且冷却剂注入壁面的速度很小,对主流的影响较小,产生的性能损失较小,发展应用前景十分广阔。不过出于微孔或层板的冷热边界间温度梯度较大,热应力较大,制造工艺复杂等原因,这一冷却方式的发展和应用受到了限制。

发汗冷却主要包括层板发汗冷却和多孔材料发汗冷却。层板发汗冷却研制技术相对比较成熟,许多液体火箭发动机已成功运用了层板式冷却结构,层板通常由数十至数百片蚀刻有微细通道的超薄板片经有序叠合及扩散连接而成,其强度特性优于传统的多孔材料。多孔发汗冷却的发汗剂流经多孔材料内部时,能够携带内部热量,从而改变内部温度场,同时也能阻塞外部对受热体的加热,减少烧蚀量。通过对冷却剂流量的调节,可达到控制结构温度和表面烧蚀的目的。

对于多孔发汗冷却而言,多孔材料和冷却剂的设计是发汗冷却性能的关键所在。美国航空航天局(NASA)在 20 世纪 60 年代以紫铜为原料制备的多孔材料用于发动机喷注器面板及燃烧室面板的冷却。铜的熔点较低,导致在高温下孔隙相互连通,材料发生了局部烧蚀失效,因而未能在发动机上成功得到应用。针对这一问题,美国的 ACE 公司开发了激光打孔金属发汗材料。激光打孔金属发汗材料具有孔隙结构可控、孔径大小和方向一致、分布均匀等优点,能形成畅通无阻的冷却剂通道,从而有效避免局部过热的扩散和恶化。近年来,发汗陶瓷材料越来越受到重视,这种陶瓷材料一般是由耐高温的陶瓷和低熔点的金属合成的,在高温下依靠金属的发汗带走热量,而陶瓷则保持良好的高温骨架强度和气动外形。

10.3.3　新型热防护方案

针对未来冲压发动机高温升的发展趋势,更好地对冲压发动机燃烧室壁面进行冷却变得越来越重要,因此需要发展先进冷却技术来满足未来冲压发动机热防护的需求。

10.3.3.1　主/被动复合热防护

主/被动复合热防护是将耐高温材料的隔热功能与主动冷却相结合,实现优势互补,使得发动机可以在更高飞行马赫数下安全运行,其典型结构如图 10-5 所示。耐高温复合材料层被放置在金属燃烧室壁面内侧,高温燃气流经由耐热复合材料组成的燃烧室通道,而外层冷却通道仍然是金属。复合材料层依靠本身耐高温特性承受燃烧室热传导,称为被动层;主动冷却通道的金属壁面称为主动层。相较于主动热防护,被动层承担了部分热负荷,从而减少了冷却剂的热沉需求,这样使得主动冷却结构的工作温度降低,基体强度要求降低,为其结构设计提供了更大的裕度;主动热防护也可以使耐热材料的温度适度降低,从而降低了被动层结构的强度和刚度要求。

主/被动复合的热防护方案核心设计原则是确定主动层与被动层的热载荷比例,在面向更高马赫数的冲压发动机实际应用中,还需要特别关注金属壁面与非金属材料的热变形协调和接触热阻等问题。

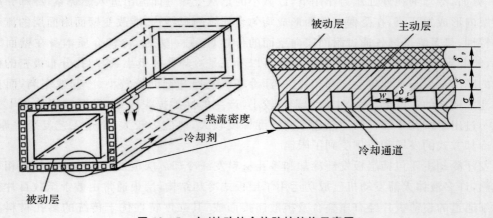

图 10-5　主/被动结合热防护结构示意图

10.3.3.2　再生/气膜复合冷却

气膜冷却由于结构简单、冷却效果好等特点,被认为是非常有前途的辅助冷却方式之一。冲压发动机飞行马赫数的增大,导致来流空气总温过高而无法直接作为气膜冷却的冷却剂,此时燃料成为唯一可用的气膜冷却剂来源,然而携带额外燃料对发动机的消极影响将超过气膜冷却给发动机带来的增益。对于碳氢燃料超燃冲压发动机而言,由于燃烧室主流温度较高,相较于高温主流,高温燃料作为气膜冷却剂将仍具有冷却能力,所以可以将再生冷却通道出口部分裂解或未裂解的高温(700～1 000 K)燃料作为气膜冷却的冷却剂,在不增加额外燃料流量的前提下,采用碳氢燃料作为冷却剂的再生/气膜复合冷却方法。

再生/气膜复合冷却原理如图 10-6 所示,首先燃料经由燃料泵的加压进入冷却通道进行再生冷却,燃料流经冷却通道并不断吸热升温至其临界温度以上,之后,冷却通道出口的高温高压燃料分为两个部分:一部分燃料直接喷入燃烧室中进行燃烧;另一部分燃料经过一系列降压增速等手段,最终通过燃烧室壁面上布置的一个或多个气膜冷却环平行喷注到燃烧室壁面进行气膜冷却。相较于单一再生冷却方式,再生/气膜复合冷却方式在不增加额外燃料流量的前提下仍具有良好的冷却能力。气膜冷却的加入,能够有效降低壁面热流以及壁面温度,起到有效保护燃烧室壁面的作用。

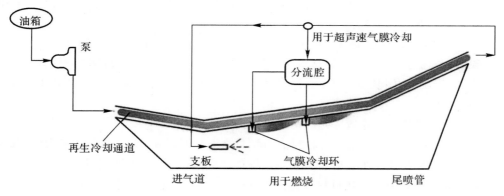

图 10-6　再生/气膜复合冷却原理示意图

习　　题

1. 冲压发动机热环境的主要特点是什么?
2. 冲压发动机常用的热防护方法有哪些?
3. 简述主/被动复合热防护的主要思想。

参 考 文 献

[1]   何国强,李江,孙翔宇. 固体火箭发动机内绝热材料烧蚀机理与模型[M]. 北京:科学出版社,2022.

[2]   孙冰,张建伟. 火箭发动机热防护技术[M]. 北京:北京航空航天大学出版社,2016.

[3]   郑亚,陈军,鞠玉涛,等. 固体火箭发动机传热学[M]. 北京:北京航空航天大学出版社,2006.

[4]   师昌绪. 材料科学与工程手册[M]. 北京:化学工业出版社,2004.

[5]   尹洪峰,任耘,罗发. 复合材料及其应用[M]. 西安:陕西科学技术出版社,2003.

[6]   王耀先. 复合材料结构设计[M]. 北京:化学工业出版社,2001.

[7]   李顺林,王兴业. 复合材料结构设计基础[M]. 武汉:武汉理工大学出版社,1993.

[8]   王克秀. 固体火箭发动机复合材料基础[M]. 北京:宇航出版社,1994.

[9]   丘哲明. 固体火箭发动机材料与工艺[M]. 北京:宇航出版社,1995.

[10]   林宗寿. 无机非金属材料工学[M].5 版. 武汉:武汉理工大学出版社,2019.

[11]   刘洋,陈茂林,杨涓. 固体火箭发动机复合材料基础及其设计方法[M]. 西安:西北工业大学出版社,2012.

[12]   缪强,梁文萍. 有色金属材料学[M]. 西安:西北工业大学出版社,2016.

[13]   殷为宏,汤慧萍. 难熔金属材料与工程应用[M]. 北京:冶金工业出版社,2012.

[14]   崔红,王晓洁,闫联生. 固体火箭发动机复合材料与工艺[M]. 西安:西北工业大学出版社,2016.

[15]   黄文润. 热硫化硅橡胶[M]. 成都:四川科技出版社,2009.

[16]   殷晓光. C/SiC 陶瓷基复合材料的力学及高温性能研究[D].北京:清华大学,2011.

[17]   赵国璋. 橡胶基纳米复合材料制备及性能研究[D].上海:上海大学,2011.

[18]   靳月恒. 丁腈橡胶绝热材料改性研究[D].长沙:国防科技大学,2006.

[19]   张海鹏. J210 三元乙丙内绝热层及其应用研究[D].长沙:中国人民解放军国防科技大学,2012.

[20]   杨栋. 硅橡胶基绝热材料及其热化学烧蚀机理研究[D].长沙:中国人民解放军国防科技大学,2013.

[21]   李云宽,丁仁兴,于淼. 模压石英/酚醛复合材料的力学和热物理性能[J]. 宇航材料工艺,2013,43(4):49-51.

[22]   李婷,赵文斌,杨学军,等. 用于 RTM 工艺的烧蚀树脂及其复合材料[J]. 宇航材料工艺,2019,49(3):41-44.

[23]   梁瑜,郭亚林,张祎. 固体火箭发动机喷管用树脂基烧蚀防热材料研究进展[J]. 宇航材料工艺,2017,47(2):1-4.

[24]   孙翔宇,张炜,杨宏林,等. EPDM 绝热材料炭化层的三维孔隙结构特征[J]. 固体火箭技术,2011,34(5):644-647.

[25]   徐海平. 绝热材料炭化层的性能研究[D]. 呼和浩特:内蒙古大学,2010.

［26］ 王书贤,何国强,刘佩进,等.气相燃气速度对 EPDM 绝热材料烧蚀的影响[J].推进技术,2010,31(2):235－239.

［27］ 王娟.过载条件下三元乙丙绝热材料烧蚀机理与模型[D].西安:西北工业大学,2010.

［28］ LI J, XI K, LV X, et al. Characteristics and formation mechanism of compact/porous structures in char layers of EPDM insulation materials[J]. Carbon, 2018, 127：498－509.

［29］ 张翔宇.固体火箭发动机两相冲刷条件下的传热特性研究[D].西安:西北工业大学,2010.

［30］ 关轶文.高温氧化铝沉积条件下绝热层烧蚀机理研究[D].西安:西北工业大学,2019.

［31］ 何国强.包覆层烧蚀性能计算及实验分析[D].西安:西北工业大学,1988.

［32］ 杨飒.基于炭层孔隙结构的热化学烧蚀模型研究[D].西安:西北工业大学,2008.

［33］ 彭丽娜. C/C 喉衬热化学烧蚀机理与多尺度模型[D].西安:西北工业大学,2014.

［34］ 魏坤龙.三维编织 C/C 复合材料性能预报及渐进损伤多尺度数值模拟研究[D].西安:西北工业大学,2021.

［35］ 秦江,章思龙,鲍文,等.高超声速冲压发动机热防护技术[M].北京:国防工业出版社,2019.

［36］ 金烜,沈赤兵,吴先宇,等.超燃冲压发动机再生冷却技术研究进展[J].火箭推进,2016,42(5):66－73.

［37］ 鲍文,张聪,秦江,等.超燃冲压发动机主被动复合热防护系统方案设计思考[J].推进技术,2013,34(12):1659－1663.

［38］ MARTIN H T. Assessment of the performance of ablative insulators under realistic solid rocket motor operating conditions[D]. Pennsylvania:Pennsylvania State University,2013.

［39］ 张平伟.三元乙丙内绝热材料及其性能研究[D].长沙:中国人民解放军国防科技大学,2009.

［40］ 惠昆.绝热材料炭化层沉积致密化机理及其对烧蚀的影响研究[D].西安:西北工业大学,2021.

［41］ 马晨阳.适应复杂烧蚀环境的 EPDM 绝热层精细化烧蚀模型[D].西安:西北工业大学,2024.